话说宇宙

林元章　著

科学出版社
北　京

内 容 简 介

星星离我们有多远？太阳为何会发光？彗星和流星雨是怎么回事？宇宙真的在膨胀吗？到底有没有外星人？……本书通过10个专题，介绍了月球、太阳、日食和月食、太阳系、星空、恒星世界、银河系和河外星系、宇宙的演化、外星人问题，以及探测宇宙的利器等，用通俗的语言对各类天体和宇宙结构作了系统的讲解。

对有志于了解天体和宇宙以及天文学基本知识的中学生、大学生和同等文化程度的其他读者，这本天文科普读物，很值得一读，相信读后必将会有所助益。

图书在版编目(CIP)数据

话说宇宙 / 林元章著 . —北京：科学出版社，2013.1

ISBN 978-7-03-036311-4

Ⅰ.①话… Ⅱ.①林… Ⅲ.①宇宙 - 普及读物 Ⅳ.① P159-49

中国版本图书馆 CIP 数据核字（2013）第 001343 号

责任编辑：钱 俊 鲁永芳 / 责任校对：钟 洋

责任印制：徐晓晨 / 封面设计：东方人华

科学出版社出版

北京东黄城根北街 16 号

邮政编码：100717

http://www.sciencep.com

北京京华虎彩印刷有限公司 印刷

科学出版社发行 各地新华书店经销

*

2013 年 1 月第 一 版 开本：B5（720×1000）

2015 年 5 月第二次印刷 印张：16 3/4

字数：327 000

定价：68.00 元

（如有印装质量问题，我社负责调换）

前　言

2007年5月14日温家宝总理在同济大学对师生的一次讲话中，曾经谈到“一个民族有一些关注天空的人，他们才有希望；一个民族只是关心脚下的事情，那是没有未来的”。温总理关于星空的激情诗作《仰望星空》(见附录)，更是令人印象深刻。

星空和宇宙，总是给人神秘的感觉。星星离我们有多远？太阳为何会发光？它的光芒还能持续多久？日食和月食是如何发生的？彗星和流星雨是怎么回事？太阳系和银河系的构造如何？宇宙真的在膨胀吗？到底有没有外星人？天文学家如何获得遥远天体的知识？……我们脑海中有太多的疑问。同时，包括我国在内的众多国家正在争先恐后地探测月球，甚至还探测火星、木星、土星、金星、小行星和彗星。我国的嫦娥探月工程有哪些具体内容？花费巨大的人力、物力和财力进行月球探测值不值得？对其他天体的探测有何意义？这些也是人们关注的焦点。总之，天文学永远是自然科学中最令社会大众，尤其是大、中学生感兴趣的学科之一。

然而，许多人却分不清天文学与气象学的区别，他们不知道气象学研究的领域是地球大气内（主要是对流层）的各种现象，如风、云、雨、雪；而天文学则是研究地球大气外的物体（称为天体），如日、月、星星。也有许多人分不清星星中行星和恒星的含义。更有甚者，还会受到诸如“UFO就是外星人”，以及“三星或五星连珠表示将发生天灾人祸，甚至世界末日”的误导。因此，天文基础知识的普及教育又是科普工作中相当急迫和重要的领域。

笔者在中国科学院紫金山天文台和国家天文台从事天文学专业研究工作40年（1957～1997年）。退休后曾在中国科学院研究生院讲授“太阳物理学”课程，持续8年。从2002年开始，怀着专业科研人员从事科普工作是一种社会责任的信念，通过参加中国科学院老科学家科普宣讲团，加入了科普群体。除了接受安排，到北京市的中、小学和少数大学作一次性的专题报告外，还在北京大学附属中学（北大附中）和中国人民大学附属中学（人大附中）开设选修课“话说宇宙”。本书就是根据多年讲课的讲稿整理和补充形成的。笔者试图通过十个选题，尽量用比较通俗的语言，对月球、太阳、日食和月食、太阳系、星空、恒星世界、银河系和河外星系，直到宇宙深处，对天文学的基础知识进行系统的讲解。本书定位的读者层次主要是高中生，不过根据笔者在选修课讲授中的经验，感到对于选修此课的初中生（他们大多是天文爱好者），理解本书的大部分内容也并无困难。笔者相信，本书对于有兴趣了解宇宙基础知识的大学生和社会大众，也会有所帮助。

林元章

2012 年 3 月

目　　录

第一章　探测月球

一　月球概述

月球俗称月亮，是地球的天然卫星。月球环绕地球运行的轨道近于圆形，它绕地球一周的时间为27.3天。月球与地球的平均距离为384400公里，或者粗略地说，约为38万公里。38万公里是个什么概念呢？如果我们乘坐速度为每小时1000公里的飞机从地球出发，需要16天才能到达月球；如果改乘每小时200公里的火车，就需80天才能到达；如果在地球和月球之间架起一座天桥，那么以每小时6公里的步行速度日夜兼程，就需7.3年才能到达月球。不过如果我们乘坐速度为每小时5500公里的火箭，只需70小时就能到达月球。我们知道世界上最快的速度是光的传播速度，即每秒30万公里，因此从月球发出的光线或者无线电波，只需1.3秒就能到达地球。

月球的直径是3476公里，或粗略地说约3500公里，稍大于地球直径12756公里的1/4，大体上相当于亚洲的大小，但其表面面积约为中国的4倍（图1.1）。月球体积是地球的1/49。月球的质量为7350亿亿吨，是地球质量的1/81。月球的平均密度为每立方厘米3.34克，小于地球的平均密度每立方厘米5.52克。

图1.1　航天器拍摄的地月合影

人们从农历月初至月终的不同日子里，看到月球的形状（称为月相）是不一样的（图1.2）。这是由于月球环绕地球运行的过程中，从地球上的人们看到月球被太阳照亮的面积和形状不同造成的。图1.3中央为地球，环绕它的是位于不同位置时的月球，太阳光从右面射向地球和月球，它们面向太阳的半球为亮区，背向太阳的半球为暗区。图中最外层圆圈上的一排小圆圈表示当月球在不同

图1.2 月相变化

位置时从地球上看到的月相。农历初一时，从地球上只能看到月球未被太阳光照亮的暗半球，因此实际上看不见月亮（称为新月）；农历上旬，人们看到月球被太阳照亮的区域逐渐增大，就是上弦月；到了农历十五或十六，从地球上看到的正好是它被太阳照亮的整个半球，成了一轮满月；到了农历下旬，人们看到月球被太阳照亮的区域又逐渐变小，这就是下弦月；到了下一月的农历初一，月球又变成了看不见的新月。

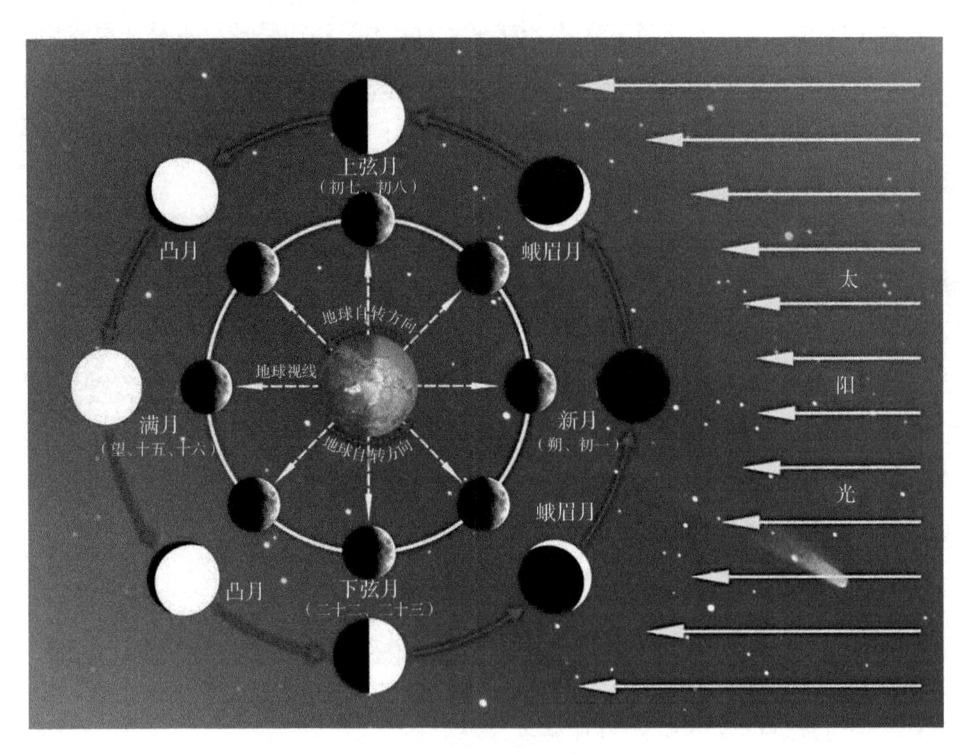

图1.3 月相变化原理

月球的自转周期与它环绕地球公转的周期相同，都是 27.3 天，因此它总是以固定的半球面向地球，另一半球永远背向地球，从地球上是看不到的。只有利用绕到月球背面的航天器才能看到月球的背面。图 1.4 是用绕月航天器拍摄到的月球背面。那么为什么说月球以固定半球朝向地球就表明其自转周期与公转周期相等呢？如图 1.5 所示。设月球上有一具无线电天线，若月球无自转而只有公转，天线的方向将永远朝上，为左图。右图则表明月球公转一周过程中，天线总是朝向地球，它的方向也正好在空中旋转了 360 度，即月球也自转一周，可见月球自转一周正好也公转了一周（图 1.5）。

图1.4 月球背面

月球环境与地球的最大差别或许就是月球上既没有空气，也基本上没有水。由于月球质量太小，它的引力只有地球的 1/6，这样微弱的引力无法把空气吸引住并留在月球上，因为气体的热运动能轻而易举地摆脱掉这样小的引力而逃离月球。由于没有大气的保护，月球表面如果曾经有过大片水域，也必定会在炽热的太阳光照射下很快蒸发散失。不过美国于 1994 年和 1998 年发射的两个月球探测器，以及 2008 年美国安装在印度探月航天器上的微型合成孔径雷达和 2009 年美国发射的“月球勘测轨道器”，都观测到在月球的南极和北极附近太阳光照不到的永久阴影区中，有水冰的痕迹。据推测可能是一些以冰为主要成分的彗星撞击月球后留下的“遗骸”，因处在永久阴影区中而免受蒸发散去。不过这一问题尚需进一步探测证实（图 1.6）。

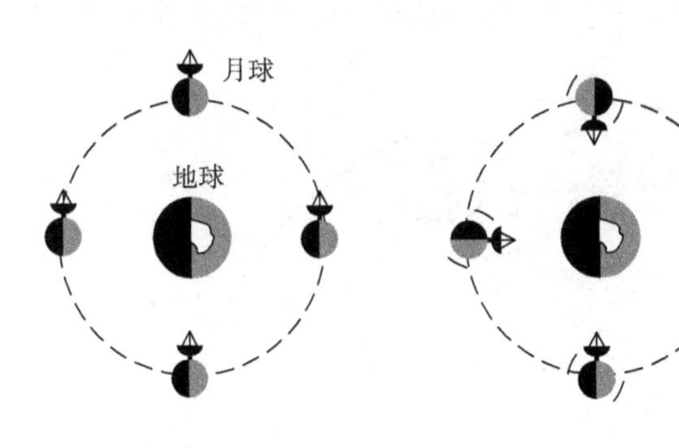

图1.5 月球自转与公转周期示意图

月球表面并不光滑，而是高低不平。我们看到月亮上有些地方较为明亮，有些地方较为黑暗，从而想象月面上有吴刚伐树和玉兔捣药等，当然只是美丽的传

图1.6 月球南极区

图1.7 满月

说（图 1.7）。实际上我们看到的亮区是月球上的山脉和高地，较暗的区域则是平原和凹地。月球地貌最突出的特色就是有很多近于圆形的环形山。目前认为这些环形山的成因有两种：其一是由月球形成早期的火山爆发造成的；另一原因是太阳系小天体撞击的结果。图 1.8 是月面上不同区域的名称，可见高耸地带多以山

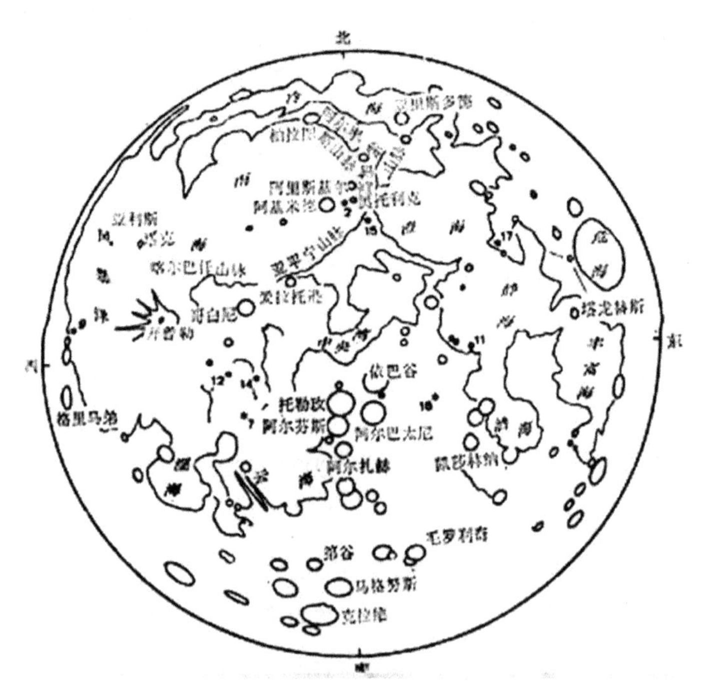

图1.8 月面上不同区域的名称

脉命名，低平地区则称为洋或海，环形山大多用历史上的科学家命名，例如我国古代著名的科学家张衡、祖冲之和郭守敬等。图 1.9 为月面上某局部区的小山峰和环形山，其中山峰的阴影很长，表明太阳刚刚升起。月球上最高山峰的高度可达 10000 米，比地球上的最高峰珠穆朗玛峰还高。图 1.10 是月球南部的第谷环形山，其直径为 86 公里，其中心山峰高度为 2300 米。

图1.9　月面局部区的小山峰和环形山

图1.10　第谷环形山

由于月球没有大气和大片水域，结果出现了许多与地球上完全不同的独特景象。首先是没有地球上常见的风、云、雨、雪等天气现象，也没有任何生物和生命活动。其二是声波无法借助空气传播，说话听不见、打炮无声响，因此月球表面是一片荒芜和寂静的世界。其三是由于没有大气和海洋起缓冲和调节作用，月球上的昼夜温差极大，在强烈的太阳光照耀下，白天的最高温度可高达 127℃；夜间因失去阳光，温度急速下降到 −183℃。更有意思的是由于没有大气散射太阳光，即使在白天，月球上看到的天空也是漆黑的，太阳和星星同时出现，相互辉映，同时还会看到非常壮观的蓝白色地球（主要是地球上海洋和云彩的颜色），它的角直径比太阳还要大 4 倍，这是一幅多么美妙的动人景象呀!

月球是一颗寂静星球的含义还不只是上述这些。地球上除了有多彩纷呈的天气变化和繁荣昌盛的生命现象外，还经常会发生来自地壳板块运动和地球内部原因造成的火山爆发、地震和海啸等剧烈活动。与此相对照，月球上既无火山爆发也无海啸。安装在月球上的月震仪探测结果表明月震非常微弱，这表明月球已基本上凝结成一块固体。另一方面，安装在月球上的磁场仪的测量结果表明月球几乎没有磁场。大家知道，地球存在磁场，按照目前的观点，地球的磁场是由地球内部熔化的金属导体流动造成的。因此月球几乎没有磁场也间接证明月球内部已经基本凝固和没有流体运动。根据研究，月球大约在30亿年前就已经是这种状态。与此相反，地球正处在活动的高峰期，与地球相邻的火星则处于活动晚期。估计过很长时间以后，地球的活动会减弱到与现在的火星相当，而过40亿年之后，地球也会变成目前月球的状态。

那么月球是如何诞生的呢？这个问题还没有公认的答案。而且这个问题可能与地球的形成甚至太阳系的形成关系密切，天文学家尚未取得统一的见解。目前认为有几种可能。第一种观点认为月球是与地球同时形成的。通常认为整个太阳系是由一块巨大的星云演化形成的，星云的绝大部分物质通过自身的引力作用，收缩凝聚成为太阳，少量剩余的物质碎片形成了行星和它们的卫星，月球就是在这样的过程中与地球同时形成的，这种观点称为“同源说”。另一种可能就是在地球初步形成之后，但尚未完全凝结时，由于受到地球自转的离心力和太阳引力的共同作用，或者有另一巨大的星球从地球旁边经过，借助它的强大引力，从地球中拉出一团物质，然后演化成月球，这种观点称为“分裂说”。第三种可能就是太阳系中有很多小天体，包括大量的小行星，由于它们的质量太小，当它们在太空中运行时容易受到大行星的引力扰动，使它们的轨道变化不定。因此也不排除某一小行星经过地球附近时，地球通过自己的巨大引力把它俘获过来，成为自己的卫星，这就是“俘获说”。有人针对这一问题和上述三种可能的答案，形象和风趣地比喻月球到底是地球的“妹妹”“女儿”或是“妻子”？对月球起源的探讨已成为月球研究中的热门课题。

根据对美国阿波罗载人探月带回的月岩样本进行分析后，多数学者转而相信月球是在几十亿年前尚未凝固时，受到一颗火星大小的小行星撞击后，抛出的地球物质凝聚形成的。但是近年来又有人提出，鉴于月球正面（向着地球的一面）与月球背面（背向地球的一面）地貌的显著差别，即正面比较平整和光滑，而背面有更多山地，因而认为月球原先是由两个孪生的月亮（一大一小）碰撞形成的。这种观点认为，当两个月亮尚未完全凝固时，较小的月亮（其质量只有目前月球的1/3）从背面撞击大月亮，导致小月亮粉身碎骨，像泥巴抹到皮球上那样造成月球背面的粗糙地貌。如果真是如此，必定会造成目前月球内部的密度不均匀。因此有两种途径可以检验这种理论，其一是到月球背面取得岩石样品，分析其是否与正面月岩成分不同，目前还做不到这一点。另一途径就是分析月球的重力场分布，进而反推月球内部的物质分布是否有二球合成一球的痕迹。美国于2011年9月10日发射的“圣杯”孪生探测器（全名为Gravity Recovery and Interior Laboratory，即月球重力恢复和内部实验室，简称GRAIL），其主要目的就是为了验证这种理论。“圣杯”由两个探测器“圣杯A”和“圣杯B”组成，其大小与洗衣机相当，它们由火箭同时发射，一小时后分离，经过约418万公里航行（途经距地球150万公里的拉格朗日点L1后再奔向月球，这样可节省燃料，关于拉格朗日点可参阅第十章第五节），分别于2011年12月31日和2012年1月1日到达月球，定轨于离月面50公里的高度绕月运行，两个探测器一前一后，相距200公里。它们将进行9个月的探测。当探测器经过强重力区上空时会受到加速，经过弱重力区上空时会受到减速，于是可以通过分析两个探测器之间的距离变化，反推得到月球重力场分布，进而推测月球内部的物质构成和密度分布，探讨月球起源问题。

月球自转与公转周期相同并非偶然，而是月球与地球之间相互作用的结果。月地之间最重要的互动就是月球和地球的引力场造成对方的潮汐现象。月球对地球产生的海洋潮汐已众所周知。地球同样对月球产生潮汐力。实际上月球早期的自转比现在要快，而且当时月球表面尚处于熔岩状态，地球对其产生的潮汐摩擦使其自转逐渐减慢，直到其自转周期与公转周期相等，而此时月球表面也已凝固，潮汐不再存在，从而保持了这一状态。另一方面，月球对地球产生的潮汐力还会使地球物质重新分布和变形，这又反而使月球受到加速，导致其公转运动轨道逐渐扩大，缓慢地沿螺旋线远离地球。据估计这种效应将使月球以每百年大约3.8厘米的速度远离地球。实际上月球引力对地球产生的潮汐摩擦也会使地球自转逐渐变慢，从而使地球的自转周期每百年增加0.00164秒，导致在几十亿年之后，地球的自转周期与月球绕地球的公转周期相同，即地球上的一天与一个月相等，估计其长度大约为现在的43天。那时地球上只有某半球面对月球，住在另外半球的人必须长途旅行到另一半球才能看到月亮。

二　月球探测的意义

我国于2007年10月24日成功发射了“嫦娥1号”探月航天器。同年9月

14日日本发射了“月亮女神1号”，2008年10月22日印度发射了“月船1号”，2009年6月18日美国发射了“月球勘测轨道器”，紧接着2010年10月1日我国又发射了“嫦娥2号”探月航天器。迄今已经实施月球探测的国家和国际组织有俄罗斯、美国、日本、中国、印度，以及欧洲空间局。已经宣布要进行月球探测的国家还有英国、德国、奥地利、乌克兰、波兰、加拿大、巴西和韩国。月球基本上是一块死气沉沉的大石头，为什么会有这么多国家对它感兴趣，愿意投入庞大的人力、物力和财力对它进行探测研究呢？这种巨大投入到底值不值得呢？首先，根据1984年联合国通过的《月球条约》的规定，月球领土和资源为各国共有，但谁先开发谁先受益，这一情况与南极洲的规定相类似。因此凡是有技术条件的国家，都不愿意放弃这种权利，争先进行月球探测，以备将来开发利用。那么进行月球探测除了可以显示科技水平，以及宣扬国力和国威外，还有哪些具体价值呢？按照目前的估计，进行月球探测至少有以下几种开发价值。

1. 巨大的能源

月球上可利用的能源有两种，即太阳能和同位素氦–3（即^{3}He）。由于月球无大气，月球表面接收到的太阳光强度比地球表面强得多。而且月球的自转周期为27.3天，再加上它绕地球公转的因素，使月球上一昼夜按地球日的长短算为29天多。换句话说，月球上任一地点都是连续14天多处于白天，然后连续14天多处于夜晚。因此只要在月球上不同经度的地方分别建造几个大面积的太阳光聚集器，它们就会轮流处于白天强烈的阳光照射下，就能获得永不间断的强大太阳辐射能。把它转换为电能，然后以激光或微波形式向地球传输，让人类享用取之不尽的可再生清洁能源。

月球上的另一种可利用能源是同位素氦–3。氦元素通常都以原子量为4的氦–4存在，它的原子核由2个质子和2个中子组成。氦–3是氦–4的同位素，它的原子核由2个质子和1个中子组成，原子量为3。氦–3与氢的同位素氘结合发生聚变反应会产生质子和氦–4，并且释放出能量。由于地球上的氦–3非常稀少，有人估计只有15～20吨，几乎没有利用价值。因此目前在受控核聚变反应的研究中，通常采用氢的同位素氘（即^{2}H，海水中有很多氘）或氚（即^{3}H，可由元素锂通过辐射获取）作为燃料。不过研究表明用它们作聚变反应试验时，产生的高能中子会通过所谓“边缘聚集吸收”而严重损害实验装置，从而影响产能效率和增加成本。若用氦–3作为燃料，其附产物为质子，就不会有这些麻烦。因此氦–3

是一种理想的受控核反应燃料。月球上的氦 –3 系来自太阳。太阳的巨大辐射能是由太阳中心区的核聚变产生的，氦 –3 作为这种反应的副产物随太阳风一起逃离太阳。由于月球没有大气和磁场的保护，太阳风能够长驱直入抵达月球表面（图 1.11），经过漫长岁月的积累，估计在月球土壤中可能储存有 100 万～500 万吨氦 –3。若用氦 –3 作为燃料的核电站供电，每年只要 100 多吨的氦 –3，就能提供全世界的能源需求。因此月球的氦 –3 燃料估计可提供地球上几千年至上万年的能源需求。

图1.11 太阳风直达月球示意图

2. 矿产资源

迄今的探测结果表明月球上有非常丰富的矿产资源。大家知道钛是航空、航天和其他高科技行业中的重要材料，月球玄武岩中钛铁矿（$FeTiO_3$）的总含量约有一千多万亿吨，可提炼的金属钛在一百万亿吨以上。月球上还有一种称为克里普（KREEP）的岩石，富含钾（K）、稀土元素（REE）和磷（P），并因此而得名（图 1.12）。估计月球上的稀土元素含量有几百亿吨，钍和铀的含量分别为 8.4 亿吨和 3.6 亿吨。另外还有相当丰富的铬、镍、钾、钠、镁和铜等金属，以及磷和硅等非金属，均有开发价值。

图1.12 月面上的克里普岩石

3. 航天基地

月球引力只有地球的 1/6，一个体重为 60 公斤的成年人在月球上的重量只有 10 公斤，因此我们看到航天员在月球表面行走时表现为轻飘飘的跳跃式前进。由于月球引力这样弱，从月球上发射航天器就变成轻而易举。例如，从地球上发射环绕地球运行的人造卫星，运载卫星的火箭速度必须达到每秒 7.9 公里（称为第一宇宙速度）；若要发射脱离地球奔向月球的航天器，火箭速度必须达到每秒 11.2 公里（称第二宇宙速度）；若要使航天器克服太阳的巨大引力而逃离太阳系，火箭速度就须达到每秒 16.7 公里（称第三宇宙速度）。目前从地球上利用多级火箭可以达到第一和第二宇宙速度，但要达到第三宇宙速度则相当困难。因此发射探测非常遥远行星（如海王星）的航天器，都把航天器的轨道设计成经过木星和土星，利用这二颗大质量行星的巨大引力产生的助推作用，使航天器进一步加速到第三宇宙速度奔向太阳系边缘，完成遥远行星的探测任务之后，离开太阳系。然而如果从月球上发射航天器，不管是使航天器绕月运行，或是脱离月球奔向地球或其他行星，所需的运载火箭速度和推力比从地球上发射要小得多。因此月球是一个理想的航天基地和中继站。

4. 天文观测基地

地球大气给地面上的天文观测带来很大损害。首先，由于地球大气对太阳光的散射，白天时天空很亮，超过星星的亮度，这就是白天看不见星星的道理。实际上除了星星之外，其他一些天象如太阳的最外层大气——日冕，因其亮度比天空暗，也无法看见。只有在日全食时，当眩目的太阳被月球遮住，使天空变暗之后，才能看到银白色的日冕。但在月球上，由于没有大气，天空永远是漆黑的，即使是在白天，太阳和它的银白色日冕、星星还有美丽的地球，都能看见。夜晚的星星也比地球上看到的明亮得多。天文学家能够随心所欲进行各种观测。更重要的是由于地球大气对天体辐射的吸收程度与辐射波长有关，天体的辐射中能够穿透地球大气到达地面的只有波长大约从 300 纳米（纳米简记为 nm，$1\text{nm}=10^{-7}$ 厘米）至 700 纳米的可见光和波长从 1 毫米至 10 米的无线电波，以及波长从 700 纳米至 1mm 的红处光中的一部分。波长短于 300 纳米的紫外光和 X 光，则被地球大气中的电离层和臭氧层几乎完全吸收，部分红外光被地球大气中的水汽和其他分子吸收，10 米以上的无线电波被电离层反射。这样，在地球上要观测这些不能到达地面但包含有重要信息的天体辐射，就必须借助航天器飞越高空进行观测。然而在月球上由于没有任何大气吸收，天文学家就能对天体进行从 X 光直到低频无线电波的全波段观测。另外，由于地球磁场的存在，天体发射的粒子（它们大多是带电粒子，如电子、质子和各种原子核）因受到地磁场的偏析作用而不能到达地面，因此地面无法观测这些粒子。然而月球没有磁场，这些粒子可以直达月球表面，因此在月球上就能直接观测到这些同样携带着天体重要信息的粒子，对天体进行更多方面的研究。

最后一点，由于地球大气的存在，天文望远镜的观测效率大打折扣。一方面是地球大气对辐射的吸收使望远镜接收到的天体辐射能减少，另一方面是由于地球大气中的湍流运动，使来自天体的光波波前受到扭曲，导致观测到的天体图像模糊不清，亦即望远镜的分辨率下降。但在月球上进行天文观测，就可以免除所有这些缺陷，使望远镜的观测效率大为提升。据估计安装在月球上的一台口径为40厘米的望远镜大约相当于地球上一台口径为2米的望远镜的观测效率。因此月球又是一个理想的天文观测基地。

5. 军事基地

当然，也不能排除在月球上建立军事基地的可能性。大家都知道两军交战要夺取制高点，显然月球是一个最高和最大的制高点。如果在月球上建立强大的激光发射器，并从那里发射大功率的激光束，就能轻易攻击和摧毁环绕地球运行的敌方军事卫星。因月球无大气干扰，这种攻击远比从地面攻击有效得多。从月球上发射雷达干扰信号扰乱敌方的地面雷达也会非常有效。从月球上的导弹基地发射导弹可以轻易打击地面的敌方任何目标。而敌方若无先进的航天技术，则只能对这些建在月球上的激光、雷达和导弹基地望月兴叹，无可奈何。根据美国媒体透露，早在20世纪60年代美国国防部就曾制订过在月球上建立军事基地的计划，美国空军曾提出在月球背面建立导弹基地的绝密报告。从月球背面发射的导弹可以绕到正面打击地球上的目标，但要摧毁隐藏在月球背面的导弹基地，即使对于已掌握航天技术的敌国来说，其难度也是可想而知。

要实现上述这些月球开发项目，当然还有漫长的路要走，但是随着科学技术的进步，都是早晚能够达到的，因此凡是有能力的国家，都想尽早起步。

三 月球探测的历史回顾

苏联最先开始用航天器探测月球。1959年1月2日苏联发射的“月球1号”，掠过月球，表明其火箭技术已能使航天器达到每秒11.2公里的第二宇宙速度，脱离地球引力奔向月球。同年3月3日美国的“先锋4号”飞船也穿越月球，显示了同样的技术水平。紧接着同年10月24日，苏联的“月球2号”撞击月球澄海，就是导致了航天器毁损的硬着陆，也是了不起的成就，表明苏联的航天器瞄准目标的精度已达相当水平。当时分别以苏联和美国为首的东方和西方国家阵营正处于冷战状态，既有强大推力又有很高瞄准精度的技术如果用于军事目的，将对敌方产生多大威慑可想而知。难怪美国大为惊慌，急于快速追赶。但直到1962年4月23日美国“徘徊者4号”才撞击了月球背面。同时启动意图全面超越苏联的“阿波罗（Apollo）探月计划”。此计划的顶峰是1969年7月16日发射的“阿波罗11号”，其载有两位航天员阿姆斯特朗和奥尔德林的登陆舱“鹰号”于7月20日在月球表面静海软着陆（图1.13）。另一航天员柯林斯则留在绕月飞行的指挥舱中。登月舱着陆6个半小时后，阿姆斯特朗和奥尔德林先后出舱踏上了月球表面。正如阿姆斯特朗所说，“这是个人的一小步，却是人类的一大步”（图1.14）。登月舱在月面上停留21小时，航天员出舱活动约2个半小时，在月面的活动范围约90米，带回地球约23公斤月球岩土（图1.15至图1.17）。自1969年7月至1972年12月间，发射了“阿波罗11号”至“阿波罗17号”，除了“阿波罗13号”因故障未能登月（但仍成功返回地球）外，其余6次共12位航天员均成功登月。其中“阿波罗15号”至“阿波罗17号”还携带月球车登月（图1.18）。载人登月6次，在月面的总停留时间为300多小时，航天员出舱时间约80小时，最远行程约90公里，带回月球岩土382公斤。同时在月球上安装了月震仪、磁场测量仪、激光反射镜和太阳风收集器等设备。

图1.13　阿姆斯特朗（左）、奥尔德林（右）和柯林斯（中）

图1.14　人类踏上月球的第一步——阿姆斯特朗的左脚印

图1.15　航天员在月面上

图1.16　阿波罗登月舱

图1.17　阿姆斯特朗拍摄的奥尔德林出舱

图1.18　阿波罗月球车

阿波罗探月结束后，只有零星几次美国和苏联的月球探测，进入了十多年的探月低潮时期。直到 1990 年 1 月 24 日日本发射了重量为 182 公斤的探月航天器“飞天号”，到达月球附近时由其放出 12 公斤重的子卫星“羽衣号”，在距月 200 公里的圆形轨道上绕月飞行，但随后失去联系。

美国于 1994 年 1 月 25 日发射了“克莱门汀”月球极轨卫星，发回大量月球极区照片。美国 1997 年 11 月 23 日发射的“月球勘探者”仍然着重于月球极区探测。正是这两次进行的光谱观测，发现月球两极地区似乎有水冰存在的痕迹。欧洲空间局于 2003 年 9 月 27 日发射了重量为 367 公斤的“智慧 1 号”（Smart–1，smart

为小型先进技术任务的英文缩写），其科学目标除了探月外，还着重于测试一种新型太阳能驱动技术——离子推进器（图 1.19）。它携带 80 公斤氙原子，借助太阳能使其电离为带电粒子，然后由电磁场加速产生推力。"智慧 1 号"依靠微弱的推力航行了 14 个月（行程 1 亿多公里）于 2004 年 11 月 15 日进入绕月轨道，由所荷载的 X 光和红外光谱仪探测月面化学元素的分布和寻找水冰证据。2006 年 9 月 30 日"智慧 1 号"按计划撞击月面卓越湖区域，处于夜间的夏威夷天文台拍摄到了这次撞击引起的闪光。随后就是上面提到的从 2007 年开始的日本、中国、印度和美国相继进行的新的月球探测热潮。

图1.19　欧洲"智慧1号"月球探测器

日本于 2007 年 9 月 14 日发射的"月亮女神"（Selene-1）绕月探测卫星重约 3 吨，为一长和宽各 2.1 米、高 4.8 米的立方体，定轨于离月面 100 公里的轨道上。到达月球附近时释放出两个各为 50 公斤的八角形子卫星（图 1.20）。一大二小卫星利用所运载的 14 种仪器对月球进行立体绘图、重力场和磁场测量、X 光和 γ 射线环境、带电粒子环境、各种岩石分布以及是否存在水等探测，其重点科学目标为研究月球演化。"月亮女神"于 2009 年 6 月 11 日完成探测任务后撞月损落。

图1.20　日本的"月亮女神"月球探测器

印度于 2008 年 10 月 22 日发射的"月船 1 号"（Chandrayaan–1）重约 1.3 吨，搭载了 11 台探测仪器，其中 5 台为印度国产，6 台为外国研制和主导的项目。"月船 1 号"定轨于离月面 100 公里的轨道上对月球进行探测，包括精确测量三维月面图，用可见光、红外光、高能和低能 X 光进行遥感探测，以及寻找水的证据。"月船 1 号"于 2008 年 11 月 14 日释放出重量为 29 公斤的撞击器撞击月面，把携带有印度国徽的标帜留在月面上，很有新意。美国航天局（NASA）曾经宣称美国安装在“月船1号”上的微型合成孔径雷达，在月球北极的阴影区中观测到40多个坑，其直径在1～9英里（1英里=1.6公里）之间，初步认定其中充满水冰，估计其隐藏量在6亿吨以上。原计划工作二年的“月船1号”在接近一年时，因通信联络失效而提前结束。

为了进一步澄清月球是否存在水，美国进行了颇具创意的尝试。美国于2009年6月17日用宇宙神5号火箭同时发射了“月球勘测轨道器”（LRO）和“月球环形山观测与传感卫星”（LCROSS），在月球附近使二者分离，前者进入距月面50公里的绕月轨道，用7种仪器对月球进行近距离探测，后者（重891公斤）与无燃料的第二级火箭空壳（重2.2吨，有小汽车大小）一起继续绕地球运动，积蓄能量，并于10月8日让火箭空壳撞击月球南极区，由LCROSS穿越撞击产生的尘埃中进行光谱观测。4分钟后LCROSS也实施撞击南极阴影区，并由LRO进行观测。据估计这二次撞击大约可产生500吨飞扬物质，原来以为第一次撞击地球上应能用望远镜看到，但未能如愿。但2009年11月13日美国航天局宣称，LCROSS撞向月球南极卡贝乌斯环形山（直径100公里，深4米，温度为–217.8℃，为永久无日照区）时扬起的羽状烟尘中发现有水冰存在。另外由于高分辨照相机的分辨率达到0.5米，因此居然能拍摄到“阿波罗11号”的遗迹，以及“阿波罗14号”留在月面上的登月舱底部支架和安装在月面上的实验组件，从而可以有力地反驳某些人质疑“阿波罗”载人登月是在摄影棚中造假的说法（图1.21）。

图1.21　美国“月球勘测轨道器（LRO）拍摄的“阿波罗11号”遗迹

四　中国的嫦娥探月工程

启动于21世纪初的中国的嫦娥探月工程计划包括三个阶段。原计划是2007年前完成航天器绕月探测，2012年前完成航天器降落月球探测，2017年前完成航天器登月取样后返回地球，这三个阶段简单称为“绕、落、回”。不过上述具体年份也可能会随工程进度而适当调整。

1. “嫦娥 1 号”

2007 年 10 月 24 日“嫦娥 1 号”的成功发射并顺利进行绕月探测，标志着我国已经完成了第一阶段的“绕”月任务(图 1.22)。这也是我国在航天技术领域继“卫星上天”和“载人航天”之后的第三个里程碑。重量为 2.3 吨的“嫦娥 1 号”由东方红 3 号改型作为卫星平台，形状为 2 米见方的正方形，太阳能电池板展翼长 18 米。发射“嫦娥 1 号”的三级火箭长征 3 甲（CZ-3A）起飞重量为 243 吨。发射后先绕地球飞行，经过多次变轨，使其椭圆轨道逐渐扩大，远地点达到月球附近，然后制动减速，由月球引力俘获，成为绕月卫星（图 1.23）。从 10 月 24 日发射至 11 月 7 日进入绕月轨道，航程为 180 多万公里，航时为 326 小时。“嫦娥 1 号”携带 8 种仪器进行探测，计划完成 4 个科学目标（图 1.24，图 1.25）。

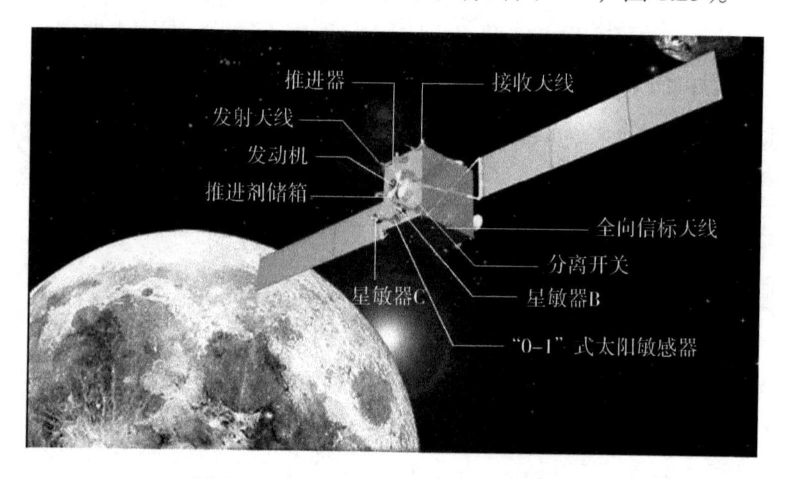

图1.22　中国的“嫦娥1号”月球探测器

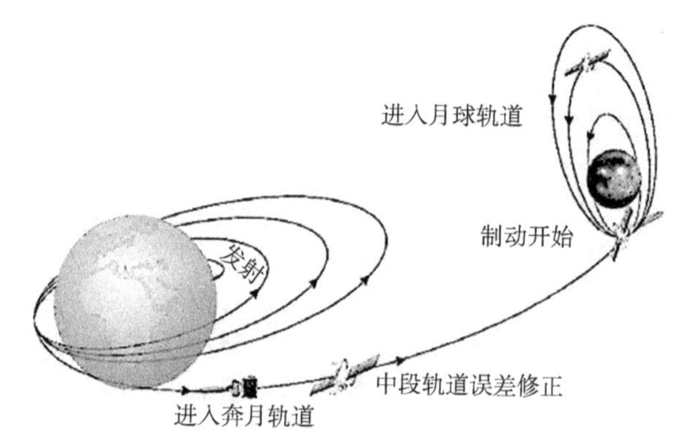

图1.23　“嫦娥1号”奔月轨道示意图

图1.24　“嫦娥1号”获得的月面全图

图1.25　“嫦娥1号”获得的月面局部区图

（1）测绘月球表面的立体地形图，由CCD照相机和激光测高仪实施。

（2）探测14种元素（氧、硅、镁、铝、锰、钙、铁、钛、铬、钍、钾、钠、铀、钆）的含量和分布，由γ射线仪、X光仪和干涉成像光谱仪进行。

（3）测量月球表面土壤厚度和分布，由微波探测仪完成。

（4）探明日地空间环境，由太阳高能粒子探测仪和太阳风离子探测仪进行。

“嫦娥1号”还录制了如下32首代表性歌曲：

国歌（田汉词，聂耳曲）

东方红（李焕之编曲）

谁不说俺家乡好（吕其明、杨庶正词，肖培珩曲）

爱我中华（乔羽词，徐沛东曲）
歌唱祖国（王莘词曲）
梁山伯与祝英台（陈钢、何占豪曲）
我的祖国（乔羽词，刘炽曲）
走进新时代（蒋开儒词，印青曲）
二泉映月（华彦钧曲）
黄河颂（光未然词，冼星海曲）
青藏高原（张千一词曲）
长江之歌（胡宏伟词，王世光曲）
在希望的田野上（晓光词，施光南曲）
春天的故事（蒋开儒、叶旭全词，王佑贵曲）
七子之歌（闻一多词，李海鹰曲）
我的中国心（黄霑词，王福龄曲）
高山流水（古琴曲）
草原上升起不落的太阳（美丽其格词曲）
阿里山姑娘（台湾民歌）
贵妃醉酒选段（京剧）
难忘今宵（乔羽词，王酩曲）
歌声与微笑（王健词，谷建芬曲）
春节序曲（李焕之曲，彭修文改编）
半个月亮爬上来（青海民歌，王洛宾改编）
游园惊梦选段（昆曲）
富饶辽阔的阿拉善（蒙古族长调）
良宵（刘天华曲）
十二木卡姆选曲（新疆木卡姆选曲）
东方之珠（罗大佑词曲）
在那遥远的地方（王洛宾词曲）
我是中国人（石飞词，谷建芬曲）
但愿人长久（苏轼词，梁弘志曲）

“嫦娥 1 号”在完成所有计划中的任务之后，于 2009 年 3 月 1 日实施了撞月。

2.“嫦娥2号”

我国探月计划第二阶段“落”的先行者“嫦娥2号”于2010年10月1日由长征3号丙（即CZ-3C，由CZ-3A加上两个助推器构成，长度为54.48米，起飞重量345吨）成功发射。在“嫦娥2号”发射之前，人类进行了126次探月（美国57次，苏联、俄罗斯64次，日本2次，欧洲、中国和印度各1次，其中成功和失败各为63次）。“嫦娥2号”的成功发射，使人类探月的成功率首次超过50%。“嫦娥2号”由“嫦娥1号”的备用星改造升级成型。其主要任务是为“嫦娥3号”登陆月球先行探路和寻找合适的着陆点。它携带的7种探测仪器包括CCD立体相机、激光高度计、X光摄谱仪、γ射线摄谱仪、微波探测仪、太阳高能粒子探测仪和太阳风离子探测仪等，但它们的性能比“嫦娥1号”更为先进。此外，与“嫦娥1号”相比较，“嫦娥2号”有如下几个重要不同。其一是“嫦娥1号”是先绕地球7圈，再经4次变轨后，转移到绕月轨道，花费时间很长。“嫦娥2号”则是直飞月球，耗时约112小时，比日本的“月亮女神”和印度的“月船1号”更快。这样的轨道设计虽然减轻了地面控制的任务，但对火箭入轨速度和精度有很高的要求。另一是“嫦娥1号”的最终轨道距月球表面为200公里，“嫦娥2号”则缩小为100公里，于是对月球表面探测的分辨率就从“嫦娥1号”约120米提高到7米，比“嫦娥1号”高17倍（图1.26）。已经取得的分辨率为7米的全月面图是目前各国已发表的全月面图中最好的。在这样高分辨率的月面图上，已能看到美国“阿波罗11号”登陆月球的遗迹。同时，还对计划中的我国嫦娥探测器的着陆区“虹湾”进行离月面仅15公里的近距离探测，这时CCD相机对月面的分辨率可达到1.5米。考虑到月球表面的最高山峰为10公里，因此在15公

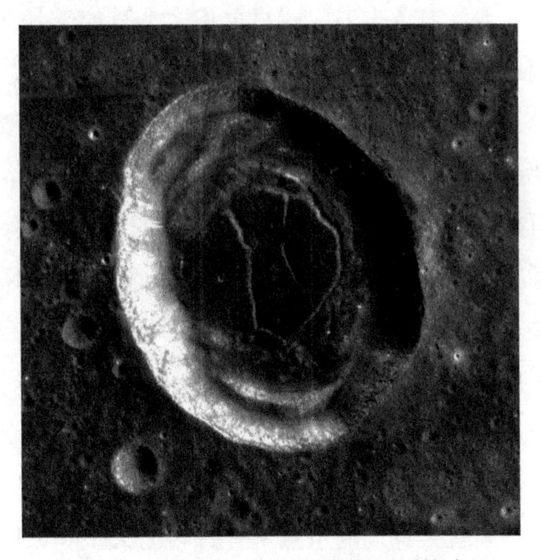

图1.26　“嫦娥2号”拍摄的丹聂耳撞击坑

本图由“嫦娥2号”卫星CCD立体相机拍摄。成像时间为2010年10月23日，卫星距月面高度约100千米，像元分辨率约7米。丹聂耳（Daniell）环形坑位于东经31°6'、北纬35°18'，直径29 km。环形坑底部分布有明显的裂痕，形态似金文（钟鼎文）的“月”（𝔇）字

里的高度进行探测具有很大风险，完全可以想象对其轨道的设计和控制的精度要求会有多高。“嫦娥2号”完成了半年多的预定科学目标之后，已于2011年6月9日飞离月球，奔向距地球150万公里的拉格朗日点（L2），并于3个月后到达该处，继续进行太阳和地磁层带电粒子、太阳X光和宇宙线等探测。这是我国首次进行的深空探测，因而将利用这一机会对深空探测中的各种关键技术进行检验和积累经验，为我国下一步的探月和将来的行星际探测奠定良好的基础。

计划中将要登月的“嫦娥3号”的主要任务是试验软着陆和月球车技术，在着陆点附近进行包括月球岩石和土壤以及地貌结构等实地探测，安置可记录小天体撞击的月震仪，安装口径约为40厘米的天文望远镜，观测太阳日冕物质抛射（CME）现象，可能还会有紫外和射电等其他波段的观测。

第三阶段“回”的任务，就是实验由月面返回地球的技术，补充前期缺失的探测，以及在月面采集样品（岩石和土壤）后返回地球。

至于载人登月，难度就更大。首先，凡涉及人的问题，如果失败，影响很大，因此安全系数要增大到97%以上，即100次不能允许有超过3次失败。由各个环节组成的综合性工程，要达到这样的安全系数必须要求各技术环节的安全系数都要超过这一水平，因为最终的安全系数等于各技术环节安全系数的乘积，其难度可想而知。其次是航天员所必需的生活和生命保障条件，包括氧气、饮食和排泄系统，均有附加的技术难度，同时还会增加荷载重量，需要增大火箭的推力。我国虽然未正式宣布载人登月的时间表，但在天津建设大推力火箭长征5号的火箭工厂，以及在海南省文昌市建设航天发射场，都是为载人登月创造条件。长征5号火箭直径达5米（过去我国火箭直径不能超过3.35米）起飞重量为643吨，能运载卫星重量为15吨。美国原计划在2020年前重新登月，但奥巴马总统指示，将美国航天计划的重点从登月转向火星和太阳系小天体（小行星和彗星等）探测。俄罗斯和印度也宣称在2020年前登月，欧洲航天局的载人登月则定在2025年前，日本只有机器人登月计划。因此中国如果在前三阶段的“绕、落、回”顺利完成后，接着进行载人登月是顺理成章的事。所以对于载人登月，中国与上述国家大体处在同一起跑线上。

第二章　我们的太阳

一　为什么要研究太阳

在地球大气以外的所有天体中，与人类关系最密切的就是太阳。正是太阳的光和热，维持着人类生存和地球上一切生命活动所必需的适当环境。地球的主要能源，如石油、煤炭、风力、水力等，归根结底都是来自太阳能。昼夜交替、四季变化、风云雨雪、植物生长等自然现象，无一不是太阳作用的结果。由于太阳与人类的生活和生产活动有如此密切的关系，人们自然会产生了解太阳本质的强烈愿望。他们除了想知道太阳有多大和距离有多远等简单问题外，还想知道它到底是由什么物质组成的？它的内部构造如何？表面怎样？它的温度有多高？它的能量是如何产生的？它到底每分钟发出多少能量？它以这样的规模发射能量有多长时间了？还能维持多长时间？……

为了探讨上述一系列涉及太阳的物理构造、内部和表面发生的物理过程，以及太阳整体演化等问题，在天文学中形成了一个重要的分支学科，称为太阳物理学。太阳物理学研究者通过精心设计的各种望远镜和仪器对太阳进行了长期观测，并用物理学的方法对观测结果进行综合分析和理论推断之后，对上述这些基本问题可以说都能给予答复。然而仍有许多重要问题至今还不清楚，或知之甚少，有待于进一步的探索。研究太阳的意义，至少可以概括为如下几点。

1. 了解太阳是了解整个宇宙的重要环节

人们不管是出于好奇还是想加以利用，总是想了解自己周围的环境，小到自己的邻居、街道、城市、国家，大到整个地球、太阳系、银河系、其他星系和整个宇宙。在这种阶梯状宇宙结构中，太阳有着举足轻重的地位。对于不发光的行星的情况，还可以想象其大致与地球有某些类似。那么众多发光的恒星呢？实在是难以想象。现在已经知道，在宇宙间形形色色的恒星世界中，大多数恒星实际上属于同一种类型——所谓主序星，它的结构和演化有一定的规律。太阳是一颗典型的主序星，而且是一颗离我们最近的恒星。因此，对太阳进行观测和研究，将使我们对宇宙间的其他恒星有大致的了解，实际上，天文学家对其他恒星结构和演化的研究，在很大程度上是以太阳作为范例进行探讨和检验的。

2. 促进物理学某些领域的发展

太阳上有着非常特殊的物理条件，其主要特征包括高温、稀薄、高度电离、大尺度和强磁场。这些条件同时并存，是地面实验室难以模拟的。研究在这些特殊条件下发生的物理过程，能够促进物理学某些领域的发展。例如对非常复杂的太阳光谱的研究（图 2.1），促进了光谱学的发展；对太阳能源和太阳中微子“亏缺”问题的长期探索，在某种程度上促进了核物理和粒子物理学的进展；对太阳磁场和太阳活动现象的研究，则成了推动等离子体物理和磁流体力学发展的重要因素之一。研究太阳和恒星能源的美国学者贝特（H. A. Bethe）曾获 1967 年诺贝尔物理学奖，而研究太阳和行星际磁场的瑞典学者阿尔文（H. O. G. Alfven）则获得 1970 年诺贝尔物理学奖。

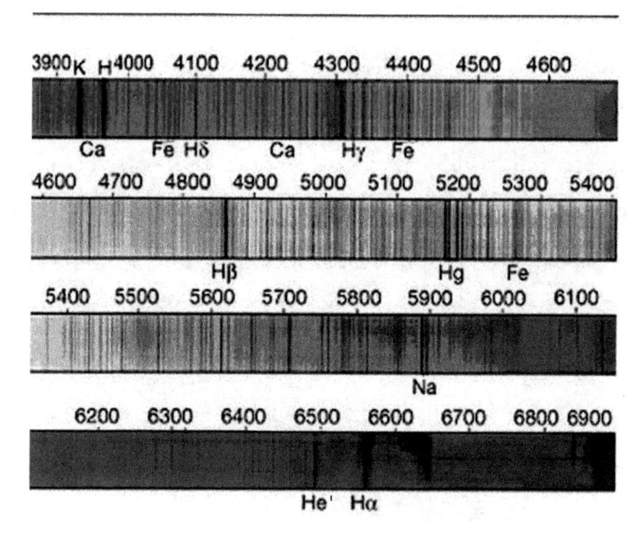

图2.1　包含大量吸收线的太阳光谱称为夫琅禾费光谱。上方数字为波长，单位为埃；下方标出强吸收线对应的元素和氢谱线的名称

3. 为空间天气预报服务

地球高空的大气结构和日地之间的空间环境，在很大程度上是由太阳的电磁波辐射和粒子辐射的能谱决定的。同时，太阳活动产生的 X 光和紫外光增强，以及各种能量的粒子流，则对高空大气结构和日地空间环境造成骚扰和污染，从而引起一系列重要的地球物理效应。例如地球附近空间的高能粒子事件、电离层突

然骚扰和电离层暴、磁暴，甚至引起地球自转变化，最终影响到航天、通信、电力、导航、航测、物探，以及气象和水文等诸多领域。因此研究太阳电磁辐射和粒子辐射中稳定成分的能谱结构，以及太阳活动引起的电磁辐射和粒子辐射的增强情况，掌握它们的规律性，并且设法进行预报，就具有重要的实用价值，也是空间天气预报中的关键课题。

二　太阳的基本构造

从太阳光谱研究推算太阳表面温度约为 6000 度（开尔文温标，天文学中均用此温标，其零度相当于 –273 摄氏度），而结合理论推算的太阳中心温度高达 15×10^6 度。在这样的高温条件下，所有的太阳物质都气化了。因此太阳实质上是一团炽热的高温气体球。它的半径 $R=6.96\times10^5$ 公里，即约 70 万公里。这比地球与月亮的距离要大得多。换句话说，若把地球放在太阳的中心，那么，月亮运行的轨道（其半径约为 38 万公里）还在太阳内部。地球绕太阳的轨道为椭圆形，因此日地距离是变化的，平均距离 $A=1.496\times10^8$ 公里，称为一个“天文单位”，天文学上常用于表示太阳系内天体距离的单位。太阳的质量为 $M_\odot=1.989 \times 10^{30}$ 公斤。因此可以算得太阳的平均密度为 1.41 克 / 厘米 ^{3}，可见它比水的密度还要大。太阳中心的密度高达 148 克 / 厘米 ^{3}，但表面密度仅为 8×10^{-8} 克 / 厘米 ^{3}，相当于地球高空约 80 公里处的空气密度。组成太阳的基本物质是氢和氦。按质量计，氢占 71%、氦占 27%，其他元素合计仅占 2%，主要为碳、氮、氧和各种金属。

通过各种观测和研究已经确定，整个太阳大致上可以划分为几个物理性质很不相同的层次（图 2.2，图 2.3）。它们的化学组成除日心附近氢略少和氦稍多外，其他区域基本上是一样的。若把太阳切开，其构造如图 2.3 所示。

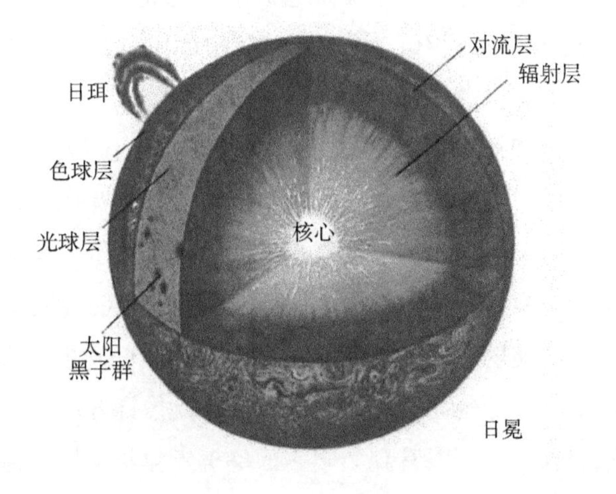

图2.2　太阳三维结构

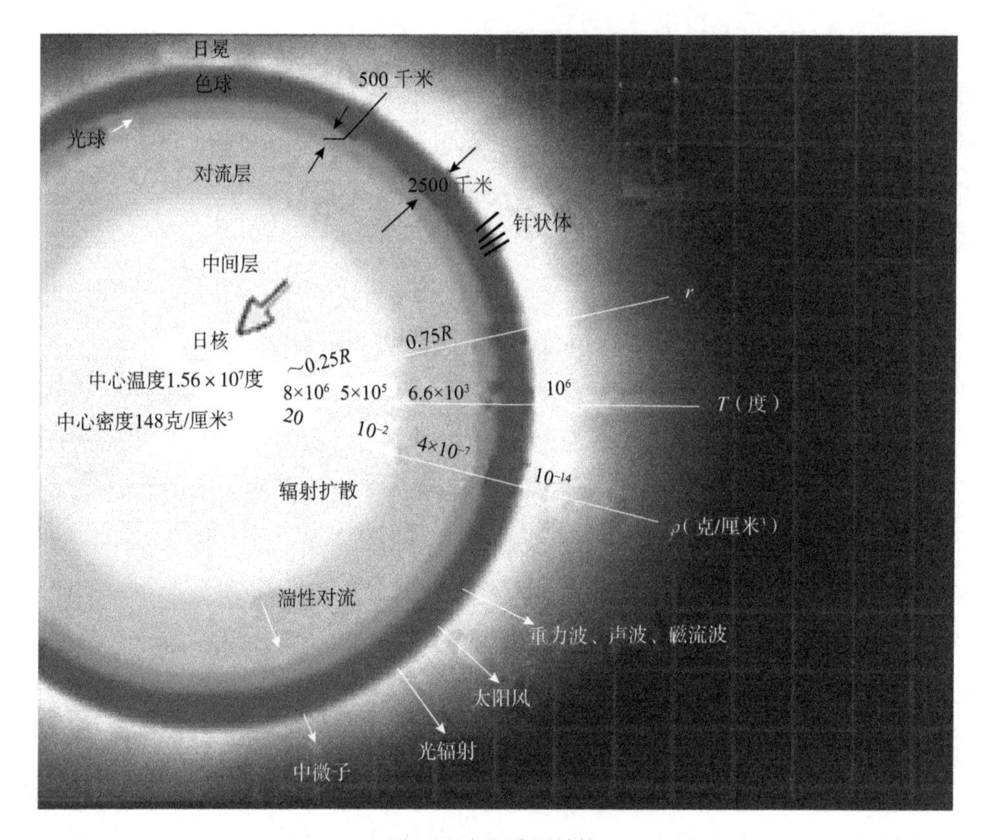

图2.3　太阳分层结构

日核　从太阳中心至大约 0.25 太阳半径为日核，它是太阳的产能区。在日核中日以继夜地进行着 4 个氢原子聚变成一个氦原子的热核反应，这与氢弹爆炸释放能量的过程相似。在反应中损失的质量变成了能量，主要是波长极短的 γ 射线，以及大量中微子。

中间层　自 0.25 至 0.86 太阳半径的区域称中间层，也叫辐射层。来自日核的 γ 射线光子通过这一层时不断与物质相互作用，就是物质吸收来自下层波长较短的光子后，再向上层发出波长较长的光子。虽然光子的波长不断变长，但总的能量没有损失地向外传播。区域温度则由底部的 8×10^6 度下降到顶部的 5×10^5 度。

对流层　从 0.86 太阳半径至太阳表面附近是太阳的对流层。该层中存在热气团上升和冷气团下降的对流运动，就像烧开的水。用太阳照相仪拍摄的高质量太阳照片上，可以看到太阳表面呈玉米粒状结构，称为米粒组织，实际上就是上升气团冲击太阳表面造成的。若在烧开的水中加些铝粉，拍摄下来的水面图像也是这个样子。太阳对流层的存在是由这一层中氢原子电离和复合造成的。

光球层 就是我们用肉眼看到的太阳圆盘，它实际上是一个非常薄的发光球层，其厚度不过 500 公里。我们接收到的太阳辐射几乎全部是由这一薄层发射的。用太阳照相仪拍摄到的就是光球的形象。我们通常所说的太阳表面就是指光球表面，太阳半径也是光球顶部定义的。

色球层 它在光球之上，厚度约 2000～10000 公里。从 2000 公里往上实际上是由一种细长的炽热物质（称为针状体）构成的，因此色球层很像燃烧的草原。色球的亮度只有光球的万分之一，比白天的天空亮度还要暗，因此平时是看不见色球的，必须用专门的仪器（所谓色球望远镜）或在日全食时，才能看到红色的色球层。色球的密度从底部的 10^{-7} 克 / 厘米 ^{3} 量级迅速下降到 10^{-14} 克 / 厘米 ^{3} 量级，但其温度却从底部的几千度迅速增加到近一百万度。

日冕 色球层之上，即太阳的最外层，称为日冕（图 2.4）。日冕的亮度比色球更暗，平时也看不见，必须用特殊仪器（称为日冕仪）或者在日全食时才能看见。日全食时看到的日冕呈银白色。从最好的日冕照片上能够看到它可以延伸到大约 4～5 个太阳半径的距离。但实际上它可以延伸到超过日地距离，而且在距离日心 5～6 个太阳半径以外的日冕是以很高的速度向外膨胀，形成所谓太阳风。换句话说，太阳风就是动态日冕。日冕的温度高达百万度，但其密度却小于 10^{-14} 克 / 厘米 ^{3}，并且随日心距离增大而迅速下降。

图2.4 日冕

日核、中间层和对流层的辐射不能到达地面，因此即使利用仪器也看不见它们。关于它们的状态，是从理论上推测的。不过这种推测是以它们上层（光球）的观测结果为依据，因而是可信的。太阳的这三个最里面的层次合称为太阳内部，或太阳本体。光球、色球和日冕的辐射能够到达地面，可以用肉眼或者特殊仪器观测到它们，并且可以通过观测直接研究它们的性质。这三个看得见的外层合称为太阳大气。尽管太阳大气延伸得非常遥远，但它们的总质量只有 6×10^{20} 公斤，与太阳本体相比，是可以忽略的。

太阳的能源在中心区，它产生的辐射能由里向外传播，太阳的温度照理应随日心距增大而减小。然而太阳外层大气（色球和日冕）的温度反而比下层大气（光球）高得多。这种反常升温的原因曾经长期不明。经过众多学者的研究，现在认为是其下面的对流层中因气团的对流运动而激发产生的各种波（如声波和重力波等）向上传播到高层大气，并在那里耗散，引起高层大气反常加热造成的。这与微波炉加热食物的原理相似。尽管这些波的能量与来自下层的辐射能量相比是很少的，但是由于高层大气密度极低，因此这种附加能量的加热非常有效。

光芒四射的太阳每秒钟到底发出多少能量，这是可以测量的。例如在地球大气外的宇宙飞船上，可以测量垂直太阳光束的一平方厘米面积上每分钟接收到的太阳总辐射能。当宇宙飞船与太阳的距离为日地平均距离 $A=1.496\times10^8$ 公里时，这个辐射能为1.96卡 / 厘米^3· 分，称为太阳常数。这个数字乘以A为半径的球面积，再除以60秒，就得到太阳每秒钟发射的总能量为 3.845×10^{33} 尔格。如何来想象这个能量有多大呢？据估计它可以使地球表面厚度为1000公里的冰层在一小时内全部溶化掉！但实际上我们的地球在太阳向四面八方倾泻的能量洪流中，仅仅截取了其中大约22亿分之一，因此就不会有灾难性的后果。

众所周知，可以用三棱镜把太阳光分解成红、橙、黄、绿、青、蓝、紫等不同颜色，这表明太阳光是由不同波长的光合成的，称为白光。实际上太阳的辐射中包含了从波长最短的γ射线、X光、紫外光、可见光、红外光，直到毫米波、厘米波、分米波和米波等射电（无线电）波段*，即整个电磁波谱。不过其中只有可见光、部分红外光和射电波段的辐射可以到达地面，其余波段的辐射则被地球高空的电离层、臭氧层和水汽所吸收，只能利用人造卫星和宇宙飞船等航天器，在地球大气外对它们进行测量。不同波长的太阳光强度也不相同。用太阳光谱仪可以对其进行精确的测量和定量研究，其结果如图2.5所示，其中横轴表示波长，纵轴表示

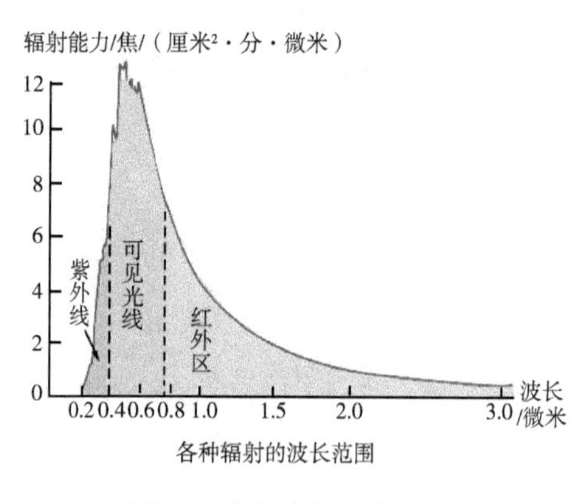

图2.5　太阳辐射能谱分布

* 英文 radio 在通信领域称为“无线电”，在天文学中习惯称为“射电”，二者是一回事。

太阳辐射强度。由图可见，太阳辐射中大约有 93% 的能量集中于可见光和红外波段，其极大强度出现在可见光的 4950 埃处（1 埃 =10^{-8} 厘米 =0.1 纳米），即黄绿光区。紫外光所占的能量比重约为 7%，而太阳无线电波段以及远紫外和 X 光波段所占的能量比重是非常小的（图 2.5，图 2.6）。然而由于它们都是从太阳高层大气（色球和日冕）发射出来的，其中包含着关于太阳高层大气的大量信息，因此对于研究太阳高层大气，这些处在太阳光谱两端的微弱辐射却是非常重要的，只能在高空（地球大气吸收可以忽略的高度）对它们进行精确地测量和研究。

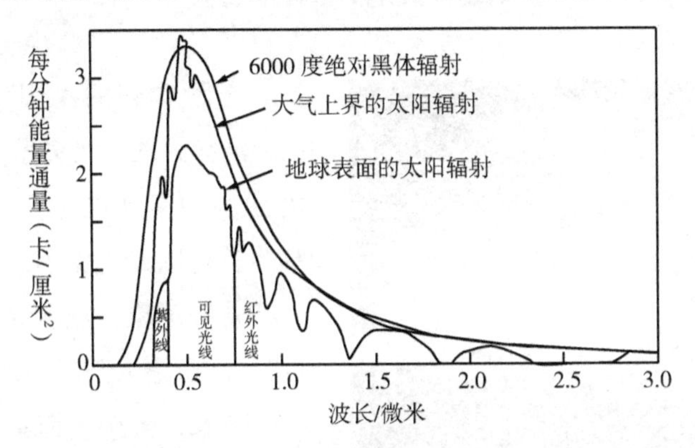

图2.6　地球表面和大气外太阳辐射与黑体辐射能谱比较

太阳光谱中还有许多暗黑的吸收谱线，称为夫琅禾费线，它们是由太阳大气中各种元素产生的，含有重要的信息，对这些谱线的深入和仔细研究可以获得关于太阳大气的各种物理和化学知识（图 2.1）。

17 世纪初伽利略发明望远镜后不久，人们用望远镜观测太阳时，就发现日面上的太阳黑子每天向西移动一定的距离，这表明太阳是在自转，后来的精确观测发现，太阳的自转方式十分特殊，就是它不像固体那样转动，而是在日面不同纬度处以不同速度转动，称为较差自转（图 2.7）。在太阳赤道区，大约 25 天转一周，在两极区，大约 35 天转一周，它们称为恒星周期。不

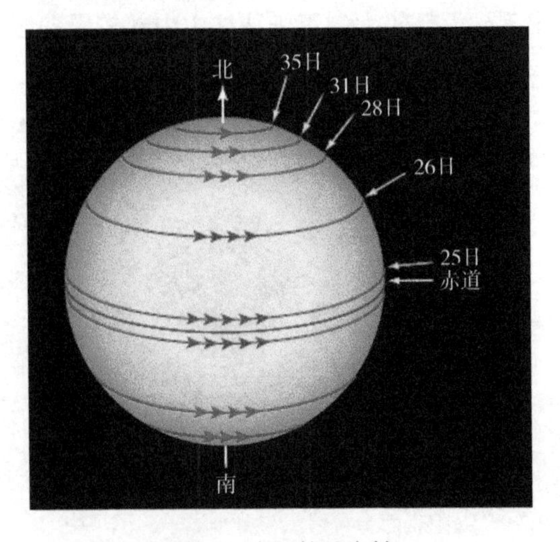

图2.7　太阳较差自转

过由于太阳自转过程中，地球也在自己的轨道上与太阳自转相同的方向运行，因此从地球上看太阳赤道附近的一个黑子随太阳自转一周不是 25 天，而是 27 天，而在两极附近，约需 41 天，它们称为会合周期。

太阳为什么会存在较差自转，目前尚无很满意和公认的理论解释。太阳内部的自转情况，也正在探索中。

三 太阳活动现象

图2.8 太阳表面的黑子群

肉眼看到的太阳似乎是完美无缺、洁净无瑕，但实际情况并非如此。借助各种专业的太阳望远镜进行观察，就可以发现太阳表面常常会出现一些特殊现象，或者说发生一些“事件”，即所谓太阳活动现象。

例如，太阳表面常出现黑子，特别大的太阳黑子在黄昏或者有雾的时候，用肉眼都能看见。如果用太阳照相仪进行拍照，就能发现更小和更多的太阳黑子（图 2.8）。黑子往往成群出现，而且较大的黑子往往由中部较黑的区域（称为本影）和外围不太黑的区域（称为半影）构成（图 2.9，图 2.10）。黑子本影的温度只有 4200 度，半影约 5500

图2.9 太阳表面米粒组织与单个黑子，黑子中心最暗的称为本影，周围环带称为半影

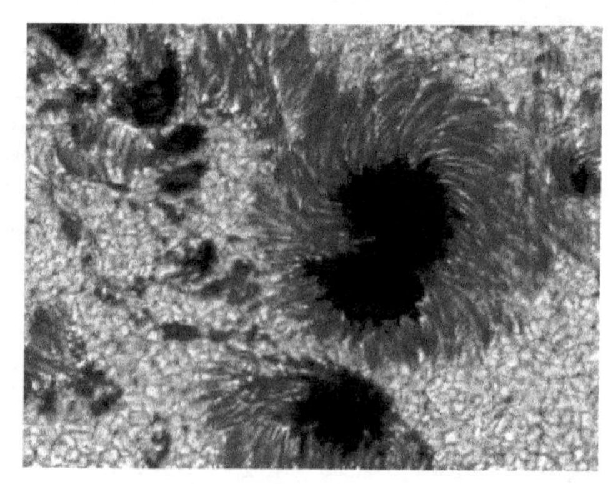

图2.10 黑子群的精细结构

度，而无黑子的光球区域为6000度。黑子的本质是太阳大气中的强磁场区。每个黑子都有磁场，有些黑子为正极性，另一些则为负极性（图2.11，图2.12）。而且黑子磁场强弱大致与黑子的面积成正比，一般在1000～4000高斯。作为对比，地球极区的磁场仅为0.6高斯。在光球层中，除了黑子之外，还可看到在黑子周围和太阳边缘附近有一些比背景稍亮的云朵状的区域，称为光斑。这是另一种太阳活动现象。光斑的温度约比周围背景区高200度，因此显得较亮。

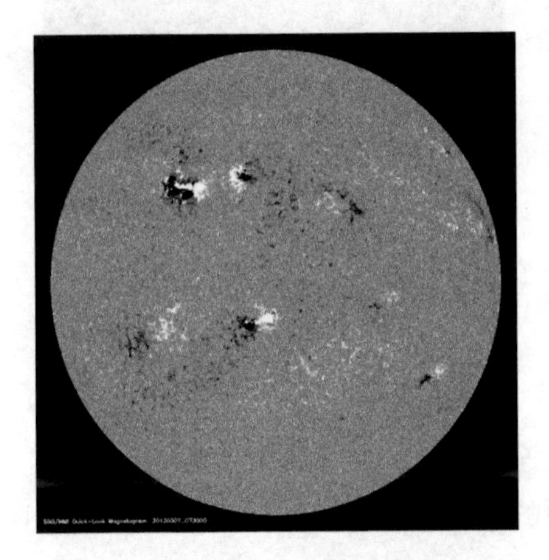

图2.11　太阳活动区磁场。黑色和白色分别表示正极性和负极性

图2.12　黑子上空的磁力线

如果用色球望远镜观察太阳，就能看到太阳的色球层（图2.13）。太阳色球层也是不均匀的，其中有一些比较明亮的区域，称为谱斑，它们一般位于太阳黑子的上空。照片上还有一些暗黑的条状物，那是突出于太阳表面上空的火焰（称为日珥）在日面上的投影，称为暗条。当这些暗条随太阳自转到达太阳边缘时，就会看到它变成火焰状的日珥（图2.14）。图2.15中的左上方有一块非常明亮的区域，就是太阳耀斑，即太阳爆发。耀斑最先出现在谱斑区中，先是亮度和面积突然增大，然后缓慢地恢复到谱斑亮度，

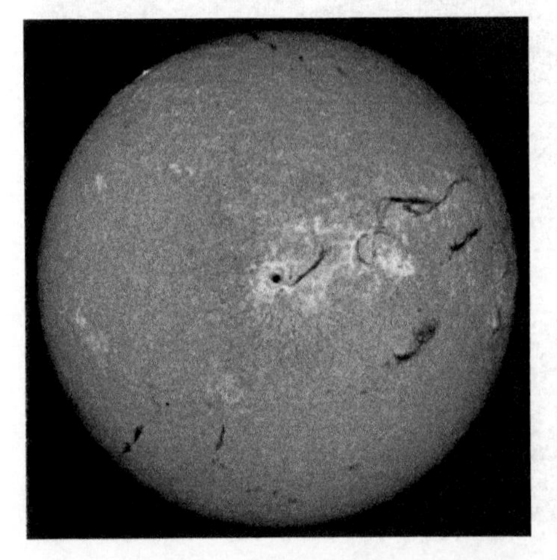

图2.13　色球望远镜看到的太阳色球层。亮区为谱斑，暗条为日珥的投影

整个过程一般为几十分钟。耀斑是最剧烈的太阳活动现象，它的实质是太阳大气中发生的能量突然释放现象。在耀斑过程中，由耀斑区发射出大量的高能和低能粒子（质子、电子和各种原子核），以及强大的 X 光和紫外光，它们将对地球产生重大影响。

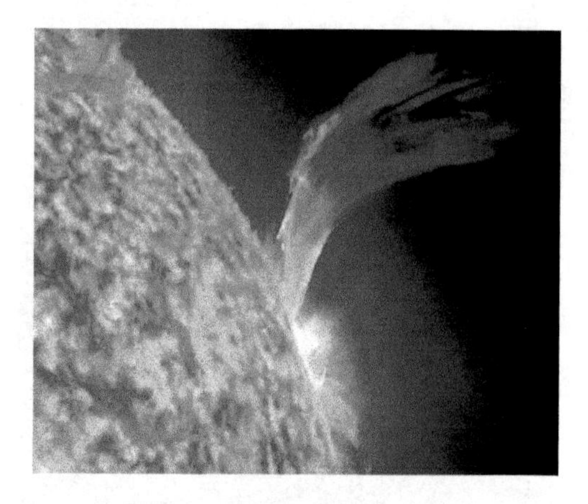

图2.14　突出于太阳边缘的日珥

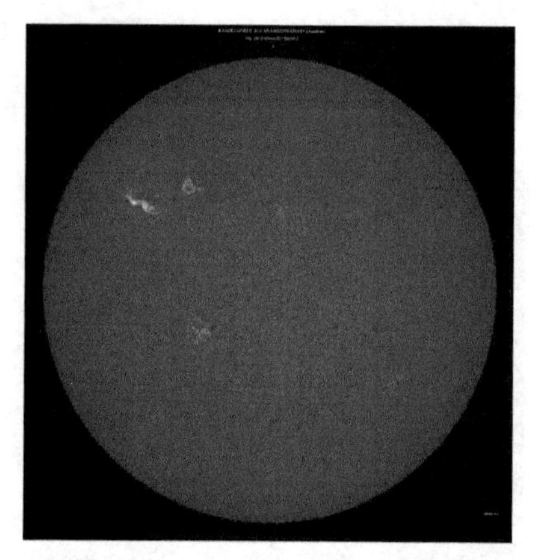

图2.15　太阳耀斑（左上方亮斑）

从空间飞行器上用太阳 X 光望远镜拍摄的太阳照片上，还可以看到在黑子上空的日冕中常会出现一些特别亮的小区域,称为凝聚区,是日冕中活动区(图 2.16)。有时还会看到一大团日冕物质突然抛出的现象，称为日冕物质抛射（CME）(图 2.17)。它将严重干扰日地空间环境，因此也是一种很剧烈的太阳活动现象。

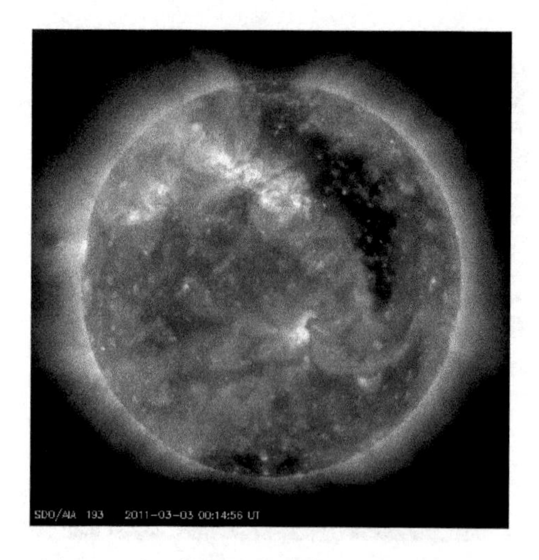

图2.16　在X射线波段看到的日冕结构。亮区为活动区，暗区为低温冕洞区

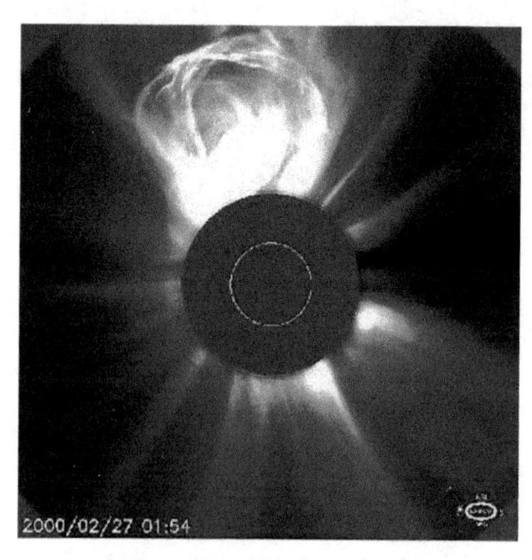

图2.17　日冕物质抛射（CME）

上面谈到的各种太阳活动现象，往往集中在黑子附近的局部区域里。光球层某处若有黑子和光斑，它们上空的色球中就会有谱斑和日珥（暗条），更高层的日冕中常有凝聚区，而绝大多数耀斑也发生在黑子附近。这种太阳活动现象集中的区域，就称为太阳活动区，或活动中心。太阳活动区最明显的标志就是太阳黑子。太阳黑子多的时候，其他活动现象也增多；黑子少的时候，其他活动现象也减少。因此可以用每天日面上黑子的多寡来代表当天太阳活动的强弱。黑子多寡既需考虑黑子群的数目，也要考虑黑子的个数。因此，瑞士天文学家吴尔夫（Wolf）定义了一个代表黑子多寡的数 $R=10g+f$，其中 g 为当天的黑子群数目，f 为黑子总个数，R 称为黑子相对数，也称吴尔夫数。黑子相对数每天不同。自 1610 年至今，黑子相对数 R 已有 400 年的记录。根据这些记录，人们发现 R 的年平均值 $\bar{R}$ 的变化是周期性的，其平均周期大约是 11 年，图 2.18 中 $\bar{R}$ 极大的年份意味着各种太阳活动频繁而强烈，称为太阳活动极大年；$\bar{R}$ 极小的年份意味着太阳活动很少和很弱，称为太阳活动极小年。两个相邻极小年之间的时段称为一个太阳活动周，国际上规定 1755 年（极小年）为太阳活动第一周的开始。目前正处在太阳活动第 24 周的开始阶段，今后的太阳活动将会不断增强。

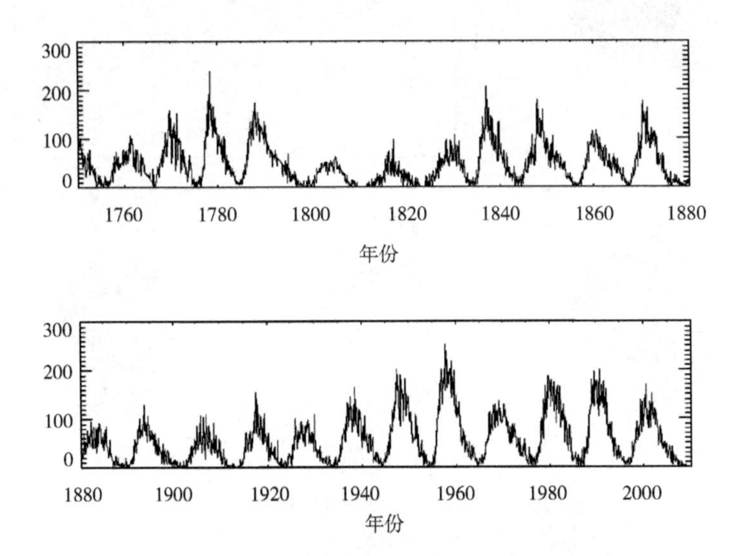

图2.18　太阳黑子相对数年均值的周期性变化

宏观上稳定的太阳为什么会出现太阳活动现象，这一直是太阳物理学家的热门研究课题。目前认为太阳活动起源于太阳的原有弱磁场（许多天体，包括行星和恒星都有磁场）与太阳较差自转相互作用的结果。根据所谓太阳发电机理论的研究表明（图 2.19），太阳较差自转可以把太阳内部微弱的磁场拉伸放大，形成管状磁场,称为磁流管。这些磁流管因具有浮力而上升,当它们与太阳表明碰撞时,磁力线穿越太阳表面，形成局部强磁场区，就是太阳黑子。而其他形形色色的太阳活动现象，则是活动区的强磁场与太阳大气中电离气体（等离子体）相互作用的结果。

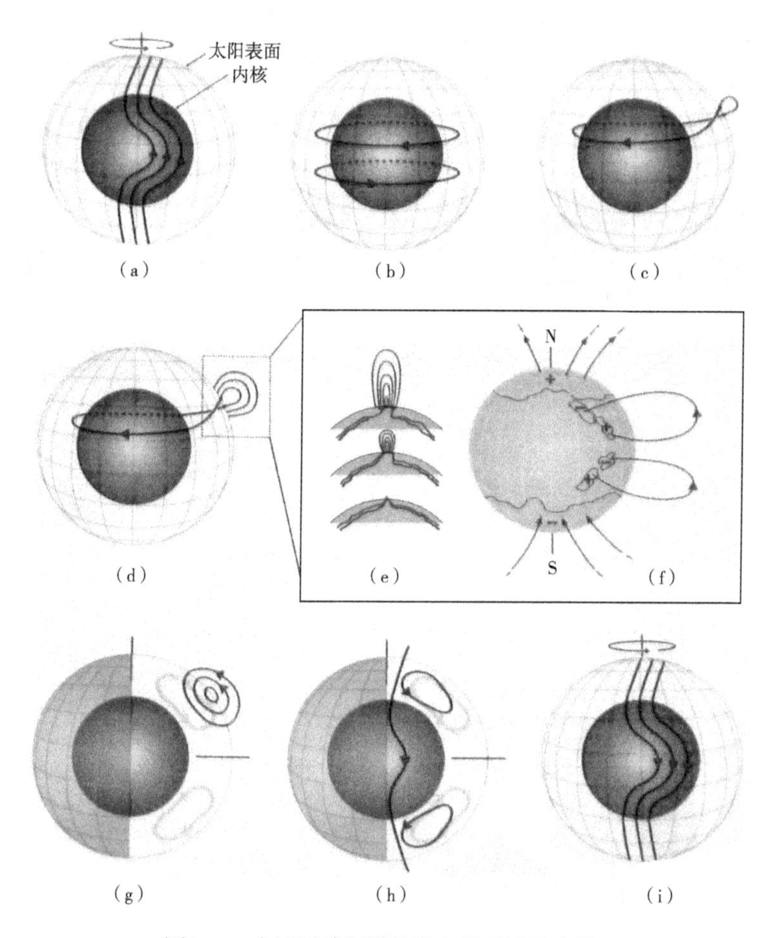

图2.19　太阳活动起源的发电机理论示意图

太阳活动虽然强烈，但它们发射的能量与整个太阳辐射能量相比，则是微不足道的。例如太阳大耀斑的发射能量（包括电磁波和粒子发射）估计为 4×10^{32} 尔格，假定其持续时间为一小时，则可算出其中平均发射功率为 10^{29} 尔格 / 秒。这与太阳的总辐射功率 3.845×10^{33} 尔格 / 秒相比是可以忽略的。更何况太阳也并非每时每刻都有耀斑。因此，存在太阳活动现象丝毫无损于把太阳视为一颗稳定的恒星。大功率的稳定辐射叠加上小功率的周期性的太阳活动，这就是现阶段太阳的主要特征。

四　太阳对地球的影响

地球实际上是浸泡在太阳光辐射和粒子流（太阳风）当中，因此地球附近空间环境的主要特征，在很大程度上是由太阳光辐射的能谱（辐射强度随波长的变化）和粒子流的能谱（粒子流量随粒子能量的变化）确定的。太阳稳定的光辐射和粒子流确定了地球附近空间环境的定常状态。例如，在太阳X光和紫外光的作用下，地球大气中形成了电离层和臭氧层，而太阳风则把地磁场压缩成彗星的形状，称地磁层（图2.20），并在其中形成了内、外辐射带，它们是被地球磁场捕获的太阳粒子的集中区。在此基础上，太阳活动产生的光辐射（主要是X光和紫外光等短波辐射）和粒子流发射增强，就构成了对定常状态的扰动，产生了各种异常现象，也称为地球物理效应，媒体往往形象地称为太阳风暴。

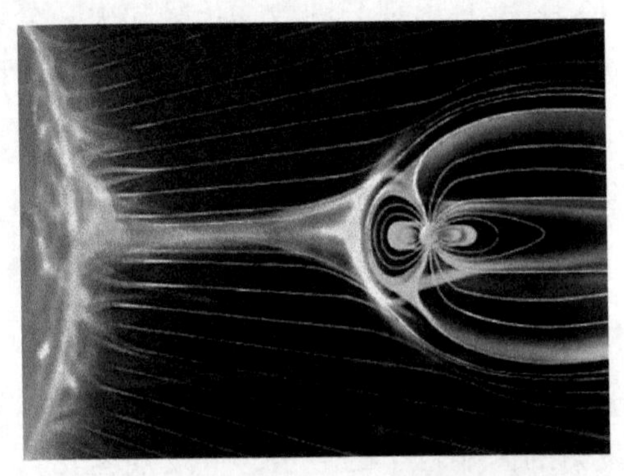

图2.20　太阳风粒子轰击地球磁层示意图

太阳活动对地球的影响，最严重的就是太阳上发生耀斑时产生的一系列地球物理效应。最先是耀斑产生的X光和紫外光（尤其是其中波长为0.1～1纳米的X光）于8分多钟后到达地球，使地球电离层中最低层（D层）的电子密度突然增大，从而使无线电通信中依靠更高电离层（E和F层）反射的短波（波长约10～50米）在其通过D层时受到严重吸收，造成通信信号减弱，甚至中断。这一现象也称为电离层突然骚扰。2003年10月底至11月初的几次太阳大耀斑就曾多次干扰了全球的无线电通信，特别是在极区和高纬地区飞行的航空通信。

耀斑发射的高能粒子流（其主要成分为质子）一般于耀斑发生后几小时至十几小时到达地球附近。这些粒子的能量很大，将对人造卫星和航天器等造成损害，甚至殃及航天员生命。1991年3月，太阳的几次大耀斑发射的高能粒子流，曾损坏了日本广播卫星的电池板，造成供电不足，使其 3 个频道中的一个不能工作。欧洲海事通信卫星 MARECS-A 也因表面带电引起局部弧光放电，损坏了太阳能电池板，使其功率下降而退出服务。1991 年 11 月初的太阳耀斑发射的高能粒子流也曾使我国“风云一号”气象卫星受到轰击，造成计算机程序混乱，无法控制卫星姿态，导致卫星在空间翻转。2003 年 10 月底至 11 月初的几次特大耀斑使日本多颗卫星受损。日本通信卫星 Kodoma 传感器损坏，不再传送信号；环境卫星“绿色 2 号”太阳电池板损坏，使通信中断；“希望号”火星探测器部分电源短路。我国气象卫星“风云二号”在这次太阳风暴中也受到严重干扰，于 10 月 30 日出现云图数据传输缺失一分钟。高能粒子流伤害航天员的事故尚未发生，然而地面实验室的模拟表明，太阳耀斑发射的高能粒子流将会对进行太空行走的航天员造成伤害，即使在航天器中的航天员，也会造成相当严重的危害。因此应当尽量避免在太阳活动强烈时期进行航天(特别是载人航天)活动。为了避免危险，载人航天器一般都在内辐射带高度以下（低于 800 公里）飞行。这样可以在一定程度上受到辐射带的保护。在高纬和极区附近飞行的高空飞机，由于那里没有辐射带的保护（地球辐射带的纬度范围只有 ±70°），也会受到耀斑发射的高能粒子的轰击，危及乘客安全。英国皇家航空公司就曾制订过避免太阳高能粒子损害的飞行规章。

太阳耀斑发射的更大量的低能粒子为同等数量的电子和质子所构成的等离子体。它们通常在耀斑发生后 1～3 天到达地球，冲击地球磁层和电离层，引起磁暴和电离层暴(图 2.20)。大量低能粒子通过地球两极地区进入电离层(主要是 F 层)后产生电离层暴，它对无线电通信造成的损害比上述电离层突然骚扰要严重得多，一般会持续好几天。这些粒子撞击地球高空大气的原子和分子，使它们受到激发而发光，出现壮丽的极光现象（图 2.21）。另一方面，大量低能粒子在磁场中运动还会产生强

图2.21　极光起因于太阳粒子流对地球高空大气的激发

大的感应电流，它在引起磁暴的同时，还会严重损坏高纬地区的供电设备和输油管道，甚至电话线路。例如 1989 年 3 月一系列太阳耀斑发射的等离子体引起的磁暴期间，加拿大魁北克地区的电力系统遭到严重破坏，电力供应中断 9 小时，影响到 600 万居民的生活。而 2003 年的太阳特大风暴使瑞典南部城市马尔默停电一小时，影响到 2 万户家庭生活。而美国北部和加拿大的一些电网则出现电流急冲现象。磁暴期间，由于地磁场的正常状态遭到破坏，因此还会影响到利用地磁场进行作业的其他领域，如物理探矿、导航和航测等部门，甚至使信鸽迷路。

除了耀斑以外，其他一些太阳活动现象，如特大的黑子群、日珥爆发和日冕物质抛射等，也会有 X 光和紫外光增强辐射，以及粒子流发射。一般来说它们的强烈程度不如耀斑，但它们的累积效应也会对地球产生影响。

太阳活动产生的短波（X 光和紫外光）增强和粒子流一般只能到达地球的高空大气，主要对电离层，至多对平流层（位于 12～50 公里高度，臭氧也在这一层）产生影响。它们不能直接到达天气现象所在的对流层。然而，从 20 世纪的统计研究却发现，太阳黑子相对数和太阳耀斑的发生，与地球上一些地区的气象和水文参数之间存在相关性。这些参数包括平均气温、气压、雷暴频数、季风频数、旱涝程度，以及大河流的水位和港口冰冻期等。最明显的即许多地区的年平均气温与黑子相对数年平均值几乎同步变化（图 2.22）。

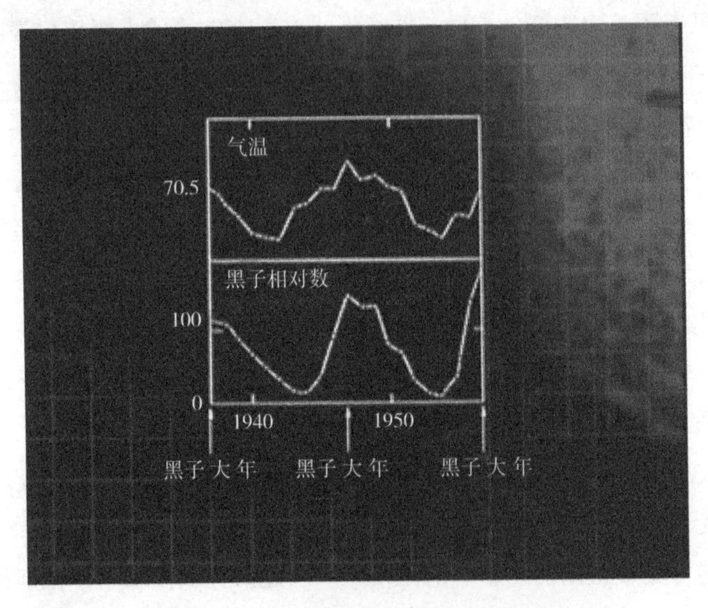

图2.22　黑子相对数与年平均气温的关系

太阳活动引起的短波辐射增强和粒子流增强还会使地球大气受到加热。这将使低层大气向高层运动，相当于大气整体向外膨胀，导致高空大气密度增大，从而使在高空运动的人造卫星受到更大的阻力，造成卫星轨道衰变，寿命缩短。有人认为，这种低层大气向高层运动也可能造成大气环流变化，从而影响到天气现象。

此外，太阳耀斑等引起的大气膨胀还会改变大气角动量，从而影响地球自转。1959 年 7 月和 1972 年 8 月发生的两次太阳耀斑，均造成地球自转突然变慢。有些研究表明，一些地区的地震发生率似乎与太阳活动有关，有可能是太阳活动引起的地磁扰动和地球自转的微小变化激发了地震的发生。至于有些研究表明某些疾病、农副产品产量、人的情绪甚至交通事故等与太阳活动的联系，有一部分可能是太阳活动产生的紫外线增强、地磁场变化或天气变化等因素间接造成的，这些方面还存在较大的争议。

除了极少数特大耀斑发射的非常高能的相对论性粒子（能量超过 500 兆电子伏特的粒子），可以突破地磁场的束缚到达地面（这种现象称为地面太阳宇宙线事件）外，一般耀斑和其他太阳活动产生的粒子均被地磁场捕获在高空地带，不会到达地面。各种太阳活动产生的光辐射增强主要限于波长短于 1500 埃的远紫外和 X 光波段。而且波长愈短，增强愈剧烈。但在波长大于 1500 埃的紫外光、可见光和红外光波段，辐射强度并无明显变化。探空火箭和人造卫星上搭载的仪器测量结果表明，太阳活动期间，波长在 100～1000 埃的太阳辐射强度，会比平时增强 10 倍左右；10～100 埃之间的辐射强度，会比平时增强 100 倍左右；而波长短于 10 埃的 X 光强度，可以超过平时的 1000 倍以上。不过值得庆幸的是地球大气对紫外光和 X 光有屏蔽作用。对于波长为 3000 埃的紫外光，地球大气的透过率只有 0.011，即只能透过大约百分之一。对于波长比 2800 埃更短的紫外光和 X 光，地球大气的透过率几乎为零。因此，上述太阳活动引起紫外光和 X 光增强，虽然高达几十至上千倍，但是只能在高空测量中看到。对于地面日常生活的人们来说，这种辐射增强是难以觉察的。因此可以估计，太阳活动期间在地面的太阳紫外光增强最多只有百分之几，绝不会超过百分之十。同时，即使是在太阳活动峰年，仅仅是太阳活动比较频繁，并非时时刻刻都有太阳活动，因此因太阳活动峰年而改变人的生活方式是没有必要的。

由上述可见，太阳活动影响的面很广。因此研究太阳活动，特别是太阳耀斑发生的规律性，并设法对其进行预报，就有重要的应用价值。实际上，对太阳活动及其对地球附近空间环境的扰动进行预报，是人们对地球表面附近天气进行预报的扩展，已经形成了一门新的分支学科，称为空间天气学。它是太阳物理和空间物理学者合作研究的 领域，也可以说是一门交叉学科。

与天气预报相类似，太阳活动预报通常也分为短期预报（提前几天）、中期预报（提前半个月至几个月）、长期预报（提前一年以上），以及提前几分钟至几小时的警报。短期预报主要是预报未来几天是否发生具有强烈 X 光、紫外光和粒子流发射的太阳耀斑；中期预报主要是预报未来半个月至几个月的时间里日面上是否出现大的太阳活动区，因为大的活动区最容易发生强烈耀斑；警报则是判断即将或已经发生的耀斑是否会有强烈的地球物理效应；长期预报是估计太阳活动年平均水平的变化趋势，实际上就是预报太阳黑子相对数年平均值的变化，包括下一个太阳活动周极小年和极大年出现的时间和强度。

那么有关部门具体关心哪些预报信息呢？首先是航天部门，他们关心高能粒子流对航天员和航天器的损害，需要短期和中期太阳活动预报，以便选择合适的航天时间。在估计人造卫星运行寿命时，需要知道卫星轨道附近大气密度的分布状况，而大气密度分布与太阳活动水平有关，因此需要知道太阳活动长期预报的信息。其次是无线电通信部门。由于太阳耀斑产生的短波和粒子辐射均会破坏电离层的正常状态，导致无线电通信信号衰减甚至中断，因此他们需要各种时段的太阳活动预报，以便选择最有利的通信频率。再就是气象、水文研究和管理部门，需要太阳活动中期和长期预报，作为天气和水情预报的重要参考。此外，由于太阳耀斑发射的大量低能粒子流引起的感应电流造成磁暴的同时，会严重损坏高纬地区的电力系统和输油管道，干扰导航、航测和物探等部门的正常作业，因此这些部门也需要太阳活动信息。最后，太阳物理研究和地球物理研究本身也需要太阳活动预报。这样，人们就能够掌握耀斑发生的时间，以便及时进行观测，以及安排国际上有关学科进行多方面的联合探测和各种协作，从而可以取得更丰富的观测资料，探讨太阳耀斑及其对地球影响的物理过程，进而改正对它们的预报方法。

五　太阳的演化

太阳是如何形成的？它已经存在多长时间了？它还将有多长的寿命？为了回答这些问题，就得从太阳的能源谈起。上面已经说过，太阳辐射的能量是由日核中进行着的 4 个氢原子核聚变成一个氦原子核的热核反应产生的。因此日核就像一座日夜不断燃烧着的巨型原子炉。太阳为了维持巨大的能量发射，每秒钟必须烧掉 5×10^{9} 公斤的氢。由于太阳的总质量是 1.989×10^{30} 公斤，所以这样的消耗从短期来看是微不足道的。但是从长期来说，氢原子总有一天是要耗尽的，到了那时，太阳的面貌必然会发生很大变化。因此可以设想，太阳的演化途径主要取决于它的能源变化。太阳是一颗典型的主序星。关于主序星的诞生及其演化过程，天文学家已做了大量研究，并且已经得到比较一致的看法。根据这些研究结果，太阳的一生大体上可以分为 5 个阶段（图 2.23）。

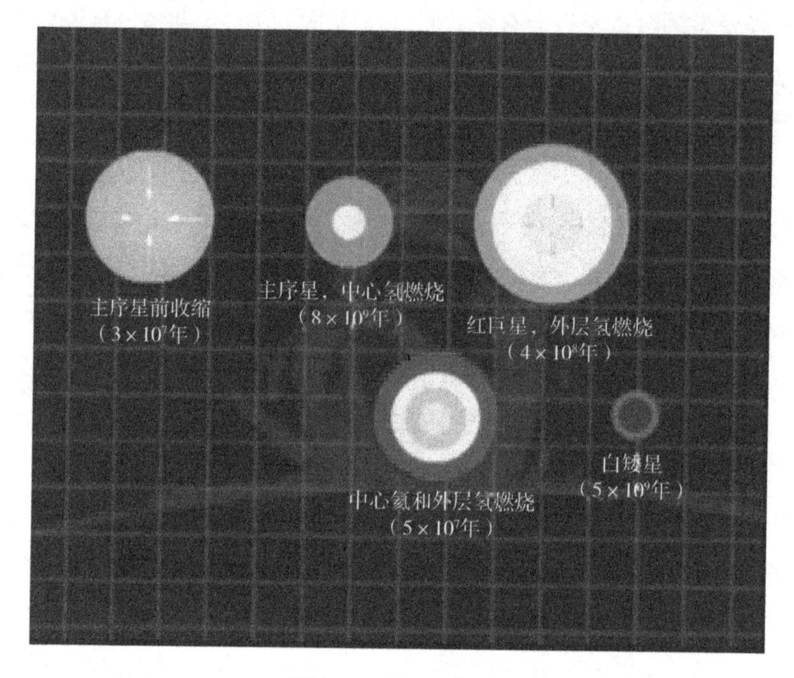

图2.23　太阳的演化

1. 主序星前阶段

包括太阳在内的所有主序星都是由密度稀薄而体积庞大的原始星云演变而成的。当原始星云的质量足够大时，在自身的引力作用下，星云中的气体物质将向星云的质量中心下落，其宏观表现就是星云收缩。这个过程的实质就是物质的位能变成动能。其结果是星云中心区的密度和温度逐渐增大，并且最终使其达到氢原子聚变所需的密度和温度，于是发生了氢变成氦的核反应，也就是原子炉开始点燃。核反应所释放的辐射压力使星云不再收缩，形成了一颗恒星。这个阶段所经历的时间大约只需要 3000 万年。

2. 主序星阶段

以氢燃烧为能源，标志着太阳已经进入了主序星阶段。由于太阳的氢含量很大，能源非常稳定，从而使太阳的状态也非常稳定。因此可以说，这个阶段是太阳的青壮年时期。目前的太阳已经在这个阶段经历了 46 亿年，这就是太阳的年龄（主序星前阶段只有短短的 3000 万年，可以忽略不计）。根据理论推算，太阳还将在这个阶段稳定地“生活”54 亿年。

3. 红巨星阶段

日核中的氢耗尽之后，包围日核的气体壳层里面的氢将开始燃烧，于是壳层上面的气体温度上升，结果使太阳大规模膨胀。于是温度下降，辐射的波长移向红区，太阳变成了一颗非常巨大的暗红恒星，称为红巨星。这个阶段大约需要经历 4 亿年，然后进入下一演化阶段。

4. 氦燃烧阶段

当太阳核心的氢耗尽并且变成原子量较大的氦之后，中心部分又开始收缩，温度和密度又继续增加。当温度达到 10^8 度时，氦开始燃烧，与此同时，外面氢燃烧层的半径继续扩大，但燃烧层的厚度却不断减小。当中心氦和壳层氢耗尽，接着便是氦壳层燃烧。太阳上的氦燃料耗尽之后，还可能经历几个更重元素的燃烧阶段。不过由于其他元素很少，这些阶段都非常短暂。整个氦燃烧阶段的时间也只有 5000 万年，其他元素的燃烧时间更短得多。

5. 白矮星阶段

当太阳的主要燃料氢和氦耗尽之后（变成更重的原子核），体积进一步缩小，它的半径可缩小到只有目前太阳半径的百分之一，密度大约是现在的一百万倍。这时太阳的光度只有目前太阳光度的百分之一至千分之一。这样的太阳已成了一颗白矮星。太阳在白矮星阶段大约经历 50 亿年之后，它的剩余热量也已扩散干净，终于变成了一颗不发光的恒星，称为黑矮星。

这种从恒星构造和演化理论推测的太阳演化路线图可信吗？我们可从如下几点来说明。首先，为了从理论上推测太阳内部构造，必须建立以公认的物理定律与太阳具体情况相结合的基本方程组，其中的各种系数和参数以及求解方程组所必需的边界条件，都是采用对太阳进行观测得到的结果。因此可以说这种理论推测是以观测事实为基础的，并非悬空而来，从逻辑上是站得住的。由于方程组中含有时间变量，因而又可以研究太阳演化情况。根据这套方程求解得到的现阶段（即年龄为46亿年）太阳的所谓标准太阳模型如图2.24所示，其中有太阳光度L、温度T、密度ρ和氢含量x随日心距离的变化情况，L、T和ρ分别以太阳总光度$L_\odot$、太阳中心温度T_c和中心密度ρ_c表示，x为单位质量太阳物质中氢所占的质量分数。按照标准太阳模型，可以计算出太阳内部热核聚变反应产生并发射出的太阳中微子流量，结果表明地球上每平方厘米每秒钟应可接收到6.5×10^{10}个中微子。一些研究者从20世纪60年代末开始进行太阳中微子探测实验，其主要目的就是为了验证太阳内部构造模型和演化理论是否可靠。他们先后利用同位素氯（^{37}Cl）、镓（^{71}Ga）、氢（H）和氘（D）作为捕获太阳中微子的靶原子。经过长期测量和争论之后，直到几年前最终证实了探测到的太阳中微子流量与理论预期相符，从而证实了太阳构造和演化理论的正确性。而首先倡导和进行太阳中微子探测实验的美国科学家戴维斯（R. Jr. Davis）和日本科学家小柴昌俊（M. Koshiba）分享了2002年诺贝尔物理学奖。另一方面，由上述理论推测的太阳和与太阳类似的恒星在其一生中的5个演化阶段，均可以在众多的恒星世界中找到例证。例如，牡夫座中的红色亮星（大角星）就是一颗红巨星；而大犬座中的全天最亮的恒星（天狼星）的伴星就是白矮星。因此可以认为以观测为依据并从理论上推测的太阳构造和演化途径是可信的。

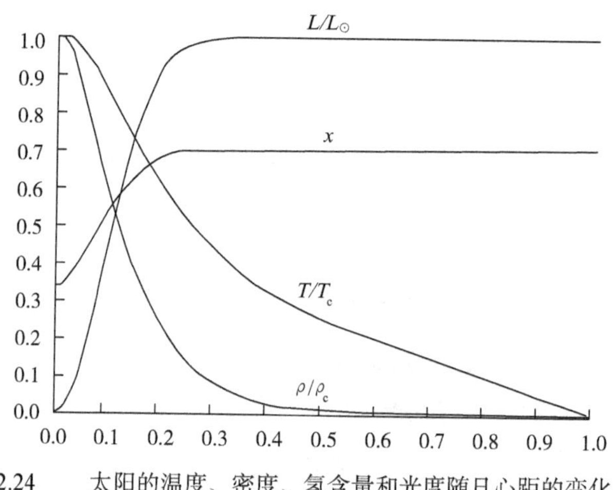

图2.24　太阳的温度、密度、氢含量和光度随日心距的变化

读者看了上面的叙述之后必定要问：太阳变冷或者不再发光之后，人类的前途如何？笔直认为这个问题可以这样回答：到了那时，人类或许有多种可能的选

择。其一是那时的科学技术可能已进步到完全可以用其他人工能源来取代太阳；另一种可能，即航天技术或许发展到可以实现人类迁移到其他适合生存的星球。这些现在听起来似乎只是幻想，但是只要想想人类文明的历史不过几千年，就已达到可以开发原子能，制造具有奇特功能的电子计算机，发射人造卫星、宇宙飞船和航天飞机，实现了在月球着陆等这些原始人类难以想象的成就。目前已在制定在火星着陆的具体计划，期望把水变成能源的受控热核反应的研究也已取得长足的进步。从现在开始到太阳进入红巨星阶段还有 54 亿年的充裕时间，谁能说上述“幻想”不能实现呢？

第三章　天象奇观日月食

人们有时发现在农历初一，光辉夺目的太阳会被黑影从边缘侵入，暗黑的缺口逐渐扩大，最终使整个日轮变成黑色，天空瞬间变暗，如同“黑夜”突然降临，这就是日全食（图 3.1，图 3.2）。此时天空中出现星星，而黑色日轮周围则显现出太阳的高层大气——红色的色球环和银白色的日冕。同时，一些飞禽走兽也会因“黑夜”的提前降临而惊恐不宁，从而形成了十分奇特的大自然景观。难怪有人认为日全食是所有天象奇观中最令人敬畏的天象，是天象奇观之冠。除了日全食外，还有入侵黑影逐渐增大，最终导致日轮中央变黑，仅剩下外缘，成为金黄色圆环的日环食；以及黑影遮掩日轮一侧，使未遮盖的明亮日轮变成弯月形的日偏食，三者统称为日食。而在有些年月的农历十五或十六，皎白如水的月轮，也会被黑影从边缘入侵，形成很大缺口，或者使整个月轮蒙上黑纱，这就是月偏食和月全食，二者统称为月食（图 3.3）。

图3.1　日全食全过程

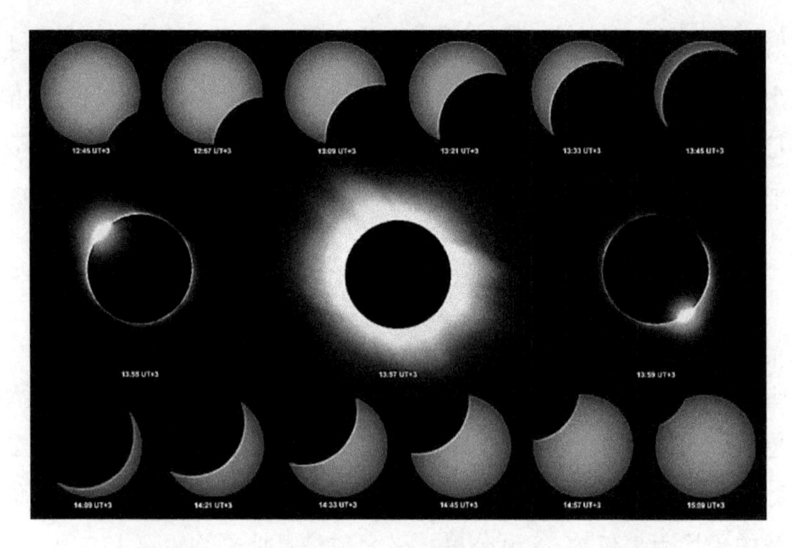

图3.2 日全食集影

图3.3 月全食全过程

有些读者可能已经知道，日食现象起因于月球对太阳的遮挡，上面所说的“黑影”其实就是月球。当月球在它的运行轨道上走到太阳与地球之间，挡住了太阳，地球上处在月球影子中的观察者将会看到日轮全部被遮（日全食），或仅一侧部分被挡（日偏食），或仅中央被挡（日环食）。而月食则是由于月球跑到地球的影子里去了，上面所说的“黑影”其实就是地球的影子。换句话说，地球运动到太阳与月球之间，结果挡住了太阳光射向月球，形成了月食。不过到底日食和月食是如何发生的？它们有何差别？为何日食总发生在农历初一？月食总发生在农历十五或十六？为何日食有日偏食、日全食和日环食之分？而月食只有月偏食和月全食？日全食有何观测意义？最近半个世纪在我国观测的日全食和日环食情况如何？未来 30 年在我国将看到哪些日全食和日环食？将在本章逐一讲解。

一　日食和月食是如何发生的？

众所周知，太阳发光，地球和月球自身不发光，月球是依靠反射太阳光而呈银白色。月球绕地球公转，而地球又带着绕它公转的月球一起绕太阳公转（图 3.4）。太阳的直径约为 140 万公里，大致是月球直径 3500 公里的 400 倍。但月球离地球的平均距离仅约 38 万公里，又大致是日地平均距离 140 万公里的 400 分之一。因此太阳的视角径（日轮）与月球的视角径（月轮）几乎一样大小，都是约 32 角分（32′）。不过由于月球公转轨道和地球轨道都是椭圆，地球和太阳分别位于月轨和地轨椭圆的焦点上，日地距离和月地距离会略有变化，使得月轮有时会略大于日轮，有时会略小于日轮。这一点凭肉眼是觉察不出来的，但天文学家的精确测量表明确实如此。

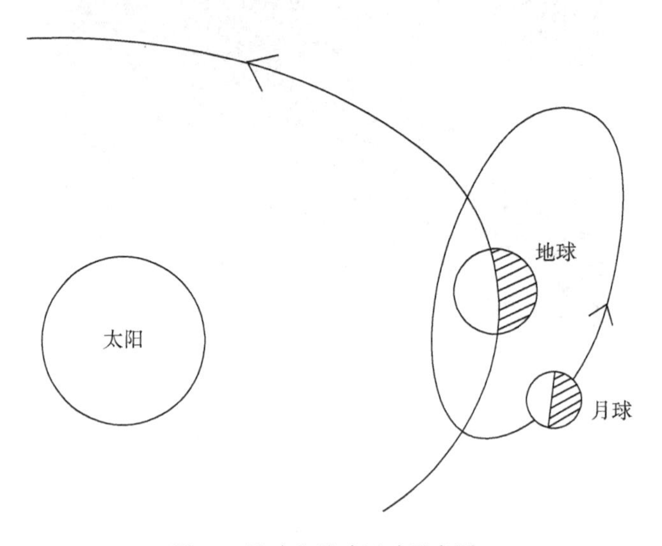

图3.4　地球和月球运动示意图

另一方面，农历是根据月相变化制订的历法。月相就是人们看到的月球被太阳照亮部分的形状，如镰形和半圆形等，取决于日、地、月三者的相对位置（参阅图 1.1 和图 1.2)。月相变化的周期是 29.53 天，称为朔望月（比月球公转周期 27.3 天略长)，也就是农历一个月的平均长度。当月球运动到日地之间，即从地球看月球与太阳同一方位时（三者不一定在一条直线上)，地球上人们看到的是月球未被太阳照亮的半球，也就是看不见的黑月亮，称为新月，也称为“朔”，对应于农历初一。当月球运动到太阳的相反方向，即地球处在日月之间时（三者也无需在一直线上)，人们看到的是月球被太阳照亮的半球，就是满月，也称为“望”，它对应于农历的十五，有时十六。

如果地球绕太阳的轨道与月球绕地球的轨道是在同一平面上，那么每逢农历初一月球运行到日地之间时，三者处在同一条直线上，就会发生地球上人们看到月球遮蔽太阳的日食现象。而每逢农历十五或十六，地球处在日月之间并且三者成一条直线时，将使月球处在地球的影子里面而显得暗淡无光，就是月食。但实际上地轨和月轨并非在同一平面上，而是互相倾斜成 5° 9′ 的交角（图 3.5)。因此一般情况下，在朔日和望日的日地月三者并不在一直线上，不会发生相互遮蔽的日食或月食。只有当月球在自己的轨道上运行到地球轨道平面附近，也就是运行到地轨平面与月轨平面的交界线附近时，才会在朔日出现日月地三者正好或近于在一直线上，发生月轮遮蔽日轮的的日食现象。同样地，当月球运行到月轨与地轨平面的交界线附近又逢望日时，三者正好或近于一条直线，使照向月球的太阳光被地球遮挡，发生了月食。这就是为何日食总发生在农历初一，而月食总发生在农历十五或十六，但并非所有初一都有日食和所有十五或十六都有月食的原因。

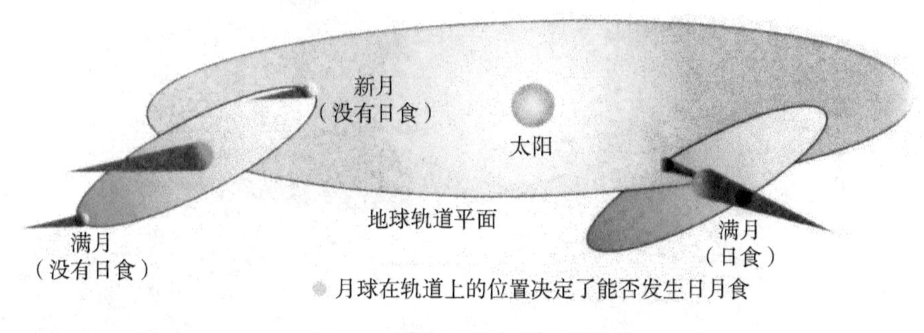

图3.5　日食和月食发生的条件

例如，图 3.5 中大的椭圆为地球轨道平面，两个小的椭圆表示不同日期的月球轨道平面。左面的小椭圆中，在上方的月球处在地轨平面上方，结果影子落不到地球上，因此尽管是在农历初一（新月），不会发生日食。而当月球跑到轨道左下方时，它又处在地轨平面的下方，没有进入地球的影子里，因此尽管此时是农历十五或十六（满月），并未发生月食。而在图中右面的小椭圆中，月球在农历初一（新月）正好走到太阳与地球之间，而且正处在地轨平面上，导致月球影子落到地球上，在月球影子中的人们将看到月球挡掉太阳的日食现象。而如果是在农历十五或十六，从地球看到月球处在与太阳相反的方向，同时又是处在地球轨道面上，结果进入了地球的影子，亦即发生了月食。

二　日食和月食的类型及其发生频率

日食可分为日偏食、日全食和日环食三种。为什么会发生三种不同类型的日食，这与月球影子的结构和日食时地球在月影中的位置有关。图 3.6 中月球的影子有三种区域：由月球直接伸展出去的锥形暗区是月球的本影区；由本影延长线构成的锥形暗区称为伪本影区；本影和伪本影周围的斜线区称半影区。而地球的位置实际上正好就是在月球本影锥与伪本影锥的交点附近，有时在交点前方，有时在交点后方。若某次日食时，仅仅是月球的半影区落到地球上，则处在半影区的地面上的居民，只能看到日轮的一部分缺失，就是日偏食。若某次日食时月球的本影落到地面上（相当于月地距离较短从而月轮显得比日轮略大的情况），则处在月球本影区中的居民将会看到整个日轮被月球遮掩，就是日全食。若某次日

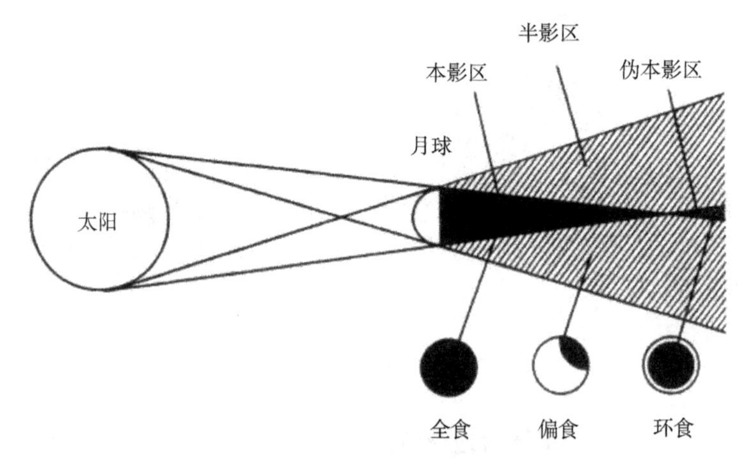

图3.6　月影结构与日食的三种类型

食时，只有月球的伪本影落到地球上（相当于月地距离较长导致月轮略小于日轮的情况），则处在伪本影区中的居民，将会看到日轮的中央部分变黑，剩下一圈明亮的圆环，这就是日环食。日食时月球影子以外的地面中的居民，不会看到太阳被月球遮挡，就是完全看不到日食现象。

随着月球的公转和地球自转，月球的影子将会在地面上扫过一大片区域。其中本影和伪本影扫出的地带非常狭窄，其宽度只有几十至几百公里，长度则可达几千至上万公里，它们分别称为全食带和环食带。处在全食带地区的居民，将会在不同时间看到日全食；处在环食带地区的居民，将会在不同时间看到日环食。由图可见，在全食带或环食带两边的地区显然就是月球半影扫过的地区，这些地区的居民只能看到日偏食。因月球自西向东运动，其影子也是从西向东运动，因此总是地球西部地区的居民比东部地区的居民先看到日食。月球自西向东运动的另一结果就是日轮总是从西边缘开始被月轮遮蔽，然后向东扩大，在东边缘结束日食。

日食的全过程及各阶段的名称如图 3.7 所示。若为日全食，此时月轮略大于日轮，则可分为 5 个阶段。最先是月轮东边缘与日轮西边缘相切，称为初亏；之后日轮缺失逐步扩大，直到月轮东边缘与日轮东边缘相切时，日轮完全变黑，称为食既；月轮继续东移，当月轮中心与日轮中心距离最近时，称为食甚；月轮再

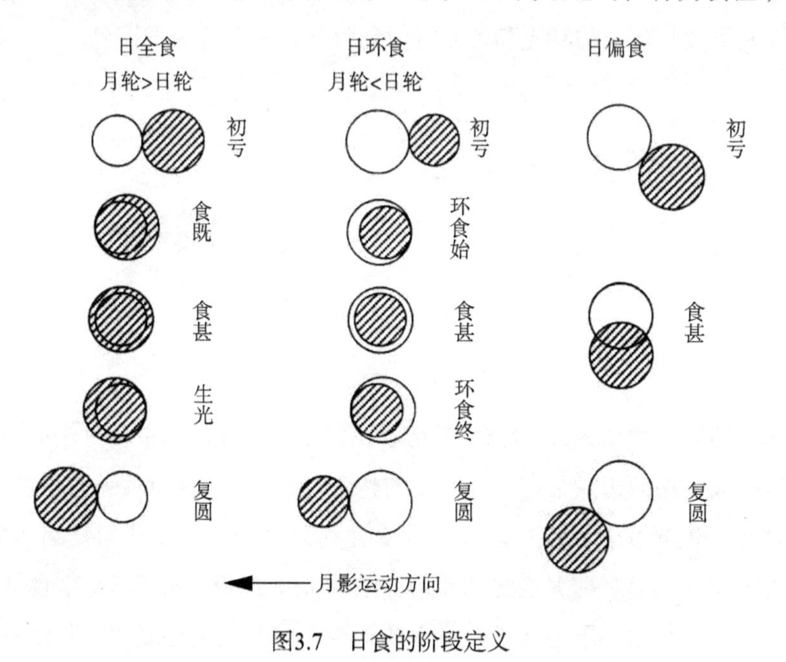

图3.7　日食的阶段定义

东移，至月轮西边缘与日轮西边缘相切时，称为生光，表示日轮开始露出；日轮露出的部分逐步扩大，直到月轮西边缘与日轮东边缘相切时，日轮全部露出，称为复圆，日食结束。其中食既至生光为日全食的持续时间，也称为日全食的食延，一般为 2 至 3 分钟，最长 7 分多钟，最短只有几秒钟。若为日环食，此时月轮略小于日轮，其过程也分为 5 个阶段，如图 3.7 中所示。其中环食始至环食终为日环食的持续时间，也称为日环食的食延。日偏食只有初亏、食甚和复圆 3 个阶段。对于日全食和日环食（两者合称为中心食），月轮直径与日轮直径之比称为食分。日全食的食分大于 1，日环食的食分小于 1。对于日偏食，食分则指食甚时日轮直径被遮部分占日轮直径的分数，它总是小于 1。

月食的情况比较简单。由于地球影子的长度超过月地距离，影子的直径也远大于月球的大小，不会出现月球进入地球伪本影的情况，因此没有月环食（图 3.8）。当月球的一部分进入地球本影时，处在地影中的月面部分变暗，就是月偏食；当月球全部进入地球本影时，整个月轮显得暗淡，就是月全食。若月球仅是进入地球的半影，天文学上称为半影月食，这时月轮的亮度减弱很小，肉眼是觉察不到的，一般不称为月食。实际上即使是处在地球本影中的月偏食和月全食，被食的部分月轮或整个月轮也并非完全变黑，而是呈暗弱的古铜色。这是地球大气对太阳光折射和散射造成的。地球大气分子把太阳光中波长较短的蓝光和紫光散射到其他方向，而剩下波长较长的红光和黄光折射到月球，使其成为古铜色。

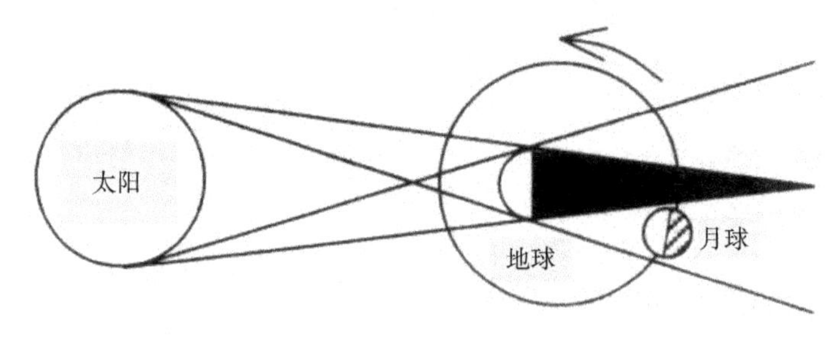

图3.8　月食成因

月球在地影中由西向东运动，因此与日食相反，月食总是从月轮的东边缘开始，逐步扩大，在西边缘结束。月全食的整个过程如图 3.9 所示，它也包含初亏、食既、食甚、生光和复圆 5 个阶段。月偏食则只有初亏、食甚和复圆 3 个阶段。月食的食分定义为食甚时月轮进入地球本影的最大深度（即图 3.9 中食甚时月轮上边缘最高点 a 与地影下边缘最低点 b 的距离）与月轮直径之比。月偏食的食分小于 1，月全食的食分大于或等于 1。月食与日食的另一不同点是地球上不同地区的居民是在同一时间看到月食的。只要能看到月亮的地方，看到的月食过程是一样的。

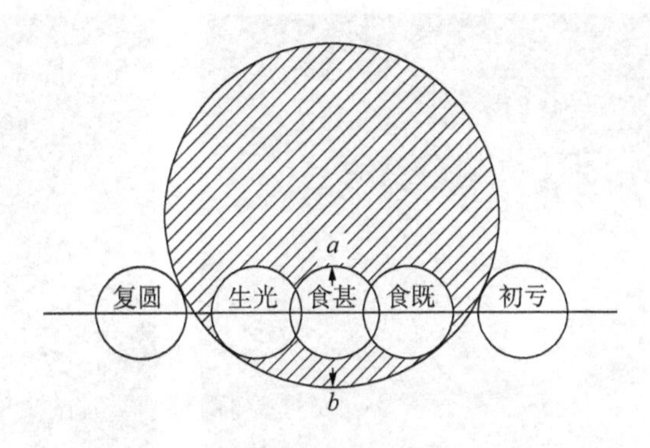

图3.9　月食的阶段定义

在所有日、月食现象中，最为壮观和最具科研观测意义的就是日全食。当月轮即将完全遮掉日轮，亦即食既之前的瞬间，日轮东边缘仅剩一丝亮弧时，往往会在亮弧上出现几颗如珍珠般闪亮的光点，这是太阳光通过月球边缘的一些环形山凹地涌出的结果，英国天文学家贝利首先解释了这一现象，因而也称为贝利珠（图 3.10）。较大的单个亮点光芒四射，更像钻石，镶嵌在亮弧上，常称为钻石环（图 3.11，图 3.12）。换句话说，钻石环是贝利珠中的特例。随即食既开始，“黑夜”降临，天空中闪现出星星，而黑色的月轮周围显现出太阳的高层大气——红色的色球层和银白色的日冕。人们可有短则几十秒长则几分钟的观赏时间。而在生光之后，亦即日轮重新露出的瞬间，往往还会在日轮西边缘再次看到贝利珠和钻石环，随即露出较多日轮，天空变亮，日全食结束，过渡到日偏食，直至复圆。日环食时天空变暗不明显，但空中高悬着一个金色的圆环，也是很奇特的罕见天象，同样也吸引很多人前往日环食带地区观赏（图 3.13，图 3.14）。日全食和日环食的观测中，有两个最重要的可观测条件是食延和太阳高度，食延决定该次日全食或日环食可以观赏或进行科研观测的时间长短，当然是愈长愈好；太阳高度也是愈高愈好，因太阳高度太低意味着太阳光穿过地球大气的路径更长，从而受到更多的吸收，对观赏或科研观测均十分不利。

图3.10　食既前瞬间显示的贝利珠

图3.11　钻石环

图3.12　漠河日全食时的钻石环（1997年）

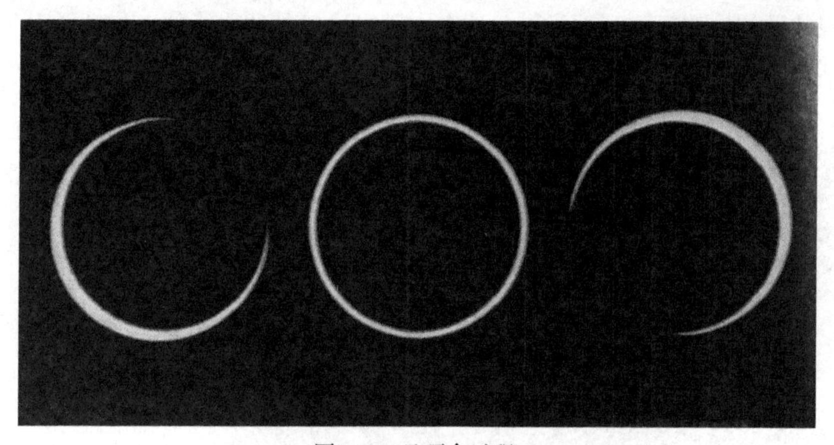

图3.13　日环食过程

图3.14　显现日珥的日环食

还需要强调的一点是，并非每次日全食都能看到完整的太阳色球层。色球层是位于太阳光球（即光辉夺目的日轮）与高层大气日冕之间的中层大气，其平均厚度只有2000公里，从地球上看去，这个厚度的张角只有3角秒（3″）左右。发生日全食时，如果月球与地球的距离非常恰当，即月轮刚好比日轮（光球）略大，但又比色球直径略小，亦即要求日全食时食分在1.000至1.003之间，这样食甚时才能使月轮把光球挡掉的同时，却把色球层显露出来。一般日全食不一定满足这样的条件，大多数情况是食甚时月轮把日轮和色球一起挡掉（食分大于1.003），从而看不到色球。只能在食既之后和生光之前的瞬间，看到日轮边缘不完整的桔红色的色球弧，但始终看不到完整的色球圆环。

前已述过，只有发生在月轨平面和地轨平面交界线附近的朔日和望日，才会使日、地、月三者正好或近于处在一条直线上，导致朔日发生日食和望日发生月食。天文学家的计算结果表明，平均每个世纪可出现67.2次日全食，82.2次日环食和82.5次日偏食。不过由于日全食带和日环食带非常狭窄，每次日食时，它们只占据地球表面积的极小部分，并且有时还位于海洋或人烟稀少从而难以到达的地区，因此人们看到的日全食和日环食的机会非常少。对于地球上某一具体地点而言，平均300多年才能看到一次日全食或日环食，难怪许多人一辈子都未看到。这里仅仅是平均的结果。例如按天文学家计算，从1600至2150年的550年间共发生360次日全食，即平均每100年有65次日全食。每次日全食带的平均面积为200万平方米，假如这些全食带不重叠的覆盖地球表面，则需370年才能盖满。可见对于每一具体地点而言，需要370年才能看到一次日全食。不过实际上由于地球赤道面、地球轨道面和月球轨道面的交角都不大，导致全食带落在地球上中、低纬度地区的概率较大，落在地球两极地区的概率较小，所以对中、低纬度地区而言，估计不需要370年。实际上我国新疆伊吾和甘肃金塔地区都能在21世纪看到两次日全食，伊吾是2009年8月1日和2063年8月24日，金塔是2009年8月1日和2035年9月2日。日食时月球半影扫过的面积（偏食带）很大，日全食或日环食时，全食带或环食带周围地区也处在月球半影中，可以看到日偏食。因此人们看到日偏食的机会相当多，对一固定地区而言，平均每3年可看到一次日偏食。天文学家的计算还表明，发生月食的机会比日食少，但每次月食时，地球上夜间半球的居民均可看到，因此对任一地区来说，看到月食的机会反而比日食多。

三 日全食的观测意义

1. 太阳物理研究

日全食不仅只有观赏价值，更重要的是具有科研价值，其中最主要的是日全食向天文学家提供了研究太阳高层大气（色球层和日冕）的有利时机。原来太阳大气可以分为三个层次（参阅图 2.3）。我们肉眼看到的光辉灿烂的日轮是其中最底层大气，称为光球，其厚度不过几百公里。太阳的可见光辐射几乎全部都是由光球发射出来的，人们通常所说的太阳大小（太阳直径）就是指光球大小（光球直径），太阳表面也是指光球表面。在光球的上方还有厚度为几千公里的色球层，其密度比光球低好几个量级，而亮度只有光球的万分之一。色球的外面还有一层延伸到几个太阳半径之外的最外层大气，称为日冕，其密度更为稀薄，亮度随其与日心距离增大而迅速减弱，在紧靠色球的日冕内层（称内冕），其亮度也不过光球的百万分之一。然而人们从地面看到的天空亮度则是光球的百分之几，即比色球和日冕分别亮 2 个和 4 个量级。这就是说，在非日全食期间，暗弱的太阳色球层和日冕被明亮的天空背景所淹没，因而人们看不见它们，这与白天看不见星星的道理一样。天空亮度系起源于地球大气对太阳光球光的散射。当日全食发生时，日全食地区的上空大气处于月球影子中，即不再受到光球光的照射和散射，天空变黑，从而使色球和日冕显现在我们面前，为太阳物理学家提供了研究这两个神秘层次的良机（图 3.15～图 3.18）。太阳色球层和日冕虽然密度稀薄，但其温度比光球高得多，常常发生许多剧烈的活动现象，如太阳耀斑（太阳爆发）和日冕物质抛射等现象，对地球环境造成严重影响。为了弄清这些活动现象发生的规律性，以便进行预报，必须研究太阳色球层和日冕的物理结构，以及其中发生的物理过程。

图3.15 日冕

图3.16 大范围日冕

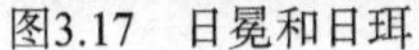
图3.17　日冕和日珥

图3.18　日全食时看到的色球层

当然也并不是说在非日全食时，无法研究色球和日冕。实际上天文学家利用专门的太阳观测仪器，还是可以对它们作某些研究。20世纪40年代发明的太阳色球望远镜，就可以在平时观测太阳色球层。其原理是基于色球主要发射线状光谱，其最强的发射线是氢原子的 $H\alpha$ 线（巴耳末线系第一条谱线，波长为656.28纳米，处于红色光谱区，因此色球看起来呈红色）。色球望远镜中配备着只透过这条谱线的极窄通带滤光器（其透过带宽度小于0.1纳米）。用这样的望远镜观测太阳，看到的就是太阳色球层（图2.13）。因为在这一谱线波长处，光球光强度比色球光强度弱得多，因此光球光不构成干扰光源。这与调频到某频率的收音机只接收到某电台在该频率的特定广播的道理类似。对于日冕，太阳研究者利用安装在天气极为晴朗的高山上的日冕仪，也能观测内冕（其日心距不超过1.3太阳半径）。但是在非日全食时用色球望远镜或日冕仪的观测，仍然是在较亮的天空背景下进行的，观测质量受到一定限制，尤其不能看到亮度非常暗弱的日冕外层（称外冕）。而在日全食期间，则可以在暗黑的天空背景下观测到非常清晰的太阳高层大气结构。而且在日全食时，当黑色月轮逐步扫掩太阳色球的过程中，若能相继拍摄一系列未被遮掩的色球光谱（它们对应于不同的起始色球高度），则可研究太阳色球中各种物理量，如温度、压力、密度、湍流速度以及各种元素的电离和激发状态随高度的变化，亦即色球的物理结构。这类工作在非日全食时是难以实现的。实际上在色球望远镜和日冕仪发明之前，关于太阳色球和日冕的知识基本上是依靠日全食观测取得的。正是早期的日全食观测，首先发现了氦原子的发射谱线，因未能证认其为何种元素发射，而认为是一种太阳上特有的新元素，取名为Helium（来自希腊文Helio，意为太阳），几十年之后在地面实验室中分离出氦气之后，才知道该谱线并非由太阳的特有元素发射，它不过是由地球上同样有的氦元素产生。

太阳色球和日冕在可见光波段的辐射强度与太阳光球的辐射强度相比是可以忽略的，然而太阳在射电波段的辐射，却主要来自色球（毫米波）和日冕（厘米波和米波），因此也可以在非日全食的平时用射电望远镜来观测色球和日冕。不过由于射电波长比可见光长得多，依照瑞利公式 $\theta=1.22\lambda/D$，射电望远镜的分辨率一般都很低。例如当波长 $\lambda=10$ 厘米，射电望远镜（天线）口径 $D=10$ 米时，射电望远镜的角分辨率 $\theta=34'$，仍大于太阳角径 $32'$，即只能对太阳作无细节分辨率的观测，也就是只能测量整个太阳的射电辐射流量。但在日全食时，当月轮逐步扫掩日轮的过程中，若用射电望远镜对各种波长的太阳射电辐射进行连续测量，就可以反推出各种波长的太阳射电辐射强度在日轮上的分布，根据这种分布，结合理论分析，可获得太阳高层大气结构的知识。换句话说，利用日全食，可以用无分辨率的射电望远镜对太阳进行某种分辨率的观测。正是由于这一有利条件，太阳射电研究者也不会轻易放过日全食的观测机会。

2. 日地关系和其他研究

除了研究太阳本身外，日全食也是研究因太阳发射的光辐射和带电粒子流（太阳风）突然被月球遮挡，而对地球电离层、地磁场、低空大气以及各种其他地球环境产生影响的好时机。

众所周知，无线电广播和通信依赖于地球高空电离层对无线电波的反射，而电离层的存在则是由于太阳紫外光和 X 光辐射对地球大气原子和分子的电离作用。太阳紫外线和 X 光辐射能谱分布与地球大气化学组成随高度变化相结合，形成了 D、E、F_1 和 F_2 等几个不同高度的电离层。观测已经证实，在日全食时，因为太阳光被月球遮挡，日全食地区上空的电离层状态有明显变化，在日全食时测量全食带中电离层的高度和电离度随时间的变化，以及接收到的固定电台信号的变化，可以研究各电离层中复合和电离等物理过程，及其对电波传播的影响。显然，这种变化和影响应随地理纬度、季节和日全食时的太阳高度而不同。因此每次日全食的变化并不相同。

实际观测同样表明，日全食期间地球磁场也有明显变化。这是因为在地磁场中除了地球本身的偶极子场外，还包含有太阳风的带电粒子在地磁场中运动形成的电流感应的附加磁场。当月球遮挡太阳风时，感应场必定变化，从而使观测到的磁场发生变化，与地磁场有关的地电也会有相应的变化。这些变化理应与日全食所在地的磁纬有关，此外可能还与季节和太阳高度有关。研究这些变化，可以获得地磁结构以及太阳风与地磁场相互作用的知识。

日全食期间，该地区上空因太阳照射突然消失，必定会破坏地球大气的热平衡，引起大气动力学行为，导致近地面对流层中气象要素，如温度、气压和风速等变化。观测这些变化，也有助于理解大气中的动力学过程。

此外，全食带上空的太阳紫外光辐射突然消失，也可能对平流层中的臭氧产生影响。当月球处在太阳与地球之间时，是否会对地球产生引力和固体潮效应，以及是否会影响到宇宙线的传播等，则存在争议。因而日全食期间，也常常有测量臭氧变化、引力和固体潮、以及宇宙线变化的观测项目。

还有一个常在日全食期间进行的经典观测项目，就是验证爱因斯坦广义相对论预言的光线在引力场中的偏折。其方法就是在日全食时拍摄黑太阳及其周围的恒星照片，再与半年前或半年后夜间拍摄的这些恒星照片进行比较，看看这些恒星之间的角距是否有变化。若日全食时位于黑太阳两边的各一颗恒星之间的角距比半年前或半年后夜间测量的这两颗恒星的角距略大，即表明日全食时这两颗恒星的光线在太阳附近通过并到达观测者途中经受了偏折。由于所预言的角距变化只有 1.75″，而日全食时因气温下降引起的望远镜焦距变化或其他部件变形，以及相隔半年的不同观测条件所造成的观测误差与此值相当，因此每次观测结果不尽相同，往往存在争议。

3. 日全食是科普的绝好题材和时机

日全食这一罕见天象常被一些不明科学真相和心怀不良动机者用于进行迷信宣传。不过由于现代科学对日全食的发生已能作精确到分秒不差的提前预报，因而它又是反迷信宣传的锐利武器。在日全食前后，正是可以对包括日全食的地区在内的亿万群众进行科学普及和破除迷信宣传教育的最有利时机。利用日全食的精确预报，宣扬科学威力，讲解日全食的科学原理，批判迷信和愚昧。

对于广大的业余天文爱好者，特别是中学和大学的天文小组或科学小组成员来说，在国内发生日全食，更成了他们的盛大节日。他们往往在半年前就开始为即将来临的日全食观测进行全方位的准备。了解这次日全食发生的时间、全食带位置、日全食持续时间、日全食时的太阳高度，以及月轮掩盖日轮时的运动方向，并且选定观测地点和了解当地可能的天气情况。同时购置或装配合适的天文望远镜和照相机或摄像机。若用传统的照相方法，还需确定底片或胶卷型号，试验曝光时间，以及设计拍摄程序等。由于日全食过程非常短暂，而且对当时的天气、太阳色球和日冕的亮度也难以预先准确估计，要拍摄到高质量的日全食照片，即使对于专业天文研究者，也并非易事，稍有疏忽就会失败。对于业余天文爱好者，更是有一定的难度，这就需要他们进行缜密的思考和充分的准备。通过一系列活动，使广大青少年学到了很多天文知识，受到科学实践的锻炼，增加对科学的兴趣，也许其中的少数会因此走上了天文专业研究的道路。

四　我国的日全食和日环食观测

20 世纪在我国境内可见的日全食有 7 次，它们分别出现在 1907 年 1 月 14 日，1936 年 6 月 9 日，1941 年 9 月 21 日，1943 年 2 月 5 日，1968 年 9 月 22 日，1980 年 2 月 16 日，1997 年 3 月 9 日。20 世纪在我国境内可见的日环食有 8 次，它们分别出现在 1911 年 10 月 22 日，1948 年 5 月 9 日，1955 年 12 月 14 日，1958 年 4 月 19 日，1965 年 11 月 23 日，1966 年 5 月 20 日，1976 年 4 月 29 日，1987 年 9 月 23 日。对于 20 世纪前 50 年我国发生的日全食，只有少数天文研究者进行小规模的观测。而对于后 50 年的 3 次日全食，我国进行了比较大规模的观测活动。

1968 年 9 月 22 日发生在我国新疆地区的日全食，观测条件并不好。日全食发生在北京时间 19 点 50 分，当时太阳已快下山。太阳高度只有 5 度，食延只有 0.3 分。1968 年正逢“文革”高潮时期，科研工作处在半停顿状态。但考虑到发生在我国境内的日全食机会毕竟难得，距上一次在我国可见的日全食已有 25 年之久，而且是 1949 年新中国成立后的第一次日全食，我国有关部门还是组织了相当规模的观测活动。在新疆伊犁和喀什各设一个观测点，同时还进行高空飞机观测。观测项目包括太阳物理、电离层、气象、地磁和重力等，参加观测的科研人员大约 200 多人。笔者参与了高空飞机观测项目的准备工作，但未参加观测。

1980 年 2 月 16 日（春节）在云南地区可见日全食，当时我国刚从“文革”的混乱中恢复生机，正处在“科学的春天”时期。这次日全食的食延和太阳高度分别为 1.7 分和 9 度，比 1968 年的日全食条件好得多，再加上云南地区风景优美和气候宜人，交通也还算方便，因此无论是天文专业工作者或是天文爱好者，都以兴奋和积极的态度迎接这次日全食，笔者也有幸参与其中。中国科学院组织了由各天文台和有关研究所科技人员组成的多种观测队伍，进行日全食的太阳光学观测和太阳射电观测，以及电离层、地磁和重力场测量，还有气象部门进行日全食期间天气变化的研究。参加的专业人员比 1968 年那次要多，并且有大量天文爱好者前往观测。太阳光学观测基本上集中在中缅边界附近的瑞丽县境内的营盘山（海拔高度 1827 米）进行，太阳射电观测则集中在昆明凤凰山云南天文台。笔者所属的北京天文台日全食观测队就在营盘山上，观测项目包括拍摄太阳色球层的闪光光谱、不同波长的日冕单色像，以及大范围日冕白光照相。营盘山上还有其他观测队进行各种类型的观测，例如观察日全食时在地面显现的飞影（一种迄今未能合理解释的特殊现象，其存在与否也有争议），以及搜寻水星轨道内行星等。上海科教电影制片厂则在现场拍摄这次日全食和各项观测活动的全过程记录片。这次日全食的大部分观测项目获得成功。

1997 年 3 月 9 日的日全食，全食带仅从我国最北端的边界擦边而过，全食带中心线完全不在我国境内，不过被全食带扫过的黑龙江省漠河地区，日全食时太阳高度达到 21 度（发生在上午 8 点 8 分），食延长达 2 分 46 秒，比 1968 年和 1980 年的日全食条件好得多。更难得的是当时肉眼可见的非常明亮的彗星，即海尔－波普彗星尚在天际。这样，日全食时就会看到被食的太阳与海尔－波普彗星在天空中同相辉映的情景，这真是千载难逢的奇特天象。另一方面，经过多年改革开放，经济状况，包括各单位的科研经费，已比较充实。同时，全国还在宣传科教兴国和科普教育。在这样的形势下，天文专业人员、天文爱好者和社会大众对这次日全食都相当重视，在全国范围内组织了以中国科协副主席、上海天文台名誉台长叶叔华院士为组长的协调组，负责协调本次日全食的观测活动。黑龙江省和漠河政府也非常配合。日全食的专业观测仍然以中国科学院下属的各天文台、地球物理和空间研究单位为主力，观测项目包括光学太阳、射电太阳、电离层、地磁、地电和大气等诸多领域。南京大学天文系和北京天文馆等专业单位也有自己的观测项目。台湾中央大学天文研究所也派来 9 个人的观测队。专业观测点主要集中在隶属中国科学院地球物理研究所的漠河地磁台以及漠河第三中学。在地磁台进行观测的有太阳色球和日冕光谱、日全食时的地磁效应，以及台湾中央大学的观测项目。其余专业观测均在漠河三中进行。大约有二三百人的专业观测者都是提前好几天进驻观测点，进行仪器安装、调试和其他准备工作。3 月 6 日，笔者乘坐的由哈尔滨开往西林吉（漠河县政府所在地）的专列火车上估计有近千人，都是去观测或观赏日全食的。为了配合这次日全食观测活动，在日全食前有关单位还举办了“太阳和人类环境国际学术讨论会”，与会的100多位国内外太阳、空间和地球物理研究者就太阳及其对地球和人类的影响问题进行了学术探讨。在讨论会上，总共有40多篇学术论文进行了交流。笔者也在会上宣读了一篇关于太阳风可能影响地球自转的论文。由于日全食时天气晴朗，这次日全食的各项观测取得圆满成功。观测成果已收入1999年北京科学出版社出版的《日全食与近地环境》一书。中央电视台首次对这次日全食过程，在北京、漠河、昆明和南京看到的实况，进行长达2个多小时的现场直播，使亿万观众也能欣赏这一天象奇观。

进入21世纪的头10年，在我国境内又连续发生了两次条件很不错的日全食（图3.19），即2008年8月1日在我国西北地区可见的日全食和2009年7月22日在长江流域广大地区可见的日全食。2008年8月1日的全食带由俄罗斯进入中国新疆地区，然后向东经过甘肃、内蒙古、宁夏、陕西、山西和河南。最佳观测地点在新疆哈密至甘肃酒泉（嘉峪关）之间的地带。哈密市的全食带中心线上食延为1分50秒，太阳高度19度。酒泉的食延为1分48秒，太阳高度13度。经过多方面综合考虑之后，大部分太阳专业研究者的观测点选在酒泉市西北的金塔县境内日全食带中心线附近。而哈密市东北的伊吾县则成了多数天文爱好者的观测点。太阳专业研究者在金塔进行的日全食观测项目，包括太阳色球和日冕的光学成像和光谱观测，以及太阳射电观测。此外还有电离层、地磁、重力和大气变化等地球物理研究项目。日全食前夕还在酒泉市举行了国际太阳物理学术讨论会，有100多位国内外的太阳物理学家参加，其中一半是国外学者。会后全体专家前往金塔观测日全食。伊吾观测点则完全是天文爱好者和科普工作者的大本营。为了此次日全食，由国家天文台与伊吾县政府合作，在伊吾县城西北约30公里的苇子峡乡境内，在本次日全食中心线上建立了永久性的天文广场。其室内部分包括会议厅、望远镜和以天文为主的科普展厅。室外部分建有各种日晷、黄道十二宫、太阳系和立体太阳历等雕塑。7月31日在会议厅举行了两岸四地（台、港、澳和大陆）“同一片天空天文科普大会”，交流天文科普成果和经验，约有200多位天文科普工作者和天文爱好者与会，笔者也在会上作了“日全食观测的科学意义”的报告。8月1日有上万名天文爱好者、科普工作者和旅游者集中在天文广场周围地区，进行日全食观测，其中来自国外的超过1000人。可以期望日食过后，这个天文广场会成为科普基地，在该地区的科普教育和旅游活动中发挥有效作用。

这次在金塔和伊吾的日全食观测活动，还由中央电视台和当地的电视台以及一些网站进行了现场直播。金塔地区日全食时天气晴朗，各观测项目均顺利进行。伊吾当天为多云天气，尽管日食期间受到薄云干扰，经历惊险，不过在短暂的日全食时，还是为观测者呈现了壮观的景象。

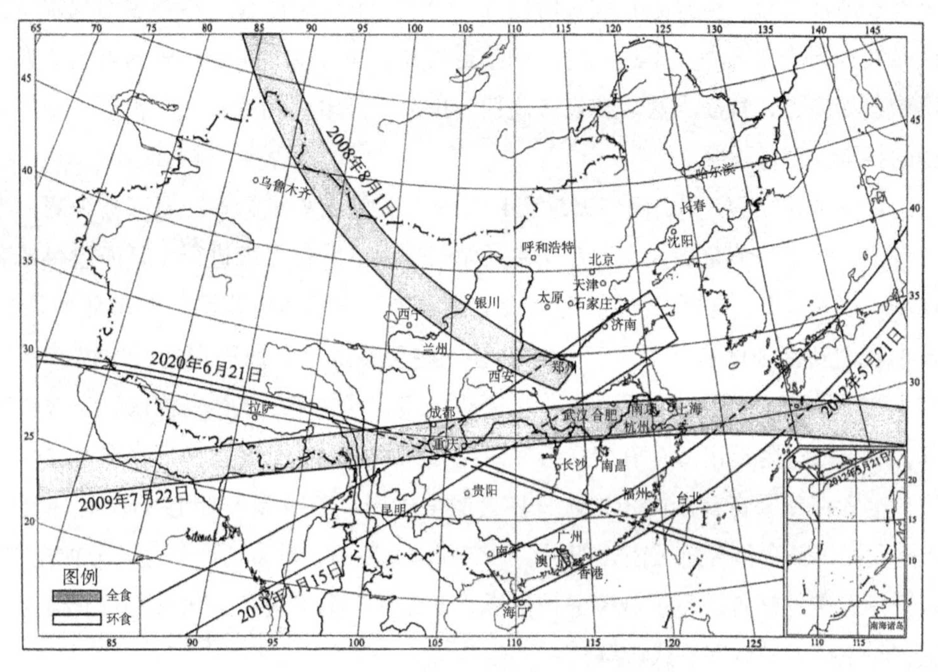

图3.19　中国日食地图（2001～2020年）

2009 年 7 月 22 日发生在我国长江流域的日全食，其全食带穿越我国人口最稠密的地区，食延时间长达 5～6 分钟，因此人们对其抱有很大的期待。月球本影从西藏入境，然后大致沿长江流域向东移动，直至由长江口和杭州湾出海，其中扫过了很多大中城市，包括康定、雅安、乐山、成都、内江、自贡、南充、重庆、恩施、宜昌、沙市、武汉、安庆、铜陵、芜湖、无锡、苏州、湖州、嘉兴、杭州、绍兴、上海、宁波和舟山群岛，可供选择的观测点非常之多。因此并非如以往那几次日全食时集中在少数几个观测点。不过有关单位还是选择了在成都、武汉、铜陵和杭州附近的天荒坪 4 个观测点进行相对集中的观测活动和现场电视直播。以中国科学院国家天文台为主的大部分专业观测选择在天荒坪进行，而科普部门则在武汉和铜陵安排了相当规模的日全食科普活动。同时在苏州举行了国际太阳物理学术讨论会。然而正如人们所担心的那样，这个时期的长江流域天气非常不稳定。结果在日全食的当天，成都、武汉、铜陵、苏州和上海等地均处于多云间阴或是大雨淋漓的状态，与日全食观测失之交臂。天荒坪观测点实际上也是处在薄云遮盖当中，在日全食过程中，虽然也能够看到日冕和贝利珠等现象，对非专业观测者，这足以令他们感到满足，但对于专业观测而言，不能说是成功。当日笔者在浙江乌镇，也只是在偏食阶段约一分多钟和全食时仅几秒钟瞬间观赏，其余时间太阳均在云中。不过从各地的报道可知，在一些非重点的观测点上，天气不错，如施恩、宜昌、甚至在杭徽高速公里上，许多观测者看到并拍摄了相当完整的日全食全过程照片。

新中国成立后，我国于 1955 年 4 月 19 日在海南岛进行首次日环食观测，当时有中国科学院紫金山天文台和南京大学天文系的几位专家进行了日面边缘光谱观测，以及几位苏联和我国的射电天文专家进行太阳射电观测。1976 年 4 月 29 日在我国新疆地区有可见日环食，也有一些天文研究者前往观测。1987 年 9 月 23 日的日环食，环食带由我国西北的新疆入境，经甘肃、陕西、河南、安徽和江苏，从长江口附近出海。有少量天文研究者和大量天文爱好者在环食带上进行观测。笔者在新疆奇台观测了这次日环食的全过程。2010 年 1 月 15 日又有环食带贯穿我国，环食带经过云南、四川、河南和山东等省，环食时间长达 4 分钟左右，有不少天文爱好者进行了观测并拍摄了许多照片。笔者坐客于北京的新浪网直播室，与主持人进行问答式讲解。

根据天文学家的计算，2040 年之前我国还将发生 3 次日环食和 2 次日全食。2012 年 5 月 21 日在华南一带可见日环食，环食时延约 2 至 4 分钟，随地点而不同。可见地区为广东、江西、浙江、福建、台湾、香港和澳门等地区。2020 年 6 月 21 日也有日环食，但食延时间不到一分钟，环食带由西藏向东延伸，经四川、湖北、江西、福建和台湾地区。接着是 2030 年 6 月 1 日的日环食（图 3.20），食延长达 3 至 5 分钟，但只有我国东北地区最北端的一小块地方可见。至于未来将在我国发生的日全食，离现在最近的是 2034 年 3 月 20 日的日全食，食延时间约 2 至 3 分钟，可见地区在新疆与西藏的交界处，目前是荒无人烟地区，不过还有 10 多年的时间，按照我国交通事业发展的速度，那时到达该地区大概不会有太大困难。而最值得期待的日全食，则是 2035 年 9 月 2 日的日全食，全食带经过的城市包括嘉峪关、包头、大同、北京和秦皇岛等地，我国的首都北京将迎来一场盛大的日全食庆典。

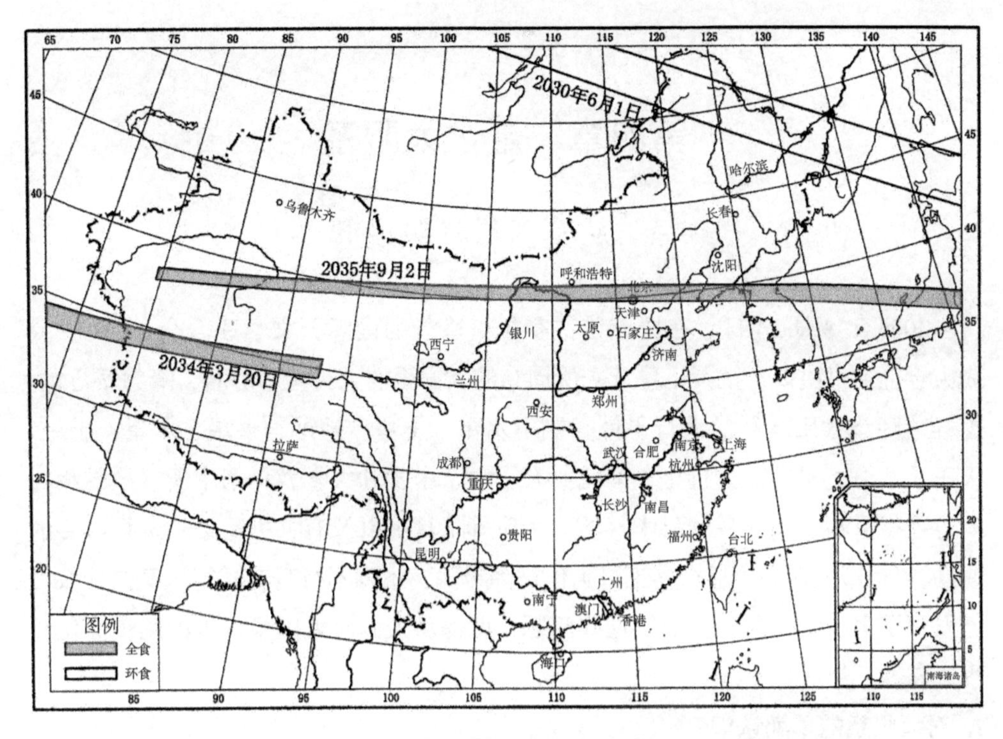

图3.20　中国日食地图（2021～2040年）

第四章　走进太阳系

一　从冥王星降级说起

2006年8月24日，在捷克首都布拉格举行的国际天文学联合会（IAU）代表大会上通过决议，把冥王星从众所周知的太阳系9大行星中除名，降为矮行星。这样，环绕太阳运行的大行星就只剩下水星、金星、地球、火星、木星、土星、天王星和海王星共8大行星。因此所有小学、中学和大学教科书中所涉及的相关内容就得重写，其他各种科学年鉴、手册等工具书以及有关书籍必须进行必要的改动,以免造成误导。那么冥王星为何被降级呢？不降不行吗？矮行星又是什么？已发现了多少矮行星？要回答这些问题，就得从人们对太阳系认识的逐步深化过程说起。

1. 对太阳系的早期认识

太阳系就是以太阳为中心，包括环绕太阳运行的几颗大行星和环绕这些大行星运行的大约170颗卫星，以及同样环绕太阳运行的无数小天体（小行星、彗星和流星等）组成的天体系统（图4.1）。其中太阳质量占太阳系总质量的99.86%，其余0.14%的物质中，木星和土星合计占其中的90%以上（图4.2）。由于大行星的轨道面与地球轨道平面（称黄道面）交角很小，因此太阳系形状像一个圆盘，太阳在圆盘的中心。如果用地球与太阳的平均距离作为长度单位（约等于1亿5千万公里，天文学上称为“天文单位”，记为AU），那么圆盘最外缘与太阳的距离，也是太阳系的边界，大约为100AU。这里的边界是以太阳风压力与恒星风压力相等的地方（称为日球层顶）来定义的。大家知道光线传播的速度为每秒30万公里，因此光线由太阳到达地球约需500秒，到达太阳系的边缘约需14小时。不过荷兰天文学家奥尔特通过对长周期彗星（指回归周期超过200年的彗星）起源的研究，认为太阳系的外围实际上还存在由无数冰冻体组成的太阳系形成时的残留物质（现已称为奥尔特云），其范围估计在2万至5万AU之间。与此相比较，恒星的距离则遥远得多，最近的恒星与太阳系的距离为4.3光年，就是光线在4.3年间所走的距离。更远的恒星与太阳系的距离则达几万、几亿甚至上百亿光年。

图4.1　太阳系示意图

图4.2　八大行星及太阳（左上角）和冥王星（右上角）

直到18世纪70年代之前，人们仅知道环绕太阳运行的大行星只有6个，即水星、金星、地球、火星、木星和土星，它们都是肉眼看得见的。1781年英国的天文爱好者威廉·赫歇尔用自制的小望远镜观测夜空时，发现了一个移动的星星，并确定是在土星轨道外面的太阳系第7颗大行星，定名为天王星。后来进一步的观测发现，天王星在天空中的移动轨迹很不平滑，表明它显然是受到附近另一颗大行星引力的干扰（天文学上称为“摄动”）。1846年法国的青年数学家勒维耶经过仔细的计算，从理论上预言了这个干扰行星的位置，柏林天文台的德国天文学家借助望远镜在勒维耶预言的位置上的确找到了这个新的行星，并定名为海王星。至此太阳系的大行星变成 8 个。这是天文学史上首次从理论计算确定行星位置后，再通过观测获得证实的事例，充分显示了在天文学中理论研究的重要性和威力。

2. 冥王星的发现和地位存疑

对海王星的进一步观测表明，海王星的轨道也不光滑。鉴于人们从发现海王星的经历中尝到了甜头，许多天文学家认为这是海王星外面还有另一个更遥远的行星引力摄动造成的。因而仍然热衷于进行理论计算，预言新行星位置，然后从观测上搜寻。然而这一次未能如愿找到新的行星。直到 1930 年 2 月，美国洛维尔天文台的汤博才从长期积累的照相底片中找到一颗非常暗的星星，其位置与理论预言的相差 5 度左右。从一系列照片中确定它的位置有变化，因而认定它是太阳系的第 9 颗大行星，取名为冥王星（图 4.3）。

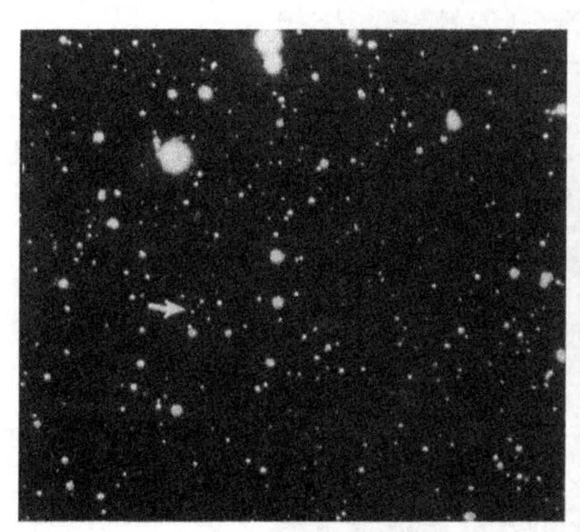

1930年1月13日发现冥王星（箭头所指）时的照片

1930年1月29日发现冥王星（箭头所指）移动了位置

图4.3　冥王星的发现

然而对冥王星的仔细观测却发现，与太阳系的其他 8 颗大行星相比较，它在某些方面有明显差别。其一是与其他大行星轨道近于圆形不同，冥王星的轨道非常偏椭。虽然轨道的大部分处在海王星外面，但其离太阳最近的一段（近日点附近）却处在海王星轨道里面。它在这段轨道上运行时与太阳的距离比海王星与太阳的距离还要近。冥王星与太阳的平均距离是39.5AU,绕太阳一周需时约248.5年。其二是冥王星的轨道与黄道面交角很大，达到 17.14 度，而其他大行星只有几度。另一方面，由于它太遥远，发现时还无法测定出它的大小和质量。后来通过光谱观测分析它的化学组成，估计出它对太阳光的反射率之后，进而大致算出它的大小和质量，认为它比其他几个大行星要小得多和轻得多。于是就有一些天文学家对它算不算大行星表示怀疑。到了 1978 年 6 月，美国天文学家克里斯蒂利用具有更高分辨率的电子像感器（相当于数码照相机）技术观测发现，原来冥王星还有一个环绕它运动的卫星（名冥卫一，也称查隆）。于是通过精确测定冥王星和查隆的运动和它们之间相互遮挡产生的光度变化，可以精确计算出冥王星的直径只有 2300 公里，比我们的月球（3476 公里）还要小，而且它的质量只有地球质量的千分之 2.4（0.24%），可见它实在不能与其他大行星相提并论，它是大行星中的异类。愈来愈多人认为冥王星不够大行星的资格，因此冥王星的大行星地位一直不稳。现在看来，它能够坐上大行星座位有些偶然性，一是人们渴望找到对海王星干扰的大行星，它又是在理论预言的位置附近找到的，虽然有 5 度的差异，但不算太大；其次是由于它太遥远和暗弱，当时无法测定它的大小和质量，于是想当然地认为它不会太小和太轻，因而仓促认定，并且命名。这样它就在各种文献中以大行星的身份出现，延续多年。因此即使有许多天文学家不断对它的地位提出质疑，也没有立即把它拉下马的必要性。

3. 柯伊伯带和柯伊伯天体

为解释海王星轨道不平滑而艰难寻觅几十年后才发现的冥王星竟然如此弱小，其质量只有地球的千分之二，根本不能对海王星的轨道产生足够的影响。面对这一情况，一部分天文学家并不甘心，坚持从观测上寻找比冥王星更大的第 10 大行星，从而掀起了从 20 世纪 80 年代后寻找“X 行星”的热潮。这里的 X 有双重含义，它是罗马字母的第 10，又是英文字母 x 的大写，数学上常用 x 代表未知数，因此“X 行星”既代表第 10 大行星，也指未知大行星。

然而另一些天文学家则另有想法。研究短周期彗星（回归周期小于 200 年的彗星）起源的美国天文学家柯伊伯（G. P. Kuiper），抛弃了认为海王星外面还有大小与其他大行星差不多的第 9、第 10……大行星的传统观念。他于 1951 年首先提出在海王星轨道外面，储存着大量以冰雪和尘埃组成的小天体，其分布范围大约自 30AU 直至太阳系边缘（大约 100AU）。这个区域现已称为柯伊伯带（Kuiper Belt），其中的天体称为柯伊伯带天体（KBO）。柯伊伯带中天体的总质量估计超过火星与木星之间的小行星带的天体总和。柯伊伯带也是短周期彗星的发源地。由于柯伊伯提出的这一新的太阳系图象与传统的太阳系观念不符，因此一开始并不被人们接受。但是从 1992 年开始，天文学家不断观测到一些较大的 KBO，一般直径为几百公里，有些则超过 1000 公里。例如，2002 年观测到的夸奥尔，直径为 1200 公里，与冥王星的卫星查隆一般大小，2003 年观测到的赛德娜，直径为 1700 公里，已经迫近冥王星。迄今找到的直径超过 100 公里的 KBO 超过 1000 个（比 100 公里小的很难观测到）。但所观测到的均未超过冥王星，不能算作第 10 大行星。然而大量 KBO 的发现却证实了柯伊伯带的存在，这就令人不得不想到冥王星不过是一个大的 KBO。

4．冥王星降级的导火线——阋神星的出现

对冥王星的致命一击来自阋神星的出现。2003 年 10 月美国加州理工学院天文学家布朗领导的研究组观测到了一颗最大的 KBO，代号为 2003UB313，并以美国神话电视剧《好战公主》中女主角齐娜（Xena）作为临时称谓，后来国际天文联合会正式命名为 Eris，2007 年中国天文学会名词委员会在扬州举行的天文学名词审定会议上（有来自台湾的天文学家参加）通过决议，把 Eris 定名为阋神星。阋神星与太阳的平均距离为 120AU，但它的椭圆轨道偏心率比冥王星还要大，其轨道与黄道面的交角更是高达 44 度。绕太阳一周耗时约 560 年，其中有一半时间距太阳仅 36AU。2005 年 9 月位于夏威夷的凯克望远镜（口径 10 米）配备可以显著提高观测分辨率的自适应光学系统（关于自适应光学可参阅 2010 年《天文爱好者》第 7 期 40 页），观测发现阋神星也有一个卫星，临时定名为加布里尔（Gabriel，神话剧中齐娜的陪伴），后来国际天文联合会正式命名为戴丝诺米娅（Dysnomia，是 Eris 的女儿）。于是又可以通过精确测定它们的位置和相互遮挡引起的光度变化规律，计算出阋神星及其卫星的直径分别为 2700 公里和 250 公里。可见阋神星居然比冥王星还大！冥王星既然已经属于 9 大行星之一，那么阋神星该不该算第 10 大行星呢？更麻烦的是据估计，今后还会不断在柯伊伯带中找到直径超过 2000 公里的与冥王星和阋神星大小差不多的 KBO，那就得没完没了地编为第 11、第 12、……大行星，界限应该划到哪里呢？这就是当时国际天文联合会上天文学家面临的严峻局面。很显然，最合理的选择就是本来就属异类的冥王星从大行星中除名，免得造成今后发现新 KBO 时难以分类。同时还决议把这些与冥王星大小差不多但比 8 颗经典大行星小得多的天体另立一类，称为矮行星。国际天文联合会确定的矮行星条件为：（a）环绕太阳运动；（b）其质量足以依靠自身引力克服刚体应力而达到流体静力平衡形状（近于圆形）；（c）未清空轨道附近的其余天体；（d）不是卫星。可见矮行星与经典大行星的主要区别在于上述第（c）条，大行星已经清除了其轨道附近的其余天体。第一批把户口迁入矮行星的成员有冥王星和阋神星，以及位于火星和木星之间的小行星带中最大的小行星——谷神星，后来又增加了鸟神星和妊神星。

由上述可见，把冥王星降级为矮行星，是人们对太阳系认识深入的必然结果。冥王星发现后被仓促定为大行星是历史误解，改正错误是科学进步的表现。这类事情在科学上屡见不鲜，各个学科都有。例如天文学中从起初认为太阳和其他行星是环绕地球运动的“地心说”，转变成认为地球和其他行星都是环绕太阳运动的“日心说”，就是一次重大的认识飞跃。冥王星降级的事不算太重大，然而由于“太阳系有 9 大行星”的观念早已成为人们的长期共识，因此这种变化还是受到人们的广泛关注。

这个事例的另一启示，就是在对太阳系认识逐步深化的过程中，人们看到了新技术对科学进步的推动作用。首先是望远镜的发明，使人们看到了肉眼看不见的天王星和海王星，把太阳系的范围扩大了约 3 倍。然后是利用传统的照相底片技术找到了暗弱的冥王星。再就是借助新型的数码相机技术发现了冥王星的卫星，从而更加精确的测定了它们的大小和质量。并且观测到大量 KBO，证实了柯伊伯带的存在。最后是借助大口径望远镜配合先进的自适应光学系统发现了阋神星的卫星，精确测定出阋神星及其卫星的大小，发现阋神星比冥王星还要大，导致冥王星的降级。

关于科学进步导致新技术的出现，那就更不必多说了。核电站、飞机、火箭、各种人造卫星、探测月球和行星的宇宙飞船、以及神奇的电子计算机和因特网等，则是原子物理学、流体力学、化学、天文学、电磁学和电子学等高度发展之后的产物。因此科学和技术总是相互促进和相互帮助的一对兄弟。

二　大行星及其空间探测

同地球一起组成太阳系大家庭的大行星和太阳系小天体尽管离地球不算太远，但是通过地面望远镜能够获得的信息仍然不多。特别是一些行星和卫星具有浓密大气，地面望远镜难以观测到它们表面的细节，甚至连确定它们的自转周期都相当困难。不过从 20 世纪 60 年代开始，由于航天技术的迅速发展，终于使人们可以借助各种各样的航天器飞临太阳系内的许多天体，包括大行星和它们的卫星，以及其他太阳系小天体，进行近距离和零距离探测，获得大量地面观测难以企及的信息。也就是说航天技术使天文学突破了以往对研究对象——天体“只能看不能摸”的传统限制，至少对太阳系天体能够进行不仅从远处观看，还能贴近观看甚至触摸的仔细探测。因此对太阳系大行星的介绍就得与借助航天器对它们进行空间探测相结合。

太阳系的 8 大行星可以分为两大类。水星、金星、地球和火星的情况相似，以地球为代表，称为类地行星；木星、土星、天王星和海王星很相似，以木星为代表，称为类木行星。并且把距离太阳较近的类地行星所在的区域称为内太阳系。距离太阳较远的类木行星所在的区域称为外太阳系。类地行星的主要特征为：（a）行星本体主要由固体岩石和金属构成；（b）质量和体积较小；（c）卫星很少，水星和金星无卫星，地球和火星分别为 1 个和 2 个卫星；（d）无光环。类木行星则与此相反， 即（a）行星本体主要为气态和液态物质；（b）质量和体积很大；（c）都有十个以上卫星，海王星十几个，天王星二十几个，土星六十个，木星六十几个，还在发现新的卫星；（d）均有光环，土星光环在地面用小望远镜就能看见，天王星光环是 1977 年观测天王星掩恒星时发现的，木星环和海王星环是航天器探测发现的。以下将从离太阳由近到远分述各大行星的情况。

1. 水星

水星（Mercury）直径为 4879 公里，约为地球直径的 38%（图 4.4）。它离太阳的最近距离（近日点）为 46×10^6 公里，最远时（远日点）为 69.8×10^6 公里。公转周期和自转周期分别为约 88 天（地球日）和 59 天。水星质量仅为地球的 5.5%，平均密度为每立方厘米 5.43 克。估计水星内核为铁质，约占水星总质量的 60%。水星无大气，因而昼夜温差很大（自 430℃至 –210℃）。水星自转轴与轨道平面垂直，因而无四季变化。水星磁场强度只有地球磁场的 1% 左右，这可能是由于水星太小，形成时温度下降较快，内核温度不高，因而缺乏流动性

图4.4 水星

造成的。目前认为地球磁场主体起源于地球内部熔化金属在原有弱磁场中流动而感应的电流造成的，其起伏部分则来自太阳风在地磁场中形成的电流感应。

1974 年美国发射的“水手 10 号”航天器曾于 1974～1975 年 3 次掠过水星，拍摄到水星 45% 表面区域的照片（其余表面部分系由分辨率较低的雷达探测）。结果显示水星表面由无数陨石坑和环形山覆盖，其中最大的“卡洛里斯盆地”直径达到 1300 公里，并且有同心圆结构，估计是由直径超过 100 米的小行星撞击造成的。雷达探测还表明，在水星两极的永久阴影区中可能存在水冰，但不能肯定，因为类似的雷达信号也可以用非水冰解释。

自“水手 10 号”探测器之后的近 30 年间，没有发射绕水星运行的航天器对水星作进一步的探测，其原因有二：一是认为水星情况与月球很相似，表面布满陨石坑，无大气，昼夜温差大，生存条件恶劣，生命存在可能性很小，无多大探测意义；另一原因是要使航天器绕水星探测存在技术上的困难。由于水星离太阳太近，受到太阳巨大引力干扰，航天器到达水星附近时需要非常强大的制动力才能使其受到水星引力捕获，成为它的人造卫星。而实施强力制动必须携带庞大的燃料，从而增大所需的火箭推力等难度。因此直到 2004 年 8 月 2 日才由美国发射了携带 8 种科学仪器，造价达 4.27 亿美元的“信使号”水星探测器*，其轨道设计是 1 次掠过地球、2 次掠过金星和 3 次掠过水星进行减速，最终于 2011 年 3 月 18 日成功进入环绕水星的轨道。航程达到 78.86 亿公里，航时也由原本只需 3 个月增加到 6 年半，然后进行长达一年的探测。估计将于 2012 年燃料耗尽后结束探测。“信使号”的主要科学目标是研究水星密度为何如此之高，内核结构，表面地貌的形成原因，两极地区与其他地区有何不同，以及火山活动情况。

2. 金星

金星（Venus）的直径、质量和密度均比地球略小，直径和质量分别为地球的 94.9% 和 81.5%，密度为 5.24 克 / 厘米^3（图 4.5）。它与太阳的平均距离为 0.723AU，公转周期为 224.7 天，自转周期为 243 天，自转方向与公转方向相反，因此在其表面看到的天体周日运动为西升东落。自转轴与轨道平面几乎垂直，无明显四季变化。金星有浓密大气，其气压约为地球大气压的 90 倍。大气成分中 97% 为二

* “信使号”（Messenger，来自 Mercury Surface，Space Enviroment，Geochememistry and Ranging 的缩写，意为水星表面，空间环境，地质化学和测距）

图4.5　金星

氧化碳，其余为氮、氩和硫酸蒸气。由于严重的温室效应，表面温度高达500℃，昼夜温差很小，因此不可能存在生命。金星的浓密大气使地面望远镜无法看到它的表面地貌。其自转周期也是1962年通过雷达测得的。

1961年苏联发射“金星1号”和美国发射“水手1号”金星探测器，但均未成功。1962年美国发射“水手2号”到达金星上空约3.5万公里进行探测，获得表面温度、质量和天文单位精确数值等资料。1978年美国发射的“先驱者”金星探测器以及苏联的“金星13号”和“金星14号”也取得成功。美国1989～1992年的绕金星航天器“麦哲伦号”利用分辨率为250米的成像雷达，探测了97%的金星表面（雷达可以穿透浓密的金星大气），发现了4000多个环形山和火山地貌，最高峰达12000米。探测结果还表明金星内部有铁质核心，比地球核略小。金星因自转太慢，也未形成较强的磁场和辐射带。

2005年11月9日欧洲空间局的“金星快车”探测器由俄罗斯火箭发射升空，并于2006年4月11日进入环绕金星和通过两极的轨道（图4.6）。探测器携带7种科学仪器，计划对金星进行两个金星年（约500个地球日）的探测。2007年欧空局宣布探测时间将延长至2009年5月。主要探测目标为（a）大气：为何大气高速旋转，大气化学构成和复杂的动力学系统；（b）火山：5亿年前火山如何重塑金星地貌，是否仍有火山活动；（c）表面：为何金星表面存在很强的射电波反射区。“金星快车”于2006年12月获得金星南半球温度分布图。2007年11月宣布金星过去曾经拥有海洋。2008年宣布探测到羟基分子（OH）。

日本也于2010年5月21日发射了金星探测器“拂晓”（也称“晓”），探测目标主要是大气环流、火山活动和大气中的闪电。探测器先绕太阳运行，但在2010年12月7日接近金星时，制动发动机点火时间不足，而未能使其进入环绕金星的椭圆轨道（原设计离金星表面300至80000公里）。只能等待6年后接近金星时再作尝试。该项目耗资约 3 亿美元。

图4.6　欧洲的“金星快车”探测器

3. 火星

火星（Mars）赤道半径为 3398 公里，约为地球半径的 1/2，体积约为地球的 1/7，质量仅为地球的 10.7%，重力为地球的 2/5，逃逸速度为每秒 5 公里（图 4.7）。自转周期为 24 小时 37 分 23 秒，公转周期为 687 天。火星的近日点离太阳 2.067 亿公里，远日点离太阳 2.492 亿公里。火星与地球的会合周期为 779.4 天，即约 26 个月。在每一会合周期中，二者最靠近时称为火星“冲日”，但每次冲日二者距离不一样。若冲日发生在火星近日点附近，则称为火星“大冲”。这时火星与地球的距离只有约 5500 公里，是研究火星的最佳时机。每次冲日也是较好的探测时机，是探测火星的航天器发射的“窗口”。漏失掉某一窗口，就得再等二年多以后的下一个“窗口”，火星自转轴相对于公转轨道面的垂直轴倾斜 25.2 度，因此有四季变化，昼夜和四季温度变化在 20℃与 -140℃之间。火星大气稀薄，气压不及地球大气压的 1%，其中 95% 为二氧化碳，其余为氮、氩和少量水汽。火星外貌的主要特征是呈红黄色，其起因是土壤中富含氧化铁。两极地区有白色极冠，大小随季节变化，冬天大夏天小，因而被认为是固态二氧化碳（干冰）。不过近年的航天器探测表明其中也有水冰成分。火星地貌与地球相似，有高山、盆地、平原、山丘，以及陨石坑和干枯的的河床等，最高山峰奥林匹斯为 2.5 万米（图 4.8）。火星有两个小卫星，称火卫一（福波斯）和火卫二（戴莫斯），距火星较近，从火星表面看其视角径分别相当于地球看月球的 1/2 和 1/10。

图4.7　火星

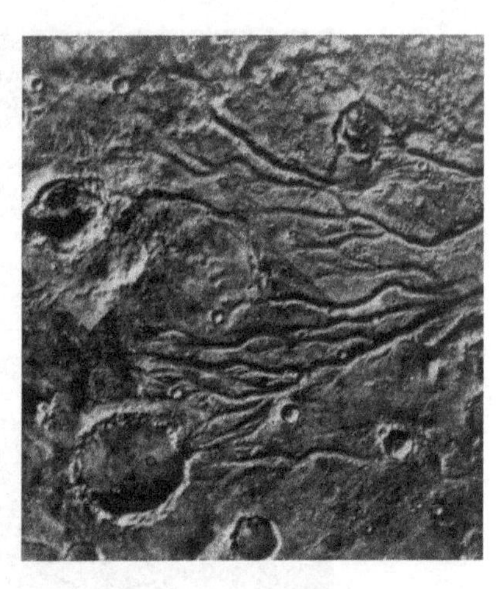

图4.8　火星上干涸的河道

火星是除月球外人类发射航天器进行探测最多的天体，其原因除了离地球近之外，就是它与地球在某些方面很相似（如约为 24 小时的昼夜变化和约为两个地球年的周年变化），尽管比地球小，而且大气稀薄，但温差变化在可忍受的范围之内，不能排除存在生命的可能性，也不排除有朝一日人类对它加以利用的可能性。因此 20 世纪后半个世纪以来，人类已经发射了近 40 个火星探测器，尽管成功者不到一半。进入 21 世纪后又迎来了一阵火星探测热潮，成功率也愈益增大。美国总统奥巴马已选择把美国的航天探测重点从月球转向火星。2010 年 4 月 15 日他在佛罗里达州的肯尼迪航天中心宣布，美国将在 21 世纪 30 年代之前把航天员送上绕火星的轨道并安全返回地球，下一步是在火星着陆，希望在他有生之年看到这一切。美国也将探测小行星、月球和火星的卫星，但都只是作为登陆火星的跳板。除美国外，欧洲空间局、俄罗斯、日本、中国和印度也制定了用航天器探测火星计划。

1960～1970 年间苏联发射的一系列火星探测器均未成功，1971 年发射的“火星 3 号”于 1972 年软着陆，是人类首个到达火星的探测器，发回了 20 秒钟信号。1973 年 7 月发射的“火星 5 号”成功绕火星运行并发回照片。1973 年 8 月发射的“火星 6 号”在着陆火星过程中发回大量信息。美国于 1964～1970 年间发射的“水手号”系列航天器中有 4 个成功探测了火星，尤其是“水手 4 号”传回大量优质火星表面照片。并且判定其大气密度不及地球大气密度的百分之一。1971 年 11 月进入绕火星轨道的“水手9号”拍摄了70%火星表面，显示存在干涸的的河床，表明过去曾经有过洪水。1976年7月和9月美国的“海盗1号”和“海盗2号”实现了在火星软着陆，它们分别在南半球和北半球两个不同着陆点就地取材并进行化验分析，测定了大气成分，以及气温、气压和风速等数据，但未发现有机分子和生命存在的迹象（图4.9）。1989年苏联发射了“福波斯1号”和“福波斯2号”，但在飞往火星途中失踪。1996年又发射“火星–96”失败。1992年美国发射了“火星观测者”探测器，1993年8月进入火星大气前失踪。

图4.9　着陆火星的“海盗1号”探测器

1996年11月7日美国发射了“火星环球勘测者”，1997年9月12日到达火星上空离火星表面380公里处，拍摄了高分辨率照片，勘测了大气、磁场和地貌。1996年12月4日又发射了重264公斤的“火星探路者”，1997年7月4日到达火星上空，制动减速后进入火星大气，借助降落伞和气囊降落在阿瑞斯平原，用6轮火星车“索杰纳”(又译为:“旅居者”)进行勘测。火星车体积为0.3×0.65×0.48立方米，重10.4公斤，每分钟可行走10米。对火星的土壤、岩石和大气进行分析之后，得到的结论是在火星上找到了能够维持生命的证据，1998年7月日本也发射了“希望号”火星探测器，原计划1999年10月达到火星，但2003年宣布该项目失败。1998年12月美国发射了“火星气候探测者”，但在1999年9月进入火星大气层时烧毁。1999年1月美国又发射了“火星极地着陆者”，也于1999年9月进入火星大气层时烧毁。连续多次失败减缓了各国的火星探测活动。

进入21世纪后迎来了几次成功的火星探测。2001年4月美国发射了“奥德赛”火星探测器，2003年3月美国航天局宣布“奥德赛”传回的数据表明在火星

图4.10　欧洲的“火星快车”探测器

南极发现大量水冰。2003 年 6 月 2 日欧洲空间局借用俄罗斯火箭发射了“火星快车”，它包括一个方形轨道器和“猎犬 2 号”着陆器（图 4.10）。轨道器进入绕火星轨道进行探测，发回了大量数据，着陆器即将着陆时失去了联系，估计它会在 2003 年 12 月 25 日着陆，但一直没有联系上。2005 年 11 月“火星快车”轨道器用雷达探测到火星北极区地下可能存在水冰，水的纯度在 90% 以上。2003 年 6 月 1 日美国发射了携带“勇气号”火星车的“火星探测流浪者”，2004 年到达火星上空后通过降落伞和气囊把“勇气号”投向古谢夫环形山。2003 年 7 月 7 日美国又发射了携带“机遇号”的航天器,“机遇号”也顺利在火星着陆。“勇气号”和“机遇号”的大小均为 1.6 × 2.4 × 1.5 立方米，重为 174 公斤，行进速度为每秒 5 米。二者一起对更大范围进行探测，传回大量火星表面图片，以及有关岩石和土壤等大量资料。它们的主要目标则是寻找水的痕迹。结果表明火星上曾有过大量的水。2009 年“勇气号”陷入沙坑，无法倾斜以获取太阳能供电，未能继续工作，美国航天局仍在努力抢救。2006 年 3 月美国发射了“火星勘测轨道器”（图 4.11），传回了大量高质量的火星表面照片，并发现火星岩层

图4.11　美国的“火星勘测轨道器”

中含有硅酸盐，而这种物质只能在有水的条件下形成，表明火星确实曾有过大量的水。2007年8月4日美国发射了“凤凰号”火星着陆探测器，2008年5月25日借助反推制导和降落伞着陆于北纬68度和经度233度的北极地区，挖掘土壤进行分析，其主要科学目标是研究火星上水的演变，气候变化和存在生命的可能性(图4.12)。2008年6月拍摄的照片显示火星表面有白色物质,但在几天后消失，其合理解释是白色物质为冰,几天后蒸发了(图4.13)。2008年7月31日“凤凰号”探测器在加热火星土壤时，鉴别出水蒸气的产生，这是火星上存在水的直接证据。对土壤分析的结果也表明火星上存在维持生命的条件。

图4.12　着陆火星的“凤凰号”探测器

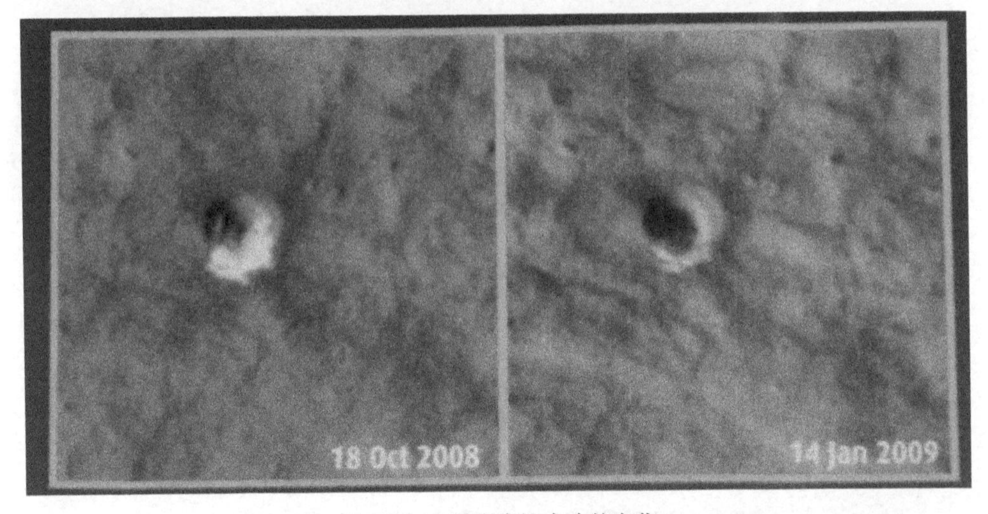

图4.13　火星陨击坑中冰的变化

上图是所观察到的火星中纬地区新近形成的陨击坑中暴露出来的冰随时间的变化，陨坑深度为2.5米

美国又于2011年11月26日发射了重量达899公斤的“好奇”号火星车，体积相当于一辆小汽车，其重量是“机遇”或“勇气”号的5倍。“好奇”号携带10多种探测仪器，将于2012年8月到达火星，借用减速伞降落在火星表面，开

展各种探测，科学目标仍然是关于是否存在微生物问题。

关于火星是否有过生命的问题，还涉及对一块著名的火星陨石的研究。1984 年 12 月 27 日由美国航天局、美国国家基金会和史密森学会联合组成的“南极陨石搜寻计划”小组，在南极艾伦丘林的冰层中发现了一块来自火星的陨石，并命名为“艾伦－希尔斯 84001”（简记为 ALH84001）。能够证明它是火星陨石的主要证据，是陨石中所含的惰性气体同位素的浓度，与 1976 年在火星着陆的“海盗号”探测器在火星上就地采集分析后传回地面的结果相似。并且认为该陨石能够来到地球是由于在 1300 万～1600 万年前有一小天体撞击火星时使其脱离火星进入太空，在太空长期漂泊之后于大约 1.3 万年前落到地球的南极区。截至 2009 年 9 月，地球上已经发现了 50 多块火星陨石，总重量达到 90 多公斤。ALH84001 的大小为 15.24 × 10.16 × 7.62 立方厘米，重 1.819 公斤。经测定年龄为 40 亿年。分析研究表明 ALH84001 的晶体结构中大约 25% 是由细菌形成的，在高倍电子显微镜中可看到有蠕虫状细菌化石，从而推论火星至少在 13 亿至 36 亿年前很可能有生命存在（图 4.14）。不过也有许多科学家并不认同这些推测，此事仍然在争论之中。

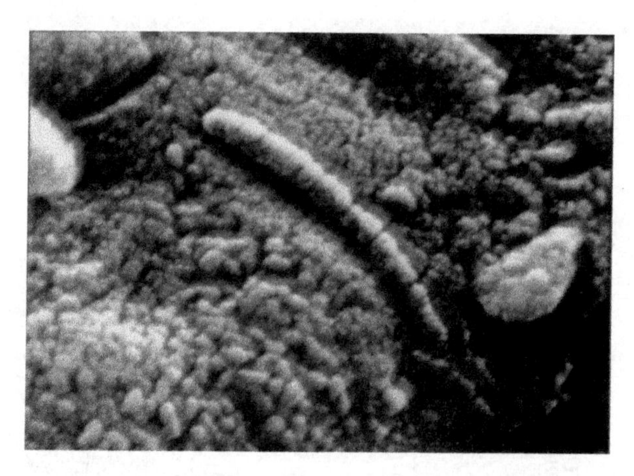

图4.14　火星陨石ALH84001中的疑似细菌化石

高倍电子显微镜下的ALH84001中蠕虫状微型细菌化石的图片

中国的首个火星探测器为“萤火 1 号”（YH–1），原计划于 2009 年 9 月与俄罗斯的“火卫 1– 土壤”探测器（Phobos Grunt）一同发射。2009 年 8 月 YH–1 已在莫斯科沃什金生产联合体通过考核验证，后来因故推迟到 2011 年 11 月发射。YH–1 的重量为 110 公斤，到达火星后将与“火卫 1– 土壤”分离，单独绕火星探测，其椭圆轨道离火星最近为800公里，最远为8万公里，轨道倾角为5度，绕轨周期72小时。YH–1将进行一个地球年探测，绕火星120多圈。鉴于目前绝大多数火星探测的科学目标主要为火星地貌、是否存在水和生命迹象，我国的YH–1设置的科学目标集中于火星的高空大气和空间环境。为此携带的仪器包括高精度磁场仪（探测空间磁场）、等离子体探测包（包括电子分析器和离子分析器，用于探测空间等离子能谱和质谱）、UHF频段的无线电接收机（与俄罗斯探测器进行掩星测量）和中等分辨率的光学照相机（用于拍摄火星）。"火卫1–土壤"于2011年9月从哈萨克斯坦的拜科努尔航天发射场成功发射，但在几小时后，俄联邦航天局发布消息，称探测器出现意外，因主动推进装置未能点火而变轨失败，探测器于2012年1月中旬坠入海中。我国还计划于2013年独自发射火星探测器。

至于载人登陆火星，实际上也已经启动。2010年6月3日俄罗斯的"火星–500"计划开始在俄科学院医学生物研究所开始实施。共有6位志愿者进入了只有20米长和不到4米宽以及没有阳光的封闭隔离舱，他们将经历长达500天左右（计划在460天至700天之间）模拟太空生活。6位志愿者中有3位俄罗斯人，其余3人来自中国、法国和意大利。中国志愿者王跃是航天员培训教师。目前的太空持续失重记录保持者是俄罗斯航天员互西利·波利亚科夫（437天17小时59分）。"火星–500"的计划是先用250天飞往火星，在火星上工作45天至90天，然后返航。尽管这次模拟中没有失重项目，但生活仍然相当艰苦。估计每人每天的食物重量是1.75公斤，用水4.85公斤，氧气0.96公斤，装进的25吨食品只够用250天，然后只能吃罐头和脱水食物（与国际空间站上一样）。卫生方面是内衣3天一换，床上用品10天一换，短裤3周一换。按530天计，共需1000多套衣服，这也是国际空间站上的标准。不过"火星–500"上可以淋浴，也可以通过网络与组织者和家人通话，但通话信号是延迟的，而且质量不佳，时断时续，以模拟在火星上的情况。2011年2月14日，隔绝了257天之后两位志愿者（俄、意各一人）走出舱外，他们穿着重达32公斤的太空服走进了一间模拟火星的沙土房，插上俄罗斯和中国国旗，以及欧洲空间局的局旗，并在那里行走50分钟。中国志愿者王跃将在下一次出舱。"火星–500"的重点是考察志愿者的生理和心里状态。2011年11月4日，6位志愿者成功完成了长达520天的模拟实验，走出实验舱。实验中经历的生理和心理考验对今后的载人深空探测具有重要参考价值。

美国的载人登陆火星计划分为双程和单程两种方案。2007年12月美国航天局公布的双程计划是2031年派遣最低数量的航天员乘400吨的“火星船”进行为期30个月的往返火星之旅。“火星船”用3～4枚新一代重型货物运载火箭“大力神5号”运送到地球低轨道上组装，然后以先进的低温燃料推进系统为动力飞向火星，计划6～7个月到达，航天员在火星上工作550天。航天员到达之前，美国航天局将于2028～2029年间发射火箭，把物资和器材运到火星上。航天员到达后用核能供电，并且要自给自足，包括在太空船上种植蔬果作为食物。太空船上配备循环系统，让空气和水循环使用，2033年航天局再派第二批航天员去火星，到达后替换第一批航天员返回地球。美国航天局并且建议于2020年登月，对上述系统进行测试。

2010年10月美国航天局又公布了载人登火星的单程计划。主要是考虑到双程之旅可能得耗费数千亿美元，因而承担不起，也不一定能获得国会拨款。于是由航天局属下的艾姆斯研究中心负责制定火星单程之旅的“百年星际飞船”计划。估计只需花费几十亿美元。并且已经获得几十万美元的启动费。该中心负责人皮特· 沃登说几年后将看到可以在星际之间航行的飞船样品。这样的太空之旅需时9个月，志愿者知道自己将不再返回地球，估计届时将有4位志愿者承担永远居住火星的任务。那里太冷并且空气稀薄，生活条件太差，届时会给志愿者输送给养，让他们自给自足。单程之旅没有时间表，并且鼓励私人机构投资。该计划完全开放，不保密，目前尚处于构想阶段。

4. 木星

木星（Jupiter）是太阳系中最大的行星，直径为地球直径的11.2倍，质量为地球的318倍，为其余7个行星总和的2.5倍，平均密度为1.33克/厘米^3（图4.15）。木星与太阳的平均距离为5.2 AU，公转周期为11.86年，自转周期为9.9小时。表面为液态氢为主的浓密大气，厚度达1.6万公里，其中氢占82%，氦占17%，其余为甲烷和氨。其下方为液态金属氢和氦，厚度约4.4万公里。由岩石构成的内核直径估计为地球直径的1.6倍。由甲烷和氨构成的云层在木星表面形成条状物。约为两个地球大小的大红斑是磷化物组成的气体旋涡。已经发现了60多个木星卫星，其中4个卫星按其与木星的距离由近至远为木卫一、木卫二、木卫三和木卫四，是伽利略首先用望远镜看到的，合称为伽利略卫星（图4.16）。航天器探测发现木星存在光环，表面有很强的磁场和辐射带，以及很强的射电辐射源区。

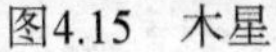

图4.15　木星

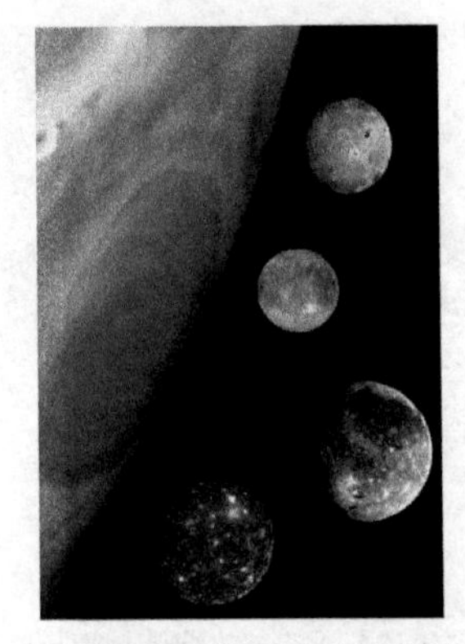

图4.16　木星的四个卫星（伽利略卫星）

美国于1972年3月2日发射的“先驱者10号”是第一个探测木星的航天器，1973年12月在距木星14万公里处掠过，获得木星引力加速，达到第三宇宙速度（16.7公里每秒）后飞出太阳系。1973年4月5日美国又发射了“先驱者11号”，1974年12月离木星4.6万公里处掠过，同样获得加速后飞出太阳系。这两个探测器均发回关于木星的信息。探测木星最为成功的航天器是“伽利略号”。它于1989年10月18日由美国航天飞机阿特兰蒂斯号发射，借助金星和返回地球的二次引力加速后飞往木星。行程40亿公里，历时6年，于1995年7月到达木星上空，抛出一个直径125厘米重28公斤的木星大气探测器，借助降落伞缓慢降落并进行探测，获得沿途大气信息，包括大气结构和化学组成，以及云层和雷电等，最后沉入大气深层。“伽利略号”则绕木星运行，探测木星本体及其卫星，并于2003年9月21日按计划撞向木星，结束长达8年的超期服役。对4颗伽利略卫星的主要探测结果为（图4.17）：

（1）直径为3640公里的木卫一（与木星的距离同地月距离差不多）有很活跃的火山活动，喷发的是温度高达1500度的硅酸盐熔岩，这一点与地球火山相似。火山活动频繁的原因可能是由于木星巨大的引力对其产生超强潮汐力而激发造成的。

（2）直径为3130公里的木卫二表面由冰层覆盖，冰层下面则是水的海洋，里面还有海底火山，可能对海洋加热，从而造成可维持生命的环境，目前被认为是除地球外太阳系中最有可能存在生命的天体之一。

（3）直径为5270公里的木卫三有板块结构，表面也有冰层覆盖，冰层下面可能是液态氧层，与地球大气中的含氧量相当，因此也可能有生命。

（4）直径为4800公里的木卫四表面布满陨石坑，也可能有地下海洋。

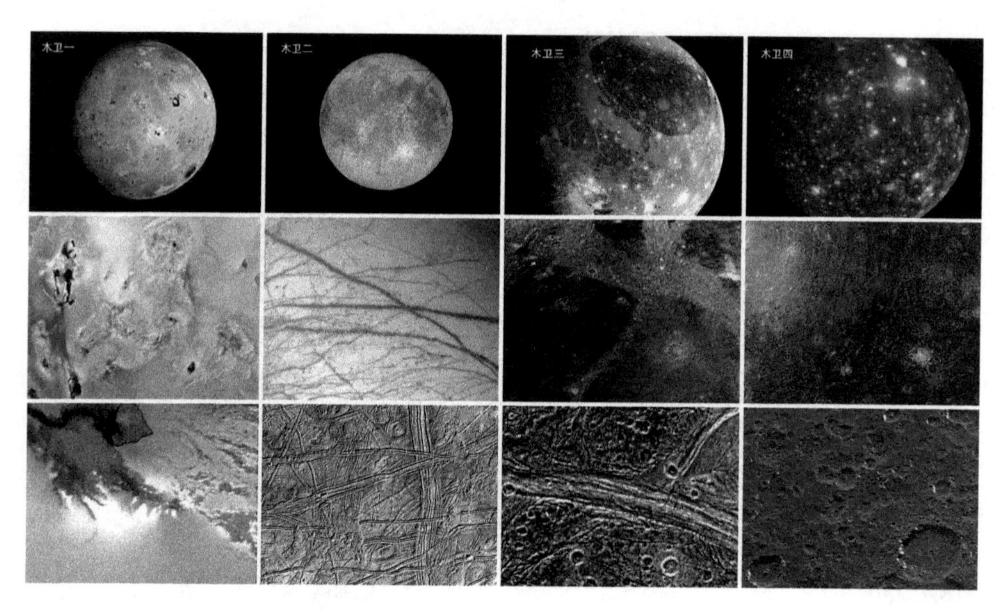

图4.17　“伽利略号”探测木卫的结果

与木星有关的另一件大事就是彗木相撞事件。1994 年 7 月 17～22 日，名为苏梅克－列维彗星（SL–9）的 21 块碎片如列车般以每秒约 60 公里的速度相继开进木星大气。天文学家早在一年多前已对这次空前的地外天体相撞事件作出预报，因而在事前对其进行了包括动用哈勃空间望远镜在内的观测安排。据估计 SL–9 彗星分裂前的直径约为 10 公里，质量为 5000 亿吨，虽然 21 块碎片是在背向地球的木星背面撞击木星，但撞击形成的巨大旋涡在木星自转到面向地球时仍然清晰可见（图 4.18）。其中最大的碎片在木星上撞出直径达 2 万公里的黑斑，形如木星的大眼睛。哈勃空间望远镜从 16 日世界时 20 点至 22 日 8 点观测到这次撞击的全过程。对这次事件的提前预报再次显示了

图4.18　1994年7月的彗木相撞在木星表面留下的疤痕

科学的威力，以及天文学家精确掌握太阳系天体运动规律的能力。

美国于2011年8月6日发射了重达4吨的“朱诺”号木星探测器，先绕太阳，然后经过地球，预计2016年7月抵达木星，行程32亿公里。朱诺携带9台仪器，将在离木星表面5000公里处绕木星极轨运行33圈，探测木星大气成分、磁场以及是否存在水和内部是否有固体核心等。

5. 土星

土星（Saturn）直径约12万公里，是地球直径的9.4倍，质量约为地球的95倍（图4.19）。土星与木星相似，固体内核很小，外层物质为气态和液态。它的平均密度只有0.7克/厘米^3，比水小得多，因而可以浮在水上。土星与太阳的平均距离为9.5 AU，近日点约9 AU，远日点约10 AU。公转周期约29.4年，自转周期10.66小时，土星略呈偏圆形。土星最重要的特征就是有非常明显的庞大光环，用小望远镜就能看到。光环主要由冰粒组成，距土星愈近冰粒愈小。航天器探测表明土星也存在磁场和磁层，但磁场强度只有木星的1/10，而磁层和辐射带的延伸范围比地球磁层大10倍。土星表面温度约为零下180摄氏度。土星的卫星也多达60个，其中研究最多的是土卫六（也称泰坦）和土卫二，二者均被认为具有存在生命的条件。

图4.19　土星

美国1973年4月5日发射的“先驱者11号”于1979年9月掠过土星，与土星相距仅2.1万公里，发回关于土星本体、光环和卫星的大量照片。1980年11月美国的“旅行者1号”和1981年8月“旅行者2号”经过土星附近时，也对土星进行顺路探测。1997年10月15日美国发射的“卡西尼号”则是由美国航天局、欧洲空间局和意大利航天局合作的专门用于土星探测的航天器，该项目耗资34亿美元。“卡西尼号”轨道设计也是通过二次接近金星，一次靠近地球和一次靠近木星共4次加速后再飞向土星，并于2004年进入绕土星轨道，对土星本体及其卫星（尤其是土卫六和土卫二）和土星环进行长达 4 年的仔细探测，其中包括 2008 年 11 月 11 日拍摄到土星南极极光照片（图 4.20，图 4.21）。“卡西尼号”探测器长达 7 米，直径 3 米，重量 6.4 吨，携带 20 多件探测仪器，其中包括专门探测土卫六的“惠更斯”着陆器（图 4.22）。由欧洲空间局研制的“惠更斯”重量为 350 公斤，直径 2.7 米。直径为 5150 公里的土卫六是太阳系中第二大卫星（仅次于木卫三），具有浓密大气。“卡西尼号”在环绕土星期间曾 46 次飞临土卫六，最近相距为 965 公里。2005 年 1 月 14 日“惠更斯”借助降落伞缓慢向土卫六降落，降落过程为 2 个半小时，沿途探测了土卫六的大气情况（图 4.23）。

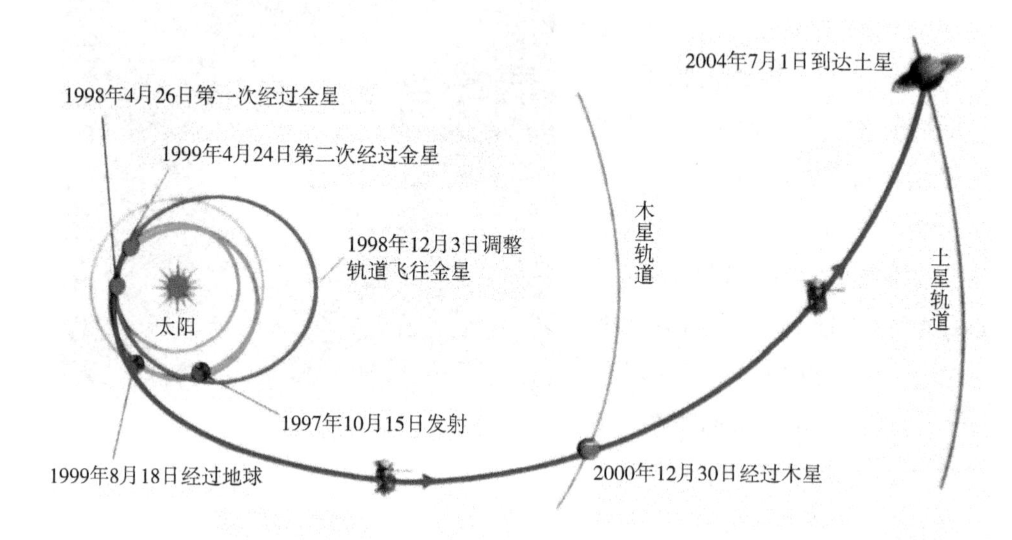

图4.20　“卡西尼号”土星探测器的航行路线

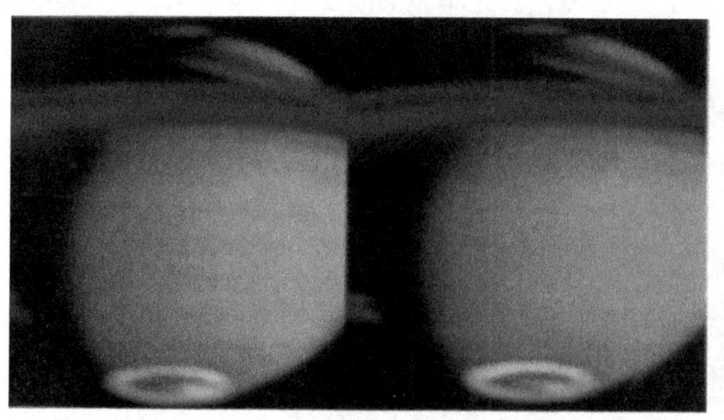

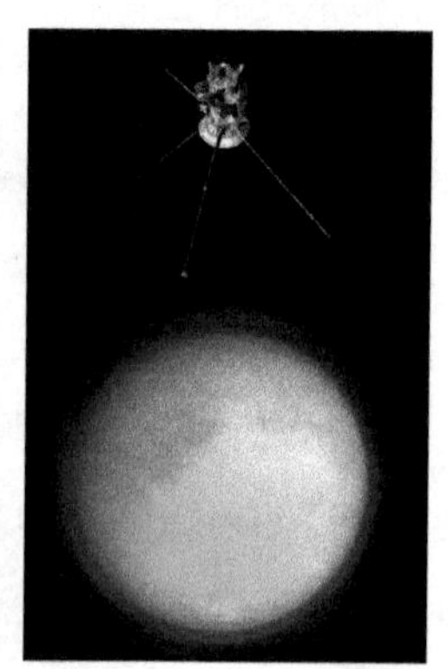

图4.21 “卡西尼号”观测到的土星南极区极光

图4.22 “惠更斯”向土卫六降落

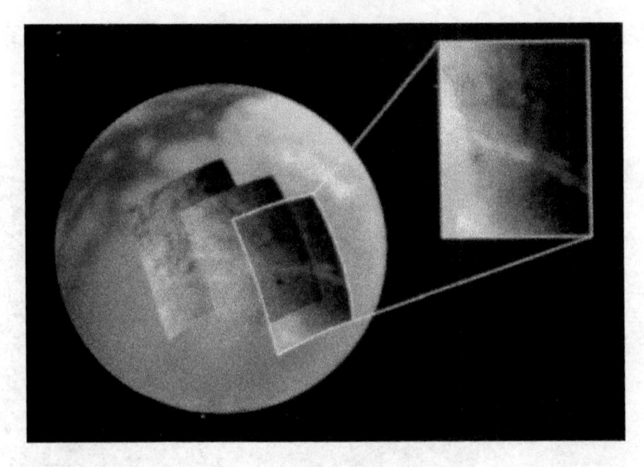

图4.23　土卫六上空的云层

美国航天局陆续公布对土卫六的探测结果表明，土卫六是太阳系中真正具有浓密大气的卫星，其大气密度为地球大气密度的 1.5 倍，大气中有氮、甲烷和一些有机分子，与早期地球大气有些相似。从阳光反射可知土卫六还有很多甲烷和乙烷湖泊和海洋（因低温和高压而成液态），还有碳氢化学物沉淀形成的“土地”。美国航天局曾于 2010 年 12 月宣称，从照片分析发现土卫六有喷射冰粒的冰火山，有点像意大利西西里岛上的埃特纳火山，其起因可能是地表下的地质活动使部分物质溶化后通过裂缝喷射。美国科学家曾在实验室中模拟土卫六的大气成分，观察它们能够发生的化学反应，发现可以产生多种氨基酸和核苷酸碱基，这些都是构造生命的重要成分。但这些反应在寒冷的土卫六上大概不会发生，不过也不能排除在高层大气中可能受到太阳紫外线或带电粒子轰击而触发产生这些反应，因而也不能排除发展出低等生命的可能性。

土卫二（也称恩克拉多斯）的直径只有 500 公里，在 60 多个土卫中排行第六，引力只有地球的 1/6。但通过“卡西尼号”的近距离观测发现了一些重要的特征。土卫二的表面被冰层覆盖，由引力探测得知其内部存在熔岩状内核。2005 年首次拍摄到土卫二南极边缘存在间歇性的水冰混合喷泉，很像美国黄石公园中的间歇泉。后来又发现南极表面存在许多虎皮纹状裂缝，而喷泉正是源自这些裂缝，因而认为冰层下方是液态水的海洋（图 4.24）。可能由于潮汐摩擦使温度达到溶冰温度，从而通过裂缝喷出表面。2010 年又在土卫二的大气中探测到水分子，从而证实喷泉是以液态水为主的水冰混合体。这是在太阳系中发现存在液态水的第三个天体（另两个是地球和木卫二）。“卡西尼号”还在土卫二表面发现存在碳、氮、氢和氧等元素，这些都是合成有机物的要素，是形成生命的必要条件，再加上存在液态水，使得土卫二成为太阳系中可能存在生命的天体之一。

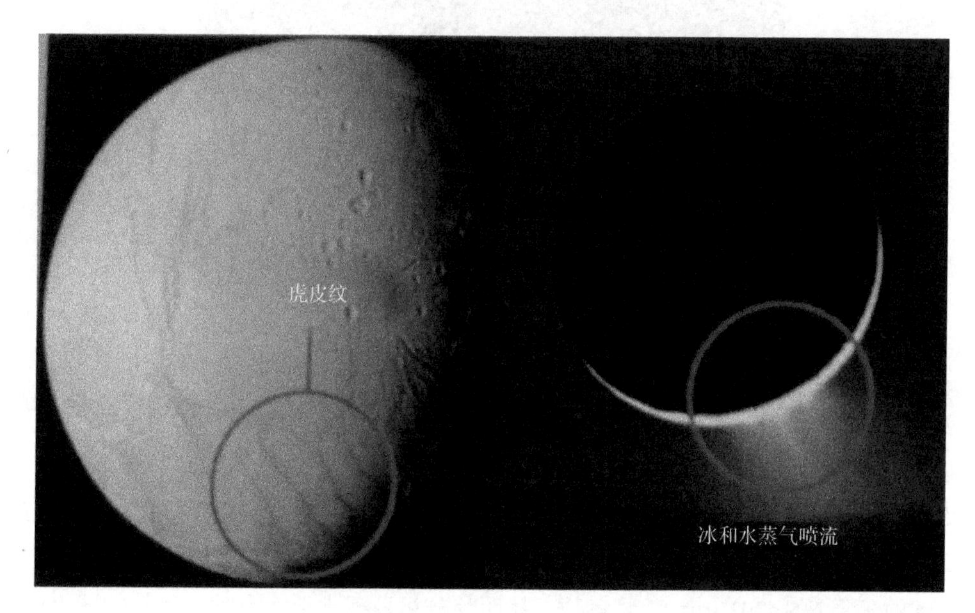

图4.24 “土卫二”南半球的虎皮纹（左）和喷发出的水冰混合流

6. 天王星和海王星

天王星（Uranus）直径为地球的 4 倍，质量为地球的 14.5 倍，平均密度为 1.3 克 / 厘米^3。它与太阳的平均距离约为 19.2 AU，公转周期为 84 年，自转周期为 16.8 小时，但自转方向为逆向（与公转方向相反）。天王星的赤道平面与轨道面的交角约为 98 度，因此它是一颗躺在轨道上自转的行星，其一年（84 个地球年）中的昼夜变化规律很复杂。1986 年 1 月美国航天器“旅行者 2 号”经过天王星时，曾经穿过它的光环，从而证实了 1977 年地面通过掩星观测发现的天王星存在光环。目前已发现天王星有 27 个卫星。“旅行者 2 号”发现天王星有浓密大气，主要成分为氢和氦，并且发现天王星也有磁场，以及磁层和辐射带结构。探测还表明天王星的外层大气厚度大约占天王星半径的二分之一，下方为液态氢和氦的海洋，其厚度约占半径的四分之一。

海王星（Neptune）比天王星略小，但却略重，直径约为地球的 3.9 倍，质量约为地球的 17 倍，密度为每立方厘米 1.76 克。海王星与太阳的平均距离约为 30 AU，公转周期约为 165 年。由于表面浓密的云层，自转周期难于测定。直到

1984 年才由地面红外望远镜测定为 17.8 小时（红外光能通过云层）。迄今已发现 13 个海王星的卫星。1989 年 8 月“旅行者 2 号”航天器经过海王星附近，探测到海王星的冰质光环和与天王星相似的大气结构，以及磁场和磁层。还发现海王星有一个大暗斑，与木星的大红斑相似。海王星的自转轴也是倾斜的，赤道面与轨道面的交角约为 30 度，因此也有一年 4 季变化。

三　太阳系的小天体

传统上的太阳系小天体是指比大行星小的所有太阳系天体，即小行星、彗星和流星，通常不包括大行星的卫星。第一节中所述的矮行星是处在大行星与传统小天体之间的天体，看来应属于广义的太阳系小天体范畴，不过目前只有几个，在此不再叙述。

1. 小行星

位于火星轨道与木星轨道之间的区域存在无数的小行星，因而称为小行星带。其中最大的谷神星直径约 1000 公里，已列入 2006 年 IAU 公布的“矮行星”行列。其余小行星的直径均小于 1000 公里，较大的几个为灶神星（525 公里），智神星（522 公里）和健神星（430 公里）。小行星的质量太小，极易受到其他天体引力的干扰（天文学上称为摄动），尤其是当它们运动到大行星附近时更是如此，因此它们的轨道很不稳定。只有那些较大的因而轨道相对稳定的小行星才能获得确认和获得国际编号。迄今已获得永久编号的小行星约为 21 万多颗，其中直径在 100 公里以上的只有 200 颗左右，直径 30 公里以上的约 1000 颗，直径 1 公里以上的估计超过 100 万颗。但小行星带中小行星总质量不及地球的千分之一。小行星的形状大都不是球形，而是像土豆或骨头等不规则状的硅酸盐石块，有些则含较多金属，有些还有卫星（图 4.25）。

较小的小行星轨道不稳定的后果之一就是有可能撞击地球。受到彗星与木星相撞事件的启发，以及认为约在 6500 万年前一颗直径约 10 公里的小行星撞击地球，导致地球生态灾难和恐龙灭绝，近 10 多年来人们已对较大小行星撞击地球的可能性予以特殊关注。通常把近日点小于 1.3 AU 的小行星称为近地小行星（NEA）或近地小天体（NEO），并把其轨道上有一点与地球距离小于 0.05 AU（约为月地距离的 20 倍）的小行星称为具有潜在威胁的小行星（PHA）。1998 年美国国会要求

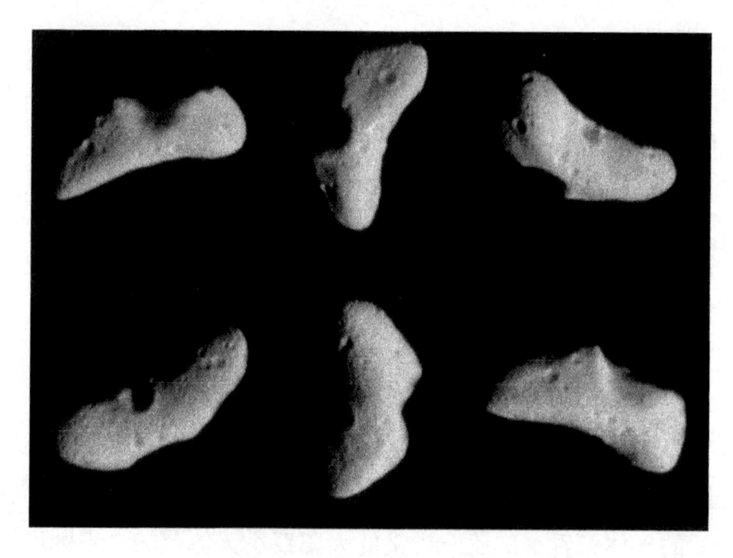

图4.25　形状多样的小行星

美国航天局负责安排跟踪直径大于 1 公里的 NEA，估计有 1100 余颗，至 2009 年 7 月止已找到其中 784 颗，现在应已全部找到剩下的约 300 颗。据估计这些小行星撞击地球的概率为 50 万年一次。其撞击规模相当于 1945 年投向日本广岛的原子弹的一千万倍，将造成上亿人的伤亡。2005 年美国国会又要求航天局监视 90% 以上直径大于 140 米的 NEA（估计有 2 万颗），其撞击地球的概率为 5000 年一次，对地球的损害会超过 2004 年的印度洋海啸，1908 年 6 月 30 日早上 7 点左右，一颗直径为 80 米的小行星撞击了俄罗斯东部的通古斯地区（相当于 200 颗广岛原子弹威力），造成 2000 平方公里森林着火和严重损毁。如果小行星晚几个小时到达，就有可能击中莫斯科地区，其后果不堪设想。理论上估计，这么大的小行星撞击地球的概率是 140 年一次，因此不能排除本世纪会发生这样的撞击事件。受到彗木相撞事件的推动，国际上已于 1994 年建立了小行星监测网。我国的国家天文台和紫金山天文台均为其成员。监测网已对近 900 颗 PHA 进行严密监测。迄今尚未发现未来几百年内有造成大灾难的小行星会撞击地球。目前认为如果发现具有撞击地球的小行星，采用炸毁的方法风险很大，因为碎片仍能对地球造成严重的损害。最好是采用引力牵引的方法，即发射足够重量的航天器与其并排运行，通过引力使其偏离轨道，离开地球。理论上估计，一个 200 吨重的航天器与直径 200 米的小行星并行，大约一年即可使其轨道偏离地球。

通常认为小行星是太阳系形成时残留的碎渣，内部早已没有热源使其发生物理或化学变化，从而保留了早先的原始状态，因此研究小行星可以得知太阳系形成早期的情况。然而地基光学和射电望远镜观测难以获得足够的信息，因此随着航天技术的进步，发射航天器到小行星进行贴近观测或登陆取样，甚至载人登上小行星也就逐步纳入科研日程。1996 年美国航天局发射了“尼尔－苏梅克号”小行星探测器，2000 年 2 月到达爱神星（第 433 号小行星），对其进行近距离探测。2003 年 5 月 9 日日本发射了重 495 公斤的“隼鸟号”小行星取样航天器，2005 年 9 月初到达距地球约 3 亿公里的丝川小行星（丝川为日本火箭之父）上空 20 公里处，并成为它的卫星。丝川小行星长 500 米，宽 300 米，形如土豆。“隼鸟”于 11 月 12 日离丝川约 60～70 米高度时投放大小仅 10 厘米的罐状“智彗女神”探测器（小型机器人），其任务是为“隼鸟”登陆作准备，但投放后失踪，估计已在天空中飘泊，也可能回落到丝川。11 月 20 日“隼鸟”按原计划降落丝川，按设计应发射出一金属钽弹，在小行星上打一个小洞，然后由探测器收集尘土。然而因故障未能发射出钽弹，第一次采样失败。“隼鸟”重新起飞，11 月 26 日第二次着陆，仅停留几秒钟，采样后开始返回地球的航程，但不能肯定是否采集到小行星样品。按计划“隼鸟”应于 2007 年 6 月返回地球，但因与地球失去联系达 7 个星期，只好延迟 3 年，于 2010 年 6 月在澳大利亚的沙漠降落。探测器主体进入地球大气层时燃烧殆尽，但提前释放出隔热密封舱。日本宇宙航空研究机构宣称，由电子显微镜分析证实密封舱中确有 1500 颗地外微粒，最大直径为 0.1 毫米，成分为橄榄石和斜长石等矿物晶体，这是人类首次获得小行星物质。

美国航天局于 2007 年 9 月发射“黎明号”小行星探测器，并于 2011 年 7 月到达灶神星（直径 525 公里），用照相机和光谱仪拍得清晰照片，并对其进行地形和化学组成探测。2015 年将到达谷神星，对它进行近距离探测。美国航天局 2006 年 1 月 19 日发射的“新视野号”冥王星探测器将于 2015 年到达冥王星，对其进行探测。美国航天局还计划于 2025 年前实现人类登陆小行星。已经选择了几个可以在 2025 年左右登陆的候选者，其大小与一幢办公楼相当。2007 年起美国的洛克希德－马丁公司已经启动了此项代号为“移民石”的计划。他们打算采用改进的“猎户座”航天舱。“猎户座”原先计划用于代替航天飞机，但在奥巴马总统决定放弃载人登月计划后曾被搁置，后来又作为国际空间站的逃逸装置而重生。“猎户座”的空间足以容纳一个推进器和二位航天员的生活区，要求发射火箭的推力与发射阿波罗载人登月的“土星－5 号”相当。实现完成小行星登陆任务的航天员必须适应长达约 6 个月的太空生活，因此可以作为载人登陆火星的一次预演。如果实现了载人登陆小行星的任务，其成就应可与载人登月并列。

2. 彗星

彗星是带尾巴的太阳系天体，在民间俗称扫帚星。它们实际上是由冰以及沙粒和尘埃组成的凝块，冰的成分居多，其结构膨松，密度小于每立方厘米 1 克。它们绕太阳运动的轨道五花八门。若其椭圆轨道的近日点进入内太阳系，则可在近日点附近看到它们；当它们在外太阳系运行时就无法看见。由于它们的质量不大，易受其他太阳系天体，尤其是大行星的引力扰动，故轨道并不稳定。若是抛物线或双曲线轨道，则不会周期性出现，经过内太阳系后将一去不复还。当彗星的日心距超过 4 AU 时，系处于冻结状态，距离减小到 3 AU 时开始溶化成气体，成为具有一定角径的朦胧状星体，中央部分称为彗核，外围的朦胧状包层称彗发，二者合称彗头。当日心距达到 2 AU 时，由于物质进一步融化，在太阳辐射压力和太阳风微粒共同作用下，形成背向太阳的扇形尾巴，称为彗尾。其长度可达几百万至几千万公里，非常壮观。彗尾中往往可以分辨出两种成分，一为由电中性尘埃反射太阳光形成的橙黄色彗尾，在太阳光压和太阳风粒子压力与彗星运动惯性力的合力作用下成弯曲状扇形展开；另一为蒸发出来的带电离子在太阳光压和太阳风压与彗星惯性力和行星际磁场共同作用下形成稍直的蓝色离子尾。通常把回归周期短于 200 年的彗星称为短周期彗星，其源区为柯伊伯带。换句话说，柯伊伯带是短周期彗星库。周期更长的彗星似乎来源于太阳系周围的奥尔特云区。

最著名的周期彗星是哈雷彗星（图 4.26）。英国天文学家哈雷于 1682 年首次看到这颗彗星，并且预言它将再次出现，1759 年真的再现天空，只比他的预言晚了一年，人们为纪念他把此彗星称为哈雷彗星。它的近日点距太阳约为 0.6 AU，远日点约为 35 AU，回归周期为 76 年，因此很少有人能在一生中二次看到哈雷彗星。文献上记载出现于 1910 年的哈雷彗星非常壮观，其彗尾长度扫过半个天空。1986 年再次出现时，因它的近日点离地球较远，看到的彗星景象远不如预期的印象深刻，不过仍有苏联、日本和欧洲共发射了 5 个航天器对其进行穿越彗星大气的近距离探测，其中欧洲“乔托号”航天器与彗核的距离仅 600 公里。探测结果表明哈雷彗星核长度约 12 公里，宽度约 8 公里，估计其质量约为 1000 亿吨。主要成分是水，约占 80%，其余为氢、氧、氮、碳、硅、铁和镁等金属。哈雷彗星下一次将在 2061 年出现。

近年出现的另一著名彗星是海尔 – 波普彗星（图 4.27）。它是一个回归周期长达2000多年的长周期彗星，其近日点离太阳约7.1 AU，远日点约400 AU，轨道面与赤道面几乎垂直。它于1997年4月通过近日点附近时,亮点达到 –0.8星等，傍晚可用肉眼看到。非常巧合的是1997年3月9日上午9点08分我国黑龙江地区发生日全食时，人们看到在暗黑的天空中银白色的日冕环绕着黑太阳与不远处的海尔–波普彗星同时出现，这是千载难逢的奇特景观。

图4.26 哈雷彗星

图4.27 海尔–波普彗星

1999年2月美国发射了探测彗星的“星尘号”探测器（重量46公斤，大小与书柜相当），经过5年约40多亿公里的行程后，于2004年穿越在火星轨道外面的怀尔德2号彗星的彗尾，在约240公里的近距离拍摄到彗核照片，并采集了彗尾微粒物质。彗星物质采集方案的设计者为美国加州理工学院的华裔科学家邹哲，他设计出一种结构膨松的硅气凝胶网格，能有效收集彗星微粒。2006年1月15日“星尘号”借降落伞在美国犹他州沙漠安全降落。这是人类首次采集到彗星物质，将提供科学家进行仔细的分析研究。2001年9月美国还发射了“深空1号”探测器，深入距地球2.2亿公里的波莱利彗星的彗发，拍摄并传回彗核的资料。

2005年1月美国航天局发射了深度撞击彗星的探测器，其目标是撞击探测坦普尔 –1号彗星（航程4.3亿公里，航时6个月）。探测器携带撞击器和望远镜，撞击器本身携带照相机。撞击过程由500公里外的探测器望远镜观察，撞击器实施撞击时由自身携带的照相机拍摄，照相机的分辨率为4米。坦普尔 –1号彗核长约14公里，宽5公里，表面有山脉和环形山。该项目耗资约3亿美元。2005年7月4日(美国国庆),撞击器对彗星进行撞击(当时彗星距地球约1.34亿公里)，撞击产生了“焰火表演”，彗星下部出现闪光，一团碎片溅入太空，借助电视直播，夏威夷海滩上的一万多人目睹了这一“科幻影片”。圆筒形撞击器的重量为840磅，撞击效果相当于4.5吨炸药。预计撞击将产生一个足球场大小的大坑，深度达几层楼高，形成的火树银花则来自尘埃对太阳光的反射。但这些粉尘却挡住了探测器上望远镜和照相机的视线，不过地面的望远镜观测表明撞击前后的彗星图象有明显差别。后来美国航天局又把2004年采集怀尔德2号彗星样品后返回地球的“星尘号”探测器翻修后重新发射（改称“星尘2号”），于2011年2月14日到达坦普尔–1号彗星，在距彗核193公里处进行探测，从发回的照片可清晰看出上次被“深度撞击”所撞击而形成的撞击坑直径达150米，中间有小的隆起。

欧洲空间局于2004年2月发射了造价高达12.5亿美元的“罗塞塔”彗星探测器，其任务是于2014年8月到达距地球6.75亿公里的格拉西缅科彗星（直径3000米），计划在彗核附近停留几周后再发射登陆器，实现首次在彗星上软着陆。登陆器中有研究彗核结构的仪器，还将绘制彗核结构的三维图，并把数据发回地球，目的是研究生命起源。“罗塞塔”是经由地球与火星之间的4次助推之后飞向彗星的，航程为71亿公里，历时10年。欧空局于2010年7月11日宣称，“罗塞塔”于2010年7月10日到达直径为134公里的岩石小行星特鲁西亚附近，二者相距只有3200公里，并对其拍摄了400多幅照片。

3. 流星和流星雨

微型小行星若运动到地球附近时，可能抵挡不住地球引力而进入地球大气，并因摩擦而致热，从而使它所经过的沿途大气原子和分子受激而发光，在夜空中形成发光长弧，这就是流星，若其中有特别亮的流星体本身燃烧，就成了火流星（图4.28）。若流星体很小，进入大气过程中将会全部烧完，不留残存物。若流星体较大，则不会烧尽，残存体落到地面，即是陨石。实际上陨石有以硅酸盐为主的石质陨石和以金属为主的铁陨石之分，也有少数处于中间的石铁陨石。1976年3月8日在我国吉林市曾落下1770公斤的大陨石和大量较小的碎片，均为石陨石。在新疆乌鲁木齐市展览馆中展示的则是一块约30吨重的铁陨石。

图4.28　流星

形成流星的天体物质的大小估计从几十米至微小的颗粒。若地球在轨道上运动过程中与一团小沙粒相碰（如彗尾中的物质），则将造成天空中在短时间内出现大量流星的现象，称为流星雨（图4.29）。出现流星雨时，人们往往会看到所有流星似乎是从天空中同一位置向四周辐射出去的，其实这位置正是地球在轨道上的运动速度方向在天空中的指向。例如，每年11月17或18日出现的狮子座流星雨，看到的流星似乎都是由狮子星座中某一点向外辐射出去的，实际上这一点就是地球运动速度在太空中指向狮子星座的方向点（图4.30）。狮子座流星雨的尘埃源头是一颗名为坦普尔－塔特尔的彗星碎裂而产生的大量尘埃，它们散布在这个彗星的轨道上，每年11月17或18日当地球到达最靠近这颗彗星的轨道时，就会与这些尘埃相遇，形成流星雨。一般将看到每小时出现几十颗或几百颗流星。另一方面，坦普尔－塔特尔彗星的运动周期为33.2年，因此每经33.2年，彗星主体（已经碎裂成极为密集的尘埃团）经过与地球最接近的轨道点时，将有特别多的尘埃进入地球大气，形成特大的流星雨，就会看到每小时出现几千或上万颗流星的壮丽景象，常被称为流星暴，每33.2年一次。由此可见所谓狮子座流星雨其实与处在极为遥远处的狮子座中的恒星毫无关系。

图4.29　流星雨

图4.30　流星形成原因

构造如此独特的太阳系是如何形成的？这一问题目前并未完全弄清，唯一的共识是太阳系是由一团原始星云演变成的，关于它的形成和演变尚在探讨之中。为此除了对太阳系本身进行各种研究外，天文学家还试图从太阳系以外的恒星世界寻找帮助，就是观测和研究一些正在诞生和演化中的恒星的情况，希望能得到启示。为了研究太阳系的起源，美国曾于 2001 年 8 月 8 日发射了“起源号”探测器，其主要目的是收集太阳风和行星际尘埃。探测器发射到距地球 150 万公里的第一拉格拉日点（L1）附近游荡，利用携带的几套硅化玻璃盘（直径 10 厘米）来收集太阳风和行星际尘埃。历时 3 年多估计可捕捉到 10 亿个粒子，2004 年 4 月 1 日开始返回地球，重量约 200 公斤的返回舱于 2004 年 9 月 1 日降落在美国犹他州沙漠中，但因故障未能打开降落伞，返回舱落地时已开裂变形。不过美国航天局仍然于 2004 年 9 月 23 日宣布在返回舱中取得地外物质，有相当一部分样品完好，并且认为这是自美国和苏联携带回月球物质之后的第三批地外物质。

第五章　仰望浩瀚的星空

一　星座、星名和星等

在无月的晴日夜晚，当你站在远离城市灯光的旷野仰望满天星斗，一定会想这些星星到底是什么样的天体？它们离我们有多远？有多大？为何会发光？每一个星星的情况一样吗？……经过天文学家的长期探索，已经积累了关于星星的大量知识。首次要指出的是在肉眼看到的满天星斗中，除了少数几个是行星（金星、火星、木星和土星，水星离太阳太近，很难看见）和星云之外，其余全部是同太阳一样自身能够发光的天体——恒星，换句话说，它们都是远方的太阳。值得注意的是汉字“恒”意为永恒和不变，这是指它们在天空中相对位置看起来没有变化，至少在几千年的时间中难以觉察它们的相对位置有明显变化，不像几个行星那样会在不变的星空背景中有明显的移动。恒星在几千年间的相对位置没有明显变化的根本原因就是它们离我们实在太远。实际上根据天文学家的研究结果，每个恒星都是处在运动当中，其运动速度为每秒几百公里量级。然而由于它们离我们的距离至少在几光年（“光年”是光在一年当中所走的距离，天文学上常用光年表示恒星和其他天体的距离，一光年等于94605亿公里），因此即使是那些离我们最近的（约4.2光年）和运动最快（其在天空中的移动速度约为每年10"），在一千年当中的方向变化也只有2.°7，肉眼是难以觉察其变化的，这与我们看不出10公里以外的蚂蚁是在爬行（假定能够看见它们）的道理是一样的。

我们并不知道每颗星星离我们有多远，但从感觉上好像它们与我们的距离都是一样的，都是被钉贴在“天穹”上的。但“天穹”的半径有多大？我们又回答不出来。为此天文学家定义了一个新概念,称为“天球”。天球就是以观测者为中心、半径为无穷大（或者任意大小）的球面，其实就是天穹。不过这样定义之后，我们就把天穹专业化和学术名词化了。有了天球的定义，我们就可以准确地给出星星在天球（天穹）上的位置，就是把星星的位置数字化。其方法就是仿照地球上的经纬度。地面上某点的经纬度是通过地面上的二条基准线确定的：一条即地球的赤道，另一条是通过英国格林尼治天文台的子午线（称为原始经圈）。某地点的经度即指该地点的子午线（通过该地点和地球南北极的大圆）与原始经圈之间的交角；而该地点的纬度是指该地与地心连线相对于赤道面的交角。与此相似，天球的基准线也有两条：一条是地球赤道向外无限延伸后与天球的交线，称为天赤道。而地球自转轴向外无限延伸后与天球相交的两个点则分别称为天球北极和南极（分别对应于地球北极和南极），天球的另一条基准线则是天球面上通过天球南北两极和春分点的大圆，也称为天球初始经圈。春分点就是地球轨道面向外无限延伸后与天球相切的大圆（称为黄道，黄道与天球赤道的交角是23° 21′ 20″）与天球赤道的两个交点中从地球看到太阳通过它从天球南半球进入北半球的那个交点。天球赤道与黄道的另一个交点与春分点相差180°,称为秋分点。春分点（在白羊星座）和通过它的天球初始经圈在天球上是固定的，不过由于地球自转，因此从地球上的观测者看来，它们在天空中与星星一起东升西落。于是人们可以通过天球上的这二条基准线来确定任何星星在天球上的位置：把通过该星星的大圆（即通过该星的子午线）与天球初始经圈之间的交角称为该星的赤经，并规定沿天体东升西落相反方向度量，以时（h），分（m），秒（s）表示（1^h=15°，1^m=15′，1^s=15"），从0点至24点；把该星同观测者连线与天赤道的交角定义为该星的赤纬，分为北纬（+）和南纬（–），以角度（°）、角分（′）和角秒（″）表示。例如最亮的恒星天狼星的赤经和赤纬近似为赤经 $\alpha=6^h45.^m2$，赤纬 $\delta=-16°\ 43'$ 。每颗星星都有一个准确的地址，这相当于户口管制，在密密麻麻的星星之间也就不会出现哪颗星与哪颗星相混淆的事了。

根据统计，人们肉眼可见的全天球恒星总数大约为7000颗，站在地面某处只能看到半个天球，即大约只能看到3000多颗。当然，每个人的眼睛视力不同，看到的数量会有所差别。几千颗星星有亮有暗，杂乱无章，如何辨别它们呢?最方便的办法就是进行分区，就像地球上的不同国家有不同国界那样。国际上通行的是把全天恒星划分成88个星座，每个星座的区域大小差别较大（图5.1至图5.4）。许多星座的名称是根据其中亮星的分布，与古埃及和古希腊中神话相联系来命名的。例如仙王座、仙后座、武仙座、人马座、英仙座、猎户座和双子座等，有的则与动物相联系，为大犬座、小犬座、狮子座、天蝎座、天鹅座、天鹰座和飞马座等，有的与器具有关，如天秤座和圆规座等。每个星座用拉丁文命名，并由三个字母构成省略名。88个星座的拉丁文名称和省略名以及它们的中文译名列于表5.1中。

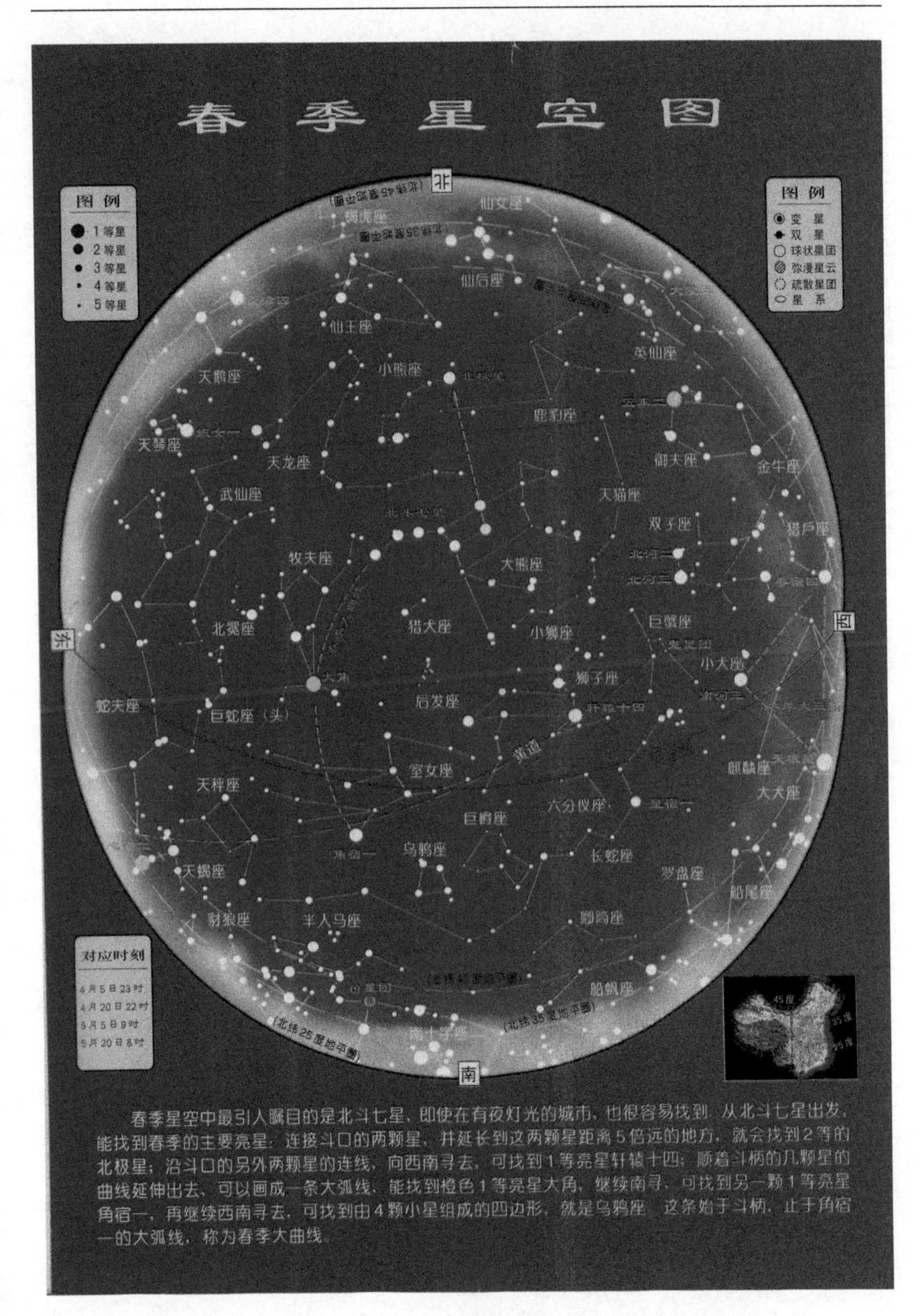
春季星空图
图例
1等星
2等星
3等星
4等星
5等星
图例
变星
双星
球状星团
弥漫星云
疏散星团
星系
北
南
东
西
仙女座
仙后座
仙王座
小熊座
英仙座
天鹅座
鹿豹座
天琴座
天龙座
御夫座
金牛座
武仙座
天猫座
双子座
猎户座
牧夫座
大熊座
北冕座
猎犬座
小狮座
巨蟹座
小犬座
大角
狮子座
蛇夫座
巨蛇座（头）
后发座
轩辕十四
黄道
室女座
麒麟座
天秤座
大犬座
六分仪座
巨爵座
乌鸦座
角宿一
长蛇座
天蝎座
罗盘座
船尾座
豺狼座
半人马座
唧筒座
船帆座
对应时刻
4月5日23时
4月20日22时
（北纬35度地平圈）
（北纬25度地平圈）
南十字座
45度
35度
25度
春季星空中最引人瞩目的是北斗七星，即使在有夜灯光的城市，也很容易找到。从北斗七星出发，能找到春季的主要亮星：连接斗口的两颗星，并延长到这两颗星距离5倍远的地方，就会找到2等的北极星；沿斗口的另外两颗星的连线，向西南寻去，可找到1等亮星轩辕十四；顺着斗柄的几颗星的曲线延伸出去，可以画成一条大弧线，能找到橙色1等亮星大角，继续南寻，可找到另一颗1等亮星角宿一，再继续西南寻去，可找到由4颗小星组成的四边形，就是乌鸦座。这条始于斗柄，止于角宿一的大弧线，称为春季大曲线。

图5.1　春季星空

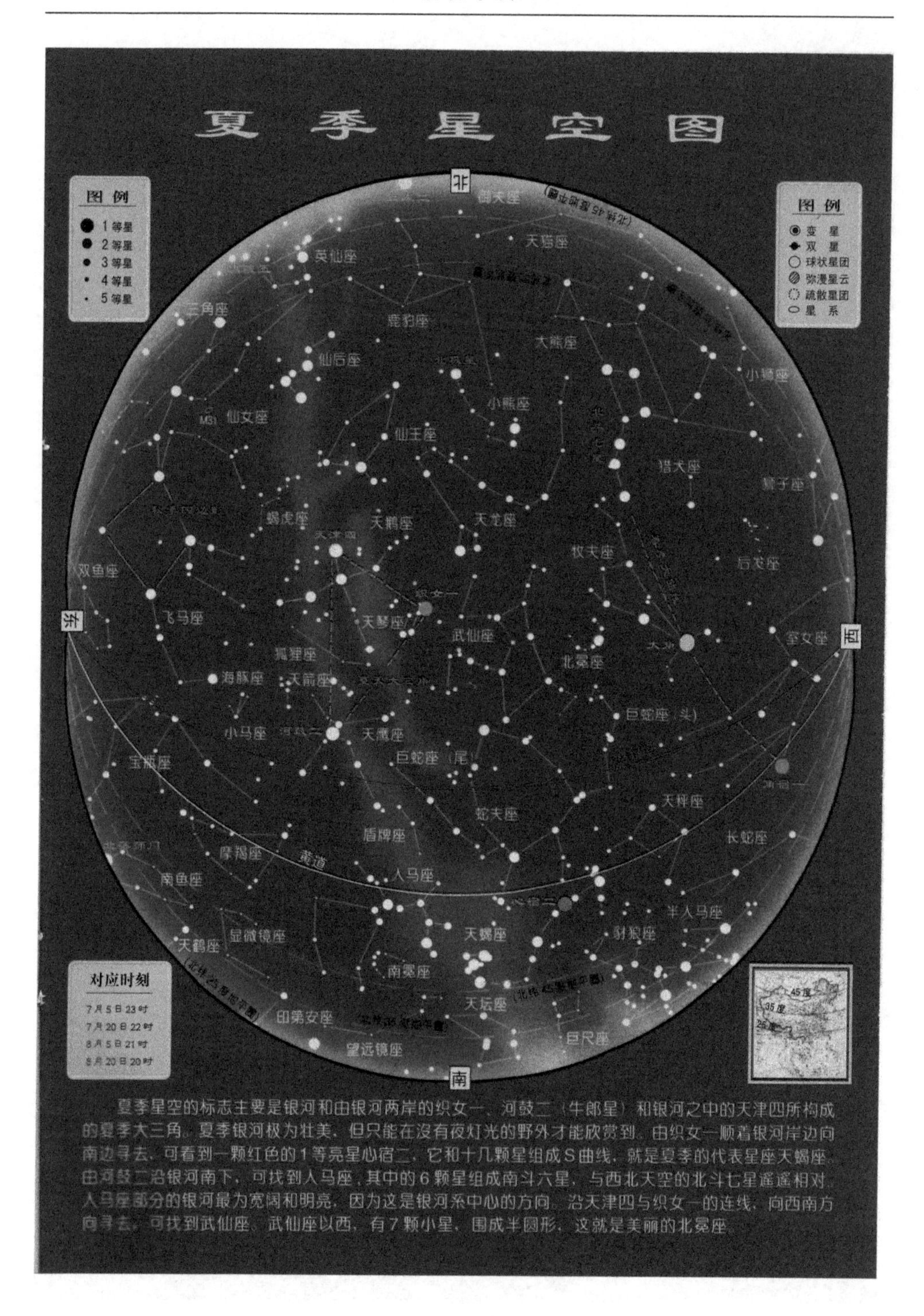
夏季星空图
图例
1 等星
2 等星
3 等星
4 等星
5 等星
图例
变　星
双　星
球状星团
弥漫星云
疏散星团
星　系
北
东
西
南
仙后座
英仙座
三角座
鹿豹座
天猫座
大熊座
小狮座
仙女座
小熊座
仙王座
猎犬座
狮子座
蝎虎座
天鹅座
天龙座
牧夫座
后发座
双鱼座
飞马座
天琴座
武仙座
室女座
狐狸座
北冕座
海豚座
天箭座
巨蛇座（头）
小马座
天鹰座
巨蛇座（尾）
宝瓶座
天秤座
蛇夫座
盾牌座
长蛇座
摩羯座
黄道
人马座
南鱼座
半人马座
天蝎座
豺狼座
天鹤座
显微镜座
南冕座
天坛座
印第安座
巨尺座
望远镜座
天津四
织女一
河鼓二
大角
心宿二
M31
对应时刻
7 月 5 日 23 时
7 月 20 日 22 时
8 月 5 日 21 时
8 月 20 日 20 时
45 度
35 度
25 度
夏季星空的标志主要是银河和由银河两岸的织女一、河鼓二（牛郎星）和银河之中的天津四所构成的夏季大三角。夏季银河极为壮美，但只能在没有夜灯光的野外才能欣赏到。由织女一顺着银河岸边向南边寻去，可看到一颗红色的1等亮星心宿二，它和十几颗星组成S曲线，就是夏季的代表星座天蝎座。由河鼓二沿银河南下，可找到人马座，其中的6颗星组成南斗六星，与西北天空的北斗七星遥遥相对。人马座部分的银河最为宽阔和明亮，因为这是银河系中心的方向。沿天津四与织女一的连线，向西南方向寻去，可找到武仙座、武仙座以西，有7颗小星，围成半圆形，这就是美丽的北冕座。

图5.2　夏季星空

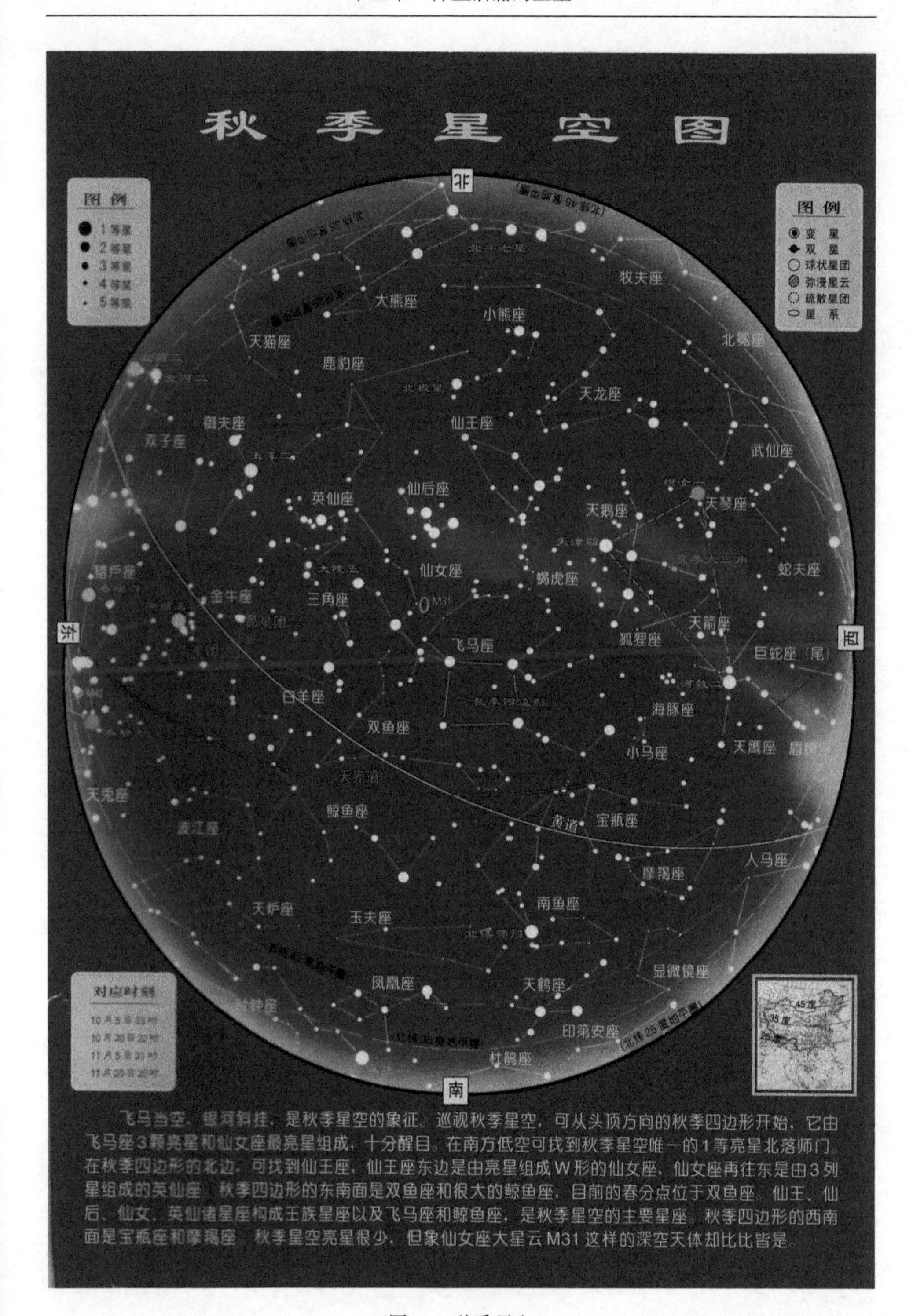
秋季星空图
图例
1等星
2等星
3等星
4等星
5等星
图例
变星
双星
球状星团
弥漫星云
疏散星团
星系
北
南
东
西
大熊座
小熊座
牧夫座
天猫座
鹿豹座
北冕座
天龙座
御夫座
双子座
仙王座
武仙座
英仙座
仙后座
天鹅座
天琴座
仙女座
蝎虎座
蛇夫座
金牛座
三角座
M31
天箭座
狐狸座
飞马座
巨蛇座（尾）
白羊座
海豚座
双鱼座
小马座
天鹰座
天赤道
天兔座
鲸鱼座
黄道
宝瓶座
人马座
摩羯座
天炉座
南鱼座
玉夫座
显微镜座
凤凰座
天鹤座
时钟座
印第安座
杜鹃座
对应时刻
飞马当空、银河斜挂，是秋季星空的象征。巡视秋季星空，可从头顶方向的秋季四边形开始，它由飞马座3颗亮星和仙女座最亮星组成，十分醒目。在南方低空可找到秋季星空唯一的1等亮星北落师门。在秋季四边形的北边，可找到仙王座，仙王座东边是由亮星组成W形的仙女座，仙女座再往东是由3列星组成的英仙座。秋季四边形的东南面是双鱼座和很大的鲸鱼座，目前的春分点位于双鱼座。仙王、仙后、仙女、英仙诸星座构成王族星座以及飞马座和鲸鱼座，是秋季星空的主要星座。秋季四边形的西南面是宝瓶座和摩羯座。秋季星空亮星很少，但象仙女座大星云M31这样的深空天体却比比皆是。

图5.3　秋季星空

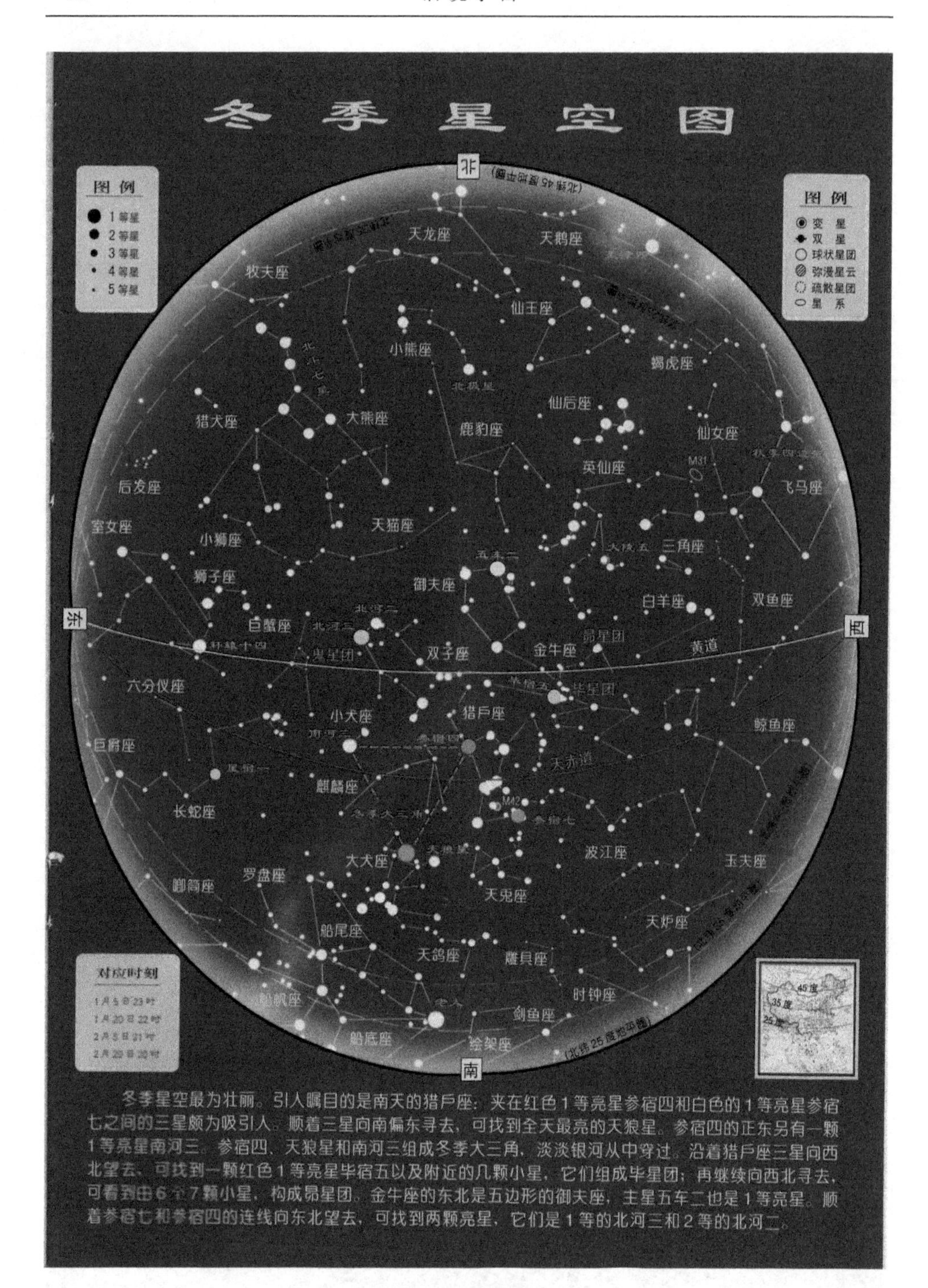
冬季星空图
北
南
东
西
图例
1等星
2等星
3等星
4等星
5等星
图例
变星
双星
球状星团
弥漫星云
疏散星团
星系
对应时刻
1月5日23时
1月20日22时
2月5日21时
2月20日20时
(北纬45度地平圈)
(北纬25度地平圈)
天龙座
天鹅座
牧夫座
仙王座
小熊座
北极星
蝎虎座
北斗七星
仙后座
猎犬座
大熊座
鹿豹座
仙女座
M31
英仙座
飞马座
后发座
天猫座
室女座
小狮座
大陵五
三角座
五车二
狮子座
御夫座
白羊座
双鱼座
北河二
巨蟹座
北河三
昴星团
轩辕十四
鬼星团
双子座
金牛座
黄道
六分仪座
毕宿五
毕星团
小犬座
猎户座
鲸鱼座
南河三
参宿四
巨爵座
天赤道
星宿一
麒麟座
M42
长蛇座
冬季大三角
参宿七
天狼星
波江座
大犬座
玉夫座
罗盘座
唧筒座
天兔座
天炉座
船尾座
天鸽座
雕具座
船帆座
时钟座
老人
剑鱼座
船底座
绘架座
45度
35度
25度
冬季星空最为壮丽。引人瞩目的是南天的猎户座：夹在红色1等亮星参宿四和白色的1等亮星参宿七之间的三星颇为吸引人。顺着三星向南偏东寻去，可找到全天最亮的天狼星。参宿四的正东另有一颗1等亮星南河三。参宿四、天狼星和南河三组成冬季大三角，淡淡银河从中穿过。沿着猎户座三星向西北望去，可找到一颗红色1等亮星毕宿五以及附近的几颗小星，它们组成毕星团；再继续向西北寻去，可看到由6至7颗小星，构成昴星团。金牛座的东北是五边形的御夫座，主星五车二也是1等亮星。顺着参宿七和参宿四的连线向东北望去，可找到两颗亮星，它们是1等的北河三和2等的北河二。

图5.4　冬季星空

表5.1　全天星座表

拉丁名	省略号	中文名	拉丁名	省略号	中文名
Andromeda	And	仙女座	Lacerta	Lac	蝎虎座
Antlia	Ant	唧筒座	Leo	Leo	狮子座
Apus	Aps	天燕座	Leo Minor	LMi	小狮座
Aquarius	Aqr	宝瓶座	Lepus	Lep	天兔座
Aquila	Aql	天鹰座	Libra	Lib	天秤座
Ara	Ara	天坛座	Lupus	Lup	豺狼座
Aries	Ari	白羊座	Lynx	Lyn	天猫座
Auriga	Aur	御夫座	Lyra	Lyr	天琴座
Boots	Boo	牧夫座	Mensa	Men	山案座
Caelum	Cae	雕具座	Microscopium	Mic	显微镜座
Camelopardalis	Cam	鹿豹座	Monoceros	Mon	麒麟座
Cancer	Cnc	巨蟹座	Musca	Mus	苍蝇座
Canes Venatici	CVn	猎犬座	Norma	Nor	矩尺座
Canis Major	CMa	大犬座	Octans	Oct	南极座
Canis Minor	Cmi	小犬座	Ophiuc	Oph	蛇夫座
Capricornus	Cap	摩羯座	Orion	Ori	猎户座
Carina	Car	船底座	Pavo	Pav	孔雀座
Cassiopeia	Cas	仙后座	Pegasus	Peg	飞马座
Centaurus	Cen	半人马座	Perseus	Per	英仙座
Cepheus	Cep	仙王座	Phoenix	Phe	凤凰座
Cetus	Cet	鲸鱼座	Pictor	Pic	绘架座
Chamaeleon	Cha	蝘蜓座	Pisces	Psc	双鱼座
Circinus	Cir	圆规座	Piscis Austrinus	PsA	南鱼座
Columba	Col	天鸽座	Puppis	Pup	船尾座
Coma Berenices	Com	后发座	Pyxis	Pyx	罗盘座
Corona Austrina	CrA	南冕座	Reticulum	Ret	网罟座
Corona Borealis	CrB	北冕座	Sagitta	Sge	天箭座
Covus	Crv	乌鸦座	Sagittarius	Sgr	人马座
Crater	Crt	巨爵座	Scorpius	Sco	天蝎座
Crux	Cru	南十字座	Sculptor	Scl	玉夫座
Cygnus	Cyg	天鹅座	Scutum	Sct	盾牌座

续表

拉丁名	省略号	中文名	拉丁名	省略号	中文名
Delphinus	Del	海豚座	Serpens	Ser	巨蛇座
Dorado	Dor	剑鱼座	Sextans	Sex	六分仪座
Draco	Dra	天龙座	Taurus	Tau	金牛座
Equuleus	Equ	小马座	Telescopium	Tel	望远镜座
Eridanus	Eri	波江座	Triangulum	Tri	三角座
Fornax	For	天炉座	Triangulum Australe	TrA	南三角座
Gemini	Gem	双子座	Tucana	Tuc	杜鹃座
Grus	Gru	天鹤座	Ursa Major	UMa	大熊座
Hercules	Her	武仙座	Ursa Minor	UMi	小熊座
Horologium	Hor	时钟座	Vela	Vel	船帆座
Hydra	Hya	长蛇座	Virgo	Vir	室女座
Hydrus	Hyd	水蛇座	Volans	Vol	飞鱼座
Indus	Ind	印第安座	Vulpecula	Vul	狐狸座

显然，同一星座中的恒星与观测者的距离并不相同，而是相差很大。它们并非同一伙的星星，而仅仅是由于在方向上处在同一天区而被划分在同一星座，它们之间并无物理联系。例如著名的猎户座几颗亮星的距离从500至2000光年不等，猎人肩膀上红色亮星（参宿四）的距离是500光年，大腿上蓝星（参宿七）约为800光年，中央的猎户座大星云约为1500光年(图5.5)。地球环绕太阳运动过程中，

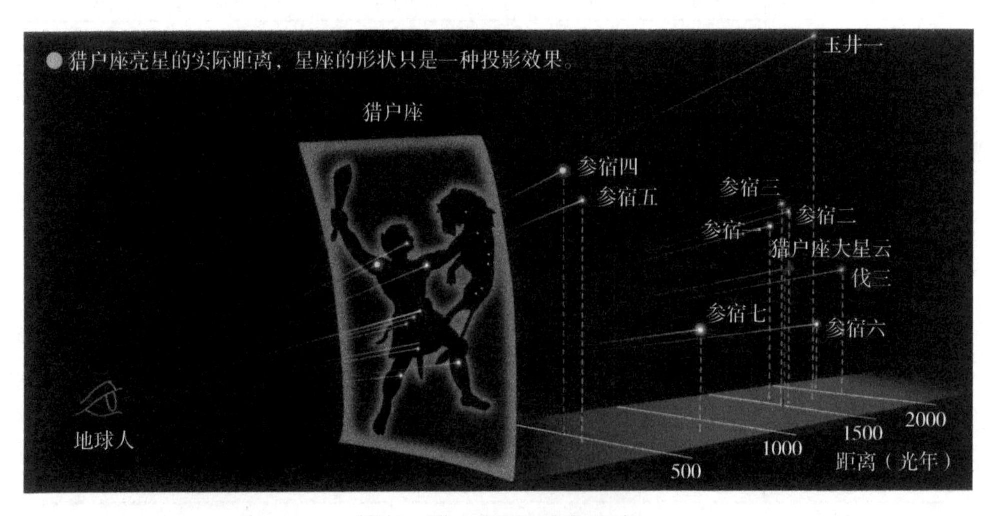

图5.5　猎户座恒星实际距离

我们将看到太阳在天球上沿黄道移动，黄道所贯穿的星座有12个，称为黄道十二宫，它们是白羊座（Ari）、金牛座（Tau）、双子座（Gem）、巨蟹座（Cnc）、狮子座（Leo）、室女座（Vir）、天秤座（Lib）、天蝎座（Sco）、人马座（Sgr）、摩蝎座（Cap）、宝瓶座（Aqr）、双鱼座（Psc）。不过由于各星座的范围相差较大，太阳在每个星座的停留时间并不相同，黄道十二宫并不与全年12个月准确对应。并且实际上黄道贯穿的是十三个星座，即应加上天蝎座与人马座之间的蛇夫座（Oph），不过习惯上仍称为黄道十二宫。当太阳走到某个星座时，这个星座及其前后几个星座由于强烈的太阳光背景，因而是看不见的，我们最容易看到的星空应是与太阳相对的方向（即经度与太阳相差180度）的星空。因此不同季节和不同月份的夜晚同一时刻（例如晚上8点）看到的星空是不一样的，即看到不同的星座（图5.1至图5.4）。地球上的观测者看到的星空变化是由两个因素造成的，即地球的自转和公转。规定在夜晚同一时刻（例如晚上8点）就是排除地球自转的因素，于是看到的星空变化就单纯是由于地球在轨道上公转（从而不同季节和月份）造成的。这样，若以晚上8点为准，则在一年中的不同月份我们看到的主要星座将是：

一月：英仙、波江、金牛。

二月：猎户、天兔、鹿豹、御夫、大犬。

三月：双子、麒麟、小犬、天猫、巨蟹。

四月：小狮、狮子、六分仪、长蛇。

五月：大熊、后发、猎犬。

六月：室女、牧夫、半人马。

七月：天秤、巨蛇、北冕、小熊、天蝎。

八月：天龙、武仙、蛇夫、巨蛇、天马、天琴。

九月：天鹰、魔蝎、天鹅、海豚。

十月：仙王、宝瓶、飞马。

十一月：双鱼、仙女。

十二月：仙后、鲸鱼、三角、白羊。

星星除了有户口所在地（赤经和赤纬）外，还有自己的名字。国际上通用的命名法规定按每颗星在星座中的目视亮度排序（并不太严格），用希腊字母顺序命名。因希腊字母只有24个，故超过24后用数字表示。例如大犬座最亮的星（天狼星）即大犬座 α 星，简记为 α CMa，猎户座的第二亮星名为猎户

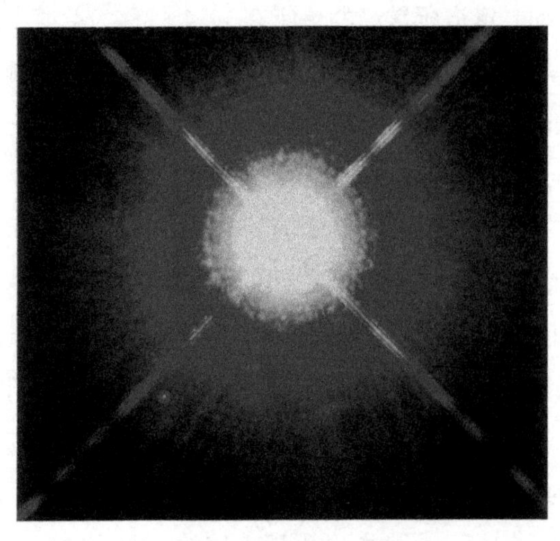
图5.6　天狼星及其伴星

座 β 星，简记为 β Ori，天鹅座的 61 号星为 61 Cyg 等。对于一些亮星，往往有专用名字，例如天狼星是 Sirius（图 5.6），织女星（α Lyr）是 Vega 等，这一点与中文中亮星有专名相似。

早在公元前 100 多年，希腊人依巴谷就把肉眼可见的星星按不同亮度分为 6 个等级，把最亮的大约 20 颗星星定为 1 等星，肉眼勉强可见的最暗星定为 6 等星（图 5.7）。到了近代，利用精确的测光技术，人们发现上述人为规定的 1 等星的平均光度几乎是 6 等星平均光度的 100 倍，可见相邻星等之间的光度差别是 $\sqrt[5]{100}=2.512$ 倍。随着把照相技术引入天文观测，人们不仅能观测到人类肉眼无法看到的比 6 等星更暗的星星，还可以通过照相测光技术，对照相底片上星点的暗黑程度（称为黑度）的测量，来确定恒星的星等，而且远比依靠肉眼估计更为客观和更为精确。于是天文学家决定采用照相方法，包括仿照人眼的感光特征，选定统一的底片型号、照相时在望远镜光路中附加滤光片的类型等，再通过底片测量来精确定出星等。这样的措施导致的两个结果是：（a）使星等的精度达到小数点之后二位有效数字；（b）使星等向二端扩展，亮星扩展到比 1 等星更亮的 0 等星、–1 等星和 –2 等星……，暗星扩展到比 6 等星更暗的 7 等星、8 等星……，直到 20 等以上。因而精确测定的天狼星是

图5.7　金牛座的昴星团

$-1.^m46$（其上标 m 表示星等），织女星是 $0.^m03$，牛郎星（α Agl，又称河鼓二）是 $-0.^m77$，可见织女星比牛郎星更亮，而口径为 2 米的地面望远镜能够观测到的暗星约在 20 等以上。

需要说明的是这样定出的星等是无量纲的数值，仅仅是恒星亮度的相对等级，所谓恒星亮度实际上是指观测者所在处该恒星产生的照度，即观测者所在处与恒星光束垂直的单位面积上单位时间所通过的辐射流量，其单位（量纲）是勒克斯（lx）。星等与亮度的关系相当于工作人员的工资级别与工资的关系，级别是相对的，没有单位，工资则与薪金的多少对应，即多少元人民币，是有单位的。恒星在观测者处（不管是人的视网膜或是照相底片）产生的亮度取决于两个因素：一是恒星本身的发射功率，也称为光度，发射功率（光度）愈大的恒星在观测者处产生的辐射流量（亮度）愈大；另一因素是恒星与观测者的距离，恒星在观测者处产生的照度（亮度）与距离平方成反比，距离愈大、照度（亮度）愈小。因此这样测定的星等实际上也是取决于恒星的光度和恒星与观测者的距离，即包含距离的因素在里面，并不代表恒星真正的光度（发射功率）。人们把这样测定的星等称为视星等（简称星等），以区别于以后将要谈到的已扣除距离因素后从而代表恒星真正光度的绝对星等。至于光度与亮度的关系，其中涉及距离的因素。在假定恒星辐射为各向同性以及知道恒星距离的情况下，光度与亮度的关系就完全确定，知道光度就可推得亮度，反之亦然。现以太阳为例说明（参阅第二章）。我们曾经定义“太阳常数”为地球大气外日地平均距离（即一个天文单位）处，垂直于太阳光束方向单位面积在单位时间内接收到的所有波段的太阳辐射能。其实测数值为 S=1367 瓦 / 米 ^{2}。它实际上就是在日地平均距离处看到的太阳亮度。把 S 乘以日地平均距离为半径的大球面积，即得太阳的光度（发射功率）为 $L=4\pi A^2 \cdot S=3.845\times10^{30}$ 焦尔 / 秒，其中 $A=1.496\times10^8$ 公里。包括太阳在内的所有正常恒星辐射均为各向同性，因此只要知道恒星的距离，再测出恒星亮度，就可算出恒星光度，反之亦然。表 5.2 列出全天 21 颗最亮恒星的视星等、距离和颜色。

表5.2　全天最亮星表

星名	中文名	赤经 时 分	赤纬 ° ′	视星等	距离（光年）	颜色
波江α	水委一	1 37	−57 20	0.5	125	青白
金牛α	毕宿五	4 34	+26 29	0.8	60.7	橙

续表

星名	中文名	赤经 时 分	赤纬 ° ′	视星等	距离（光年）	颜色
猎户β	参宿七	5 14	−8 13	0.1	250	青白
御夫α	五车二	5 15	+46 00	0.1	41	黄
猎户α	参宿四	5 54	+7 24	0.4	652	红
船底α	老人	6 23	−52 41	−0.7	116	白
大犬α	天狼	6 44	−16 39	−1.4	8.6	白
小犬α	南河三	7 38	+5 18	0.4	11.2	淡黄
双子β	北河三	7 44	+28 0.5	1.2	34.7	橙
狮子α	轩辕十四	10 07	+12 04	1.3	72.4	青白
南十字α	十字架二	12 25	−63 00	0.8	407	青白
南十字β	十字架三	12 46	−59 28	1.3	480	青白
室女α	角宿一	13 24	−11 03	1.0	142	青白
半人马β	马腹一	14 02	+60 16	0.6	362	青白
牧夫α	大角	14 14	+19 20	−0.1	34	橙
半人马α	南门二	14 39	−60 46	−0.3	4.3	黄
天蝎α	心宿二	16 27	−26 24	0.9	136	红
天琴α	织女一	18 36	+39 02	0.0	24.5	白
天鹰α	河鼓二	19 49	+8 48	0.8	16.1	白
天鹅α	天津四	20 40	+45 12	1.3	543	白
南鱼α	北落师门	22 56	−19 43	1.2	21.9	白

二　恒星距离和绝对星等

1. 恒星的周年视差和三角视差测距法

恒星与我们的距离非常遥远，人类无法到达，要测定它们的距离极为困难。然而如果不知道恒星的距离，许多有关恒星的情况，如它们的大小、质量、密度、发射功率等就无从说起。只有知道距离之后，这些参数才能迎刃而解。因此最为关键的参数就是距离，必须想法突破。天文学家首先想到的就是把地面上测量遥不可及物体距离的方法，即三角视差法运用到天体。例如要测量远方一座高塔 C 的距离，一个人要分别在 A 和 B 二点用量角器（如野外工程测量中常用的经纬仪具有精确的刻度盘，可以作为量角器）测出 $\angle CAB$ 角和 $\angle CBA$ 角，再实地量

出 AB 的长度，按三角形已知二角夹一边，即可算出高塔 C 与 A 或 B 的距离（图 5.8）。上述测量中，两个测量点的连线 AB 称为基线，AB 的方向应尽量与 C 垂直，这时从 A 和 B 两点看到 C 的方向差别（称为视差）最大。基线 AB 愈大，视差也愈大，测量精度愈高。若要测量恒星的距离，住在地球上的人类能够利用的最长基线就是地球轨道的直径（由于恒星十分遥远，可近似把地球轨道视为正圆形）。于是我们可以在某时刻当地球在轨道上的 A 点时观测目标恒星相对于更遥远背景恒星的位置（图 5.9），再经过半年之后当地球走到轨道的另一端时，将会看到该恒星在背景恒星中的位置有极为微小的变化（小于 1″）。这个微小角度实际上就是该恒星看到的地球轨道直径的张角。这个量的 1/2 即该恒星看到的地球轨道半径（日地平均距离）的张角，称为该恒星的周年视差（简称视差），记为 α，则有 $\mathrm{Sin}\alpha=\frac{a}{r}$，其中 α 为日地平均距离，r 为恒星距离。因角度 α 很小，可用近似公式 $\alpha=\frac{a}{r}$（弧度）。若 α 用角秒为单位，则应写为 $\alpha''=206265\frac{a}{r}$。若 a 和 r 均以日地平均距离（即一个天文单位 AU）为单位，则 a=1，于是有 $r=\frac{206265}{\alpha''}$ AU。于是只要测出恒星的视差角 α''，就可代入上式算出该恒星的距离 r。有人可能会问这个距离到底是指该恒星与太阳或是与地心或是与地面观测者的距离？不要忘记由于恒星非常遥远，这三者的差别是没有意义的。

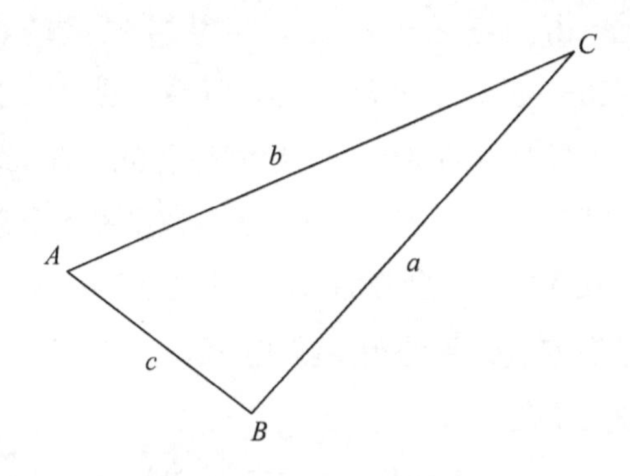

图5.8　三角视差测量法

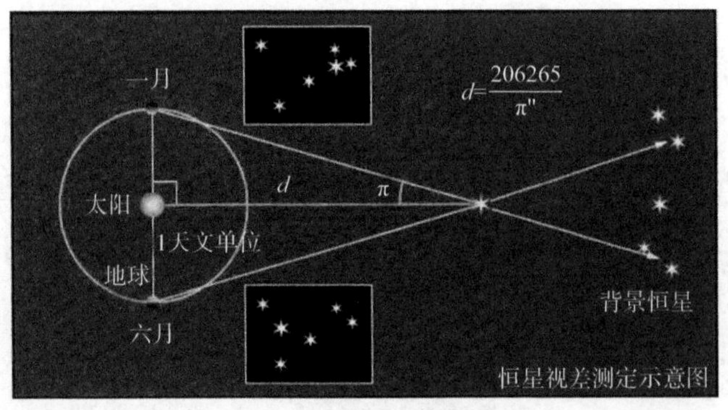

图5.9　恒星视差测距原理

由上述公式可见，当某颗恒星的视差角 α=1″ 时，该星的距离正好是 r=206265 AU。实际上所有恒星的视差均小于 1″，因此若用天文单位 AU 作为度量恒星距离的单位，其数值都会超过 206265，将会非常不方便。为此天文学家又重新定义了一个专门用以度量恒星和太阳系以外天体距离的单位,称为秒差距（记为 pc）：1 pc=206265 AU。换句话说，若在某恒星处看到地球轨道半径的张角正好是 1″，该星的距离就正好是一个秒差距（1 pc）。秒差距比光年大 3 倍多，它们的关系是

1 秒差距 =206265 天文单位 =3.2616 光年

1 光年 =0.307 秒差距 =6.324 万天文单位

1837 年至 1839 年间有三位天文学家采用这种方法分别测量了三颗恒星的距离。他们是俄国的斯特鲁维测量了织女星、德国的白塞尔测量了天鹅座 61 号星和英国的亨德森测量了南门二的距离。由于地基望远镜进行微小角度测量的精度只能达到 0.01″，因此用这种方法在地面测量恒星最远距离只能达到 100 pc 左右。直到 1963 年用三角视差法仅仅测量了 6400 多颗恒星的距离。进入空间时代之后，利用空间望远镜可以超越地球大气干扰以及引进 CCD 等新技术，空间天文望远镜（包括哈勃空间望远镜和依巴谷天体测量卫星）对恒星视差的观测可达 0.001″ 的精度，扩大了恒星视差的数量，已测出视差的恒星已达 1 万多颗。视差最大的恒星,即距离太阳最近的恒星是半人马座 α 星（中文名南门二）的伴星（比邻星）的视差为 0.75″。

2. 恒星的绝对星等

上一节中曾谈到观测者看到的恒星亮度和星等是该恒星在观测者处产生的照度及其相对等级，它们取决于两个因素，即恒星真正的发光度（发射成功率）和恒星的距离，因此并不代表恒星的真正光度，因为还有距离的因素掺杂在内。只有扣除距离因素之后，观测者看到的亮度才反映恒星真正的照度和光度。为此天文学家定义了一个新的物理量，称为绝对星等，其定义为当恒星距离观测者为 10 pc 时观测者看到该恒星的星等。若以 m 和 M 分别代表恒星的星等和绝对星等，r 代表恒星的距离，于是根据：(a）相差一个星等，亮度变化 2.512 倍和（b）亮度与距离平方成反比，应有

$$(2.512)^{m-M} = \frac{r^2}{10^2} \tag{5.1}$$

上式左端表示与星等和绝对星等对应的亮度比值，右端表示亮度与距离平方成反比。两端取常用对数再简化后即得

$$M=m+5-5\lg r, \tag{5.2}$$

此式就是一颗恒星的星等和绝对星等与距离的关系式。只要测出恒星的距离 r，就可以按（5.2）式推算出该恒星的绝对星等 M，因为星等 m 是容易测定的。由此得到星等为 $-1.^m46$ 的天狼星的绝对星等只有 $M=1.^m41$，而星等为 $-26.^m74$ 的太阳的绝对星等只有 $M=4.^m83$。可见把太阳移到 10 pc 处时，它只是一颗 5 等星，而把天狼星移到 10 pc 处时，它还是一颗 1 等星，它将比太阳亮，表明其真实发射功率（光度）大于太阳。

恒星的绝对星等也是无量纲量，它仅代表恒星真实亮度的级别，并非就是亮度本身，亮度是照度的俗称，具有照度的单位，是有量纲的量。然而，尽管绝对星等 M 与恒星光度不是一码事，但是如果知道恒星的距离，就能通过与太阳进行比较，很容易推测出该恒星的光度。假设一颗恒星的绝对星等和光度分别是 M 和 L，太阳的绝对星等和光度分别为 $M_{\odot}$和 $L_{\odot}$，显然应有

$$\frac{L}{L_{\odot}}=(2.512)^{M-M_{\odot}} \tag{5.3}$$

由于太阳的绝对星等和光度（太阳的发射功率）均已精确测定，因而一旦知道恒星绝对星等，就可按（5.3）式推测出该恒星的光度。因此在天文学家眼里，恒星的绝对星等与光度就变成了一码事，知道恒星的绝对星等，就等于知道恒星光度。

3. 分光视差和造父变星测距法

用三角视差法测出大量恒星的距离和绝对星等后，天文学家发现，许多已测出距离的恒星光谱特征与绝对星等有密切关系（关于光谱请参阅本章第四节）。例如光谱中电离锶谱线 407.8 nm 和中性钙谱线 422.7 nm 的强度比值 R 与绝对星等存在相关，电离锶谱线 421.6 nm 与中性铁谱线 425.0 nm 的强度比率 R 与 M 关系密切。于是可以用谱线强度比率 R 为横坐标，绝对星等 M 为纵坐标画出两者的关系曲线。这样，对于待测距离的恒星，只要从它的光谱中测量出两条谱线的强度比率 R 后，就可以利用这种关系曲线获得该星的绝对星等 M，再按星等—距离公式（(5.2）式）算出距离。尽管这种方法测量的是谱线强度，不过由于利用了从三角视差法获得的大量恒星距离而建立的谱线强度比率与绝对星等关系，因而

称其为分光视差法。分光视差法的一个重要特点就是其测量精度只取决于恒星光谱的质量，与恒星距离大小关系不大。而三角视差法的测量精度则随恒星距离增大（视差变小）而下降。研究表明，对较近的恒星（视差大于 0.075″ 时）三角视差法优于分光视差法；而对于较远的恒星（视差小于 0.075″ 时）分光视差法优于三角视差法。对于较远的恒星，难以用三角视差法。对于较远的恒星，难以用三角视差法进行测量时，只要能够获得恒星光谱，就能采用分光视差法来确定距离。因此可以把分光视差法看作是三角视差法的扩充，它可以测定的恒星距离范围从三角视差法的大约 1000 pc 提高到 10 万 pc，即提高了两个量级，从而获得更大量的恒星距离。不过并非所有恒星光谱中都有对绝对星等 M 敏感的谱线，因此分光视差法限于某些光谱型的恒星，主要是 F、G、K、M 型星。恒星的光谱型将在下一节阐述。

1908～1912 年间，美国天文学家勒维特（H. S. Leavitt）发现，造父变星（脉动变星，参阅第六章）的光度变化周期 T 与绝对星等 M 存在密切关系。若用它们的对数 $\lg T$ 和 $\lg M$ 分别作为横轴和纵轴，则它们的关系曲线几乎为一直线，称为周光关系（图 5.10）。光度变化周期愈长，绝对星等愈大。因此只要从观测上确定造父变星的光变周期，就能从关系曲线上获得它的绝对星等，从而按星等—距离关系（（5.2）式）得到距离。对于星团或河外星系，只要其中有造父变星，并且能够测出它们的光变周期，就能确定其所在星团或星系的大致距离。1924 年美国著名天文学家、河外星系的研究先驱哈勃，正是利用当时最大的 2.5 米望远镜从仙女座大星云中分解出造父变星，并确定其光变周期后，由周光关系判定其距离远超过我们银河系的直径，认定它是一个河外星系，从而结束关于仙女座大星云是在银河系内还是银河系之外的“宇宙岛争论”。用造父变星法测定的恒星距离可以达到 1000 万光年量级，即比分光视差法又提高了两个量级。

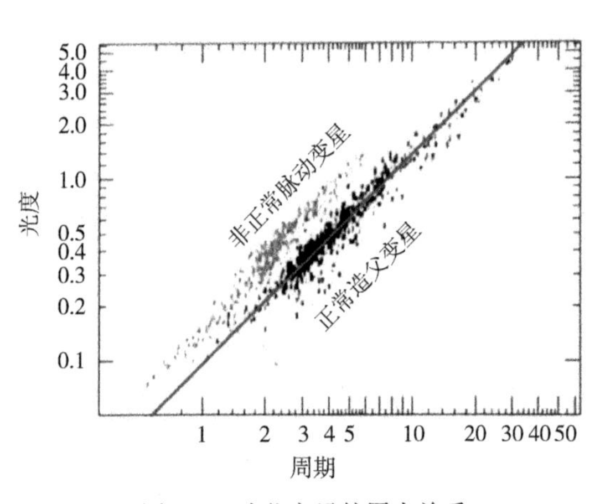

图5.10　造父变星的周光关系

造父变量法的主要缺点是只能用于造父变星，其测量精度也略逊于视差测距法。

三　恒星的光度、大小、质量和密度

知道某恒星的最关键参数——距离之后，就可以进一步设法推测它的其他几何和物理参数，因为距离已知，视星等为可测量，因而按星等—距离公式（5.2）可算出它们的绝对星等。在上面已说过，若令该星的绝对星等和光度分别为M和L，太阳的绝对星等和光度分别为$M_{\odot}$和$L_{\odot}$，则它们之间存在关系为（5.3）式。现已知太阳的绝对星等为M=+4.^{m}83，光度$L_{\odot}$=3.845×10^{26}瓦，故只要知道该星的绝对星等M，就可算出该星的光度L。对大量恒星的光度推算结果表明，恒星中最大光度约为太阳的一百万倍，最小光度约为太阳的百万分之一，太阳的光度正好处在中间位置。

知道恒星距离r之后，只要能测出恒星的角直径θ，就可算出恒星的大小（直径）$D=r\cdot\theta$，其中θ以弧度表示。但是由于恒星距离实在太远，最大的角直径也只有0.05"左右，因此除了少数距离较近的恒星角直径可以通过双光束干涉原理利用干涉仪直接测量外，其余绝大多数恒星的大小，只能通过其与光度和温度等相联系的关系式进行间接推测。常用的关系式即$L=4\pi R^2a$，其中L为恒星光度，R为恒星半径，a为恒星表面单位面积在单位时间内的发射功率，称为恒星表面的发射率。上式右端的因子（$4\pi R^2$）为恒星表面积。近似假定恒星为黑体辐射，则按物理学中的黑体辐射定律有$a=\sigma T^4$，其中T为恒星表面温度，σ为斯特藩常数，σ=5.6704×10^{-8}瓦/（米^2·开^4）。恒星表面温度T可以由恒星光谱中的辐射强度随波长变化，与理论推算的不同温度的黑体辐射强度随波长的变化（称为普朗克分布函数）进行比较确定，于是得到a值。另一方面由上述通过距离r算得M和L，于是代入$L=4\pi R^2a$，即可得到恒星的半径R和大小（直径）2R。结果表明恒星直径范围约从几十公里直至太阳直径的2000多倍。若以太阳半径$R_{\odot}$(约70万公里）作为恒星半径的单位，则天狼星和牛郎星的半径均为R=1.68$R_{\odot}$，织女星为2.76$R_{\odot}$，大角星为23.5$R_{\odot}$，心宿二约为600$R_{\odot}$，参宿四约为900$R_{\odot}$，仙王座VV星（双星中的主星）为1600$R_{\odot}$，御夫座Σ星（中文柱一）为2500$R_{\odot}$（图5.11，图5.12）。然而天狼星的伴星（白矮星）半径只有0.0073$R_{\odot}$（约5千公里）。中子星的半径只有5～15公里。为了研究方便，天文学中根据恒星的光度和大小而把恒星分为如下几类：

图5.11　猎户座中的红超巨星参宿四

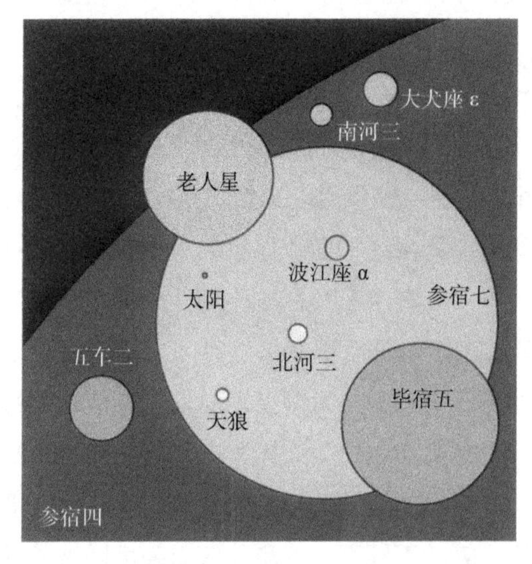

图5.12　几颗亮星大小比较

（1）巨星：光度 L 比太阳大 100 倍左右，绝对星等 M 在 0 等附近，它们的半径通常在 20～30$R_{\odot}$间。

（2）矮星：光度 L、绝度星等 M 和半径 R 与太阳差不多，太阳为黄矮星。

（3）超巨星：光度 L 超过太阳的 5000 倍，半径 R 大于几百太阳半径。

（4）亚矮星：光度和大小均介于（1）和（2）之间。

恒星质量的测定比较麻烦。对于单个恒星，很难测定其质量。天文学家想到了利用双星的特征，先从双星来突破。对于互相绕转的双星，可以利用开普勒第三定律$\frac{a^3}{T^2(m_1+m_2)}=\frac{G}{4\pi^2}$，其中 m_1 和 m_2 分别为主星和伴星的质量，T 为伴星绕主星运行周期，a 为伴星绕主星运行的椭圆轨道半长轴，G 为引力常数。因为 T 和 a 可从观测上获得，故可代入上式求得 m_1+m_2。为了分离出 m_1 和 m_2，还需要观测主星和伴星在一个绕转周期中的视向速度 V_1 和 V_2 的变化曲线，即以时间为横坐标，V_1 和 V_2 为纵坐标的变化曲线。从数学上对这两条曲线进行求解，可得到比值 m_1/m_2，再与上述（m_1+m_2）的结果联立，即分离出 m_1 和 m_2。从观测并求解获得大量双星质量之后，天文学家发现恒星质量与它们的光度（或绝对星等）之间存在密切关系。若以恒星质量的对数为横坐标，以恒星的光度对数为纵坐标，可得到一条关系曲线，称为恒星的质光关系曲线（图 5.13）。尽管这条关系曲线是从双星得到的，但对于非双星的单星也照样适用。于是只要想法取得恒星的光度，就可以通过质光关系曲线获得该恒星的质量。结果表明恒星质量的变化范围比它们的直径变化范围要小得多。绝大多数恒星质量在 0.1～120 太阳质量之间，太阳处在中间偏下的位置。

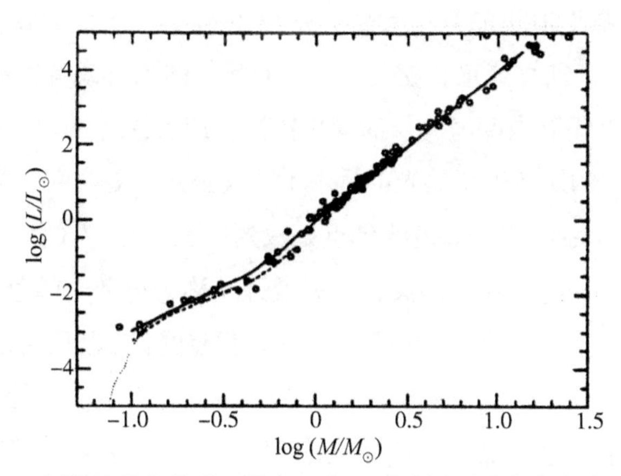

图5.13　恒星的质光关系，图中$L_\odot$和$M_\odot$分别表示太阳的光度和质量

知道了恒星的质量 m 和半径 R，就可算出它们密度为

$$\rho=\frac{m}{\left(\frac{4}{3}\pi R^3\right)}=\frac{3m}{4\pi R^3}$$

恒星质量变化不大，而大小变化很大，这必然导致恒星密度变化范围极大。例如红超巨星心宿二（天蝎座 α）的密度只有水密度的百万分之一，比地面的空气密

度还要小。天狼星的伴星是一颗白矮星，其密度达到水的 3 万倍，即一立方厘米的白矮星物质可达到 30 公斤。而中子星的密度更是高达每立方厘米 10^{12} 公斤（10 亿吨）。太阳平均密度为 1.41，又是处在中间位置。白矮星和中子星的密度为何会如此之大，大家可能会难以理解。这些物质能提供这么大的挤压空间吗？不要忘记原子是由中央的原子核和外围电子构成的，原子的尺寸约为 10^{-8} 厘米，而原子核的尺寸只有 10^{-13} 厘米，它们之间有着很大的挤压空间。白矮星的原子已被挤碎，原子核与电子挤在一起（物理学上称为电子简并态），因而密度很大。而中子星是由质量更大的恒星演化到晚期塌缩形成的。塌缩过程中强大的压力使外围电子也被压进原子核，并与其中的质子结合成中子，其密度也就达到原子核密度的量级，即每立方厘米可以达到 10^9 吨的惊人密度。

四　恒星的信息宝库——光谱

上面已经看到，遥远恒星的一些宏观参数如距离、光度、大小、质量和密度是如何测定的。至于恒星的其他参数，则可以从一个非常重要和丰富的信息宝库——光谱中提取。所谓光谱，就是指由不同波长的光（或者说不同能量的光子）混合在一起的光束辐射强度随波长的变化情况，或者说光的辐射强度随波长的分布。包括太阳在内的所有恒星的光都是由不同波长的光混合在一起的，称为白光。要获得恒星光谱，必须在望远镜的焦点处放置一具光谱仪（图 5.14），光谱仪中有能够把混合波长的光束按不同波长分离展开（称为色散）的色散元件（如棱镜或光栅），于是就可以在光谱仪的焦平面上获得恒星光谱，若用目镜放在此处目视，将会看到一段彩色长条，其中有红、橙、黄、绿、青、蓝、紫等不同颜色，哪一种颜色最亮取决于恒星的温度。温度较高的恒星，最亮处在青蓝紫一端；温度较低的恒星，最亮处在红和橙区，中等温度的恒星，则是黄色区和绿色区最亮。若在光谱仪焦平面处放置底片，就可以把光谱拍摄到底片上，原先的点光源在底片上变成了一个小长条，就是该恒星的光谱（图 5.15）。然后可以用光度计测量光谱长条上的黑度（底片乳胶因感光而变黑的程度）随波长的变化。黑度反映的就是使乳胶感光的不同波长的光强度，当然需要进行定标。这样就可以获得以波长为横坐标、以光强为纵坐标的变化曲线，通常称其为光谱的二维展示。若在光谱仪的焦平面处放置的不是照相底片，而是 CCD 像感器，并且与电脑相联接，就可以把数据输入电脑储存，以及在屏幕上展示光谱中光强随波长变化的情况。

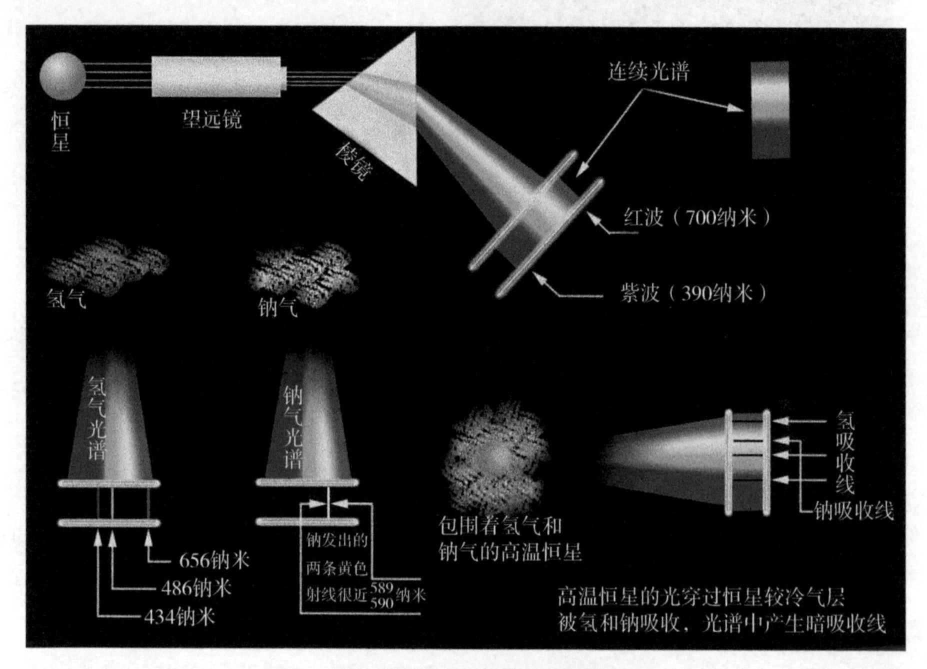

图5.14　恒星光谱拍摄示意

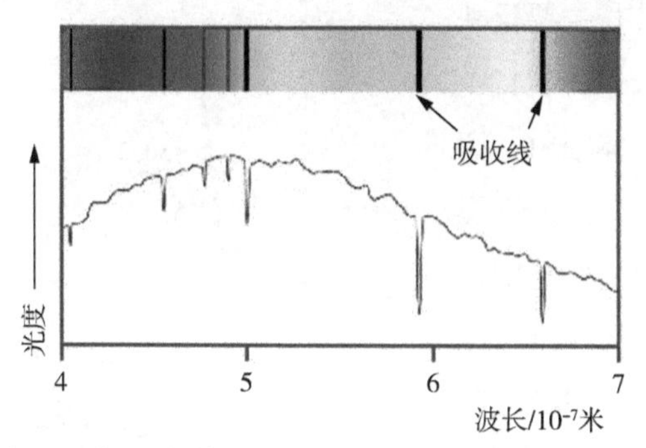

图5.15　恒星光谱一维展示（上）和二维展示（下）

恒星光谱随色散度不同大体可以划分为三类。所谓色散度就是指最终获得的光谱中（以照相底片上的光谱为例）在波长变化方向（称为色散方向）每毫米所包含的波长差值，通常用埃或纳米为单位，例如色散度为 10 nm/mm 表示底片上的光谱在色散方向每毫米的波长变化为 10 纳米。很显然，每毫米所含的波长差数愈小，即光谱的色散度愈大，愈能展现出光谱的细节结构。为了能在一次拍摄中同时获得许多恒星的光谱，有一种方法是把作为色散元件的三棱镜放置在望远镜的物镜前面（称为物端棱镜），于是可以在望远镜的焦平面上获得大量的恒星

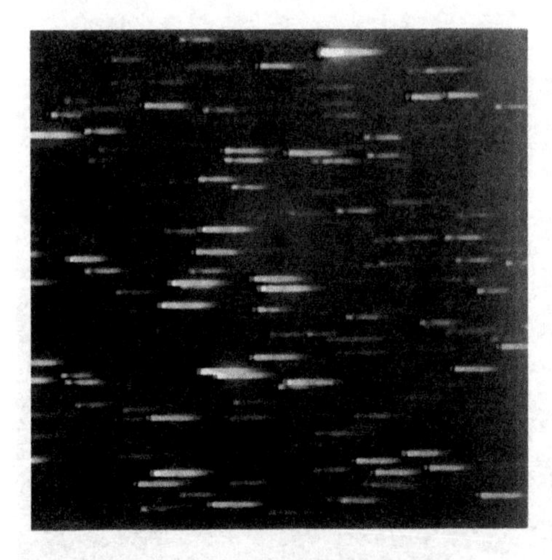
图5.16 物端棱镜获得的恒星光谱

光谱，不过这些光谱的色散度较小，只能大致展示各颗恒星光谱中的状况（图 5.16）。如果用中等口径的望远镜进行单一恒星的观测，因望远镜的聚光能力不强，一般在望远镜的焦点处配置中等色散的光谱仪，可以获得中等色散度的恒星光谱。大口径望远镜的光力更强，可以配置很大色散度的光谱仪，从而可以获得很高色散度光谱，其中展现出光谱的精细结构。

包括太阳在内的绝大多数恒星的光谱在可见光区都是在连续发射谱中叠加许多暗黑的吸收谱线，少数恒星光谱中还有强度超过连续谱的发射谱线，不论是连续谱、吸收线或发射线，都包含着非常丰富的信息。例如，连续谱的辐射强度随波长变化曲线形状和极大强度所对应的波长主要反映恒星表面的温度高低（图 5.17）。因恒星辐射近似于黑体辐射，因此可以从理论上计算不同温度黑体辐射的连续谱形状，并与实际观测到的恒星连续谱形状进行比较，从而推测出恒星表面温度。而恒星光谱线中包含的信息更是多种多样。例如，从光谱中谱线所在的波长可以确定该谱线为何种元素产生，并由谱线强度确定该种元素在恒星上的丰富度；如果出现某种元素的离子谱线，就可由离子谱线强度推求该元素的电离度；如果光谱的色散度足够大,从而具有清晰的谱线轮廓（指谱线范围内辐射强度随波长的变化），则可通过与理论计算得到的不同物理参数对应的理论谱线轮廓进行比较，从而获得恒星大气的温度、压力、密度，以及磁

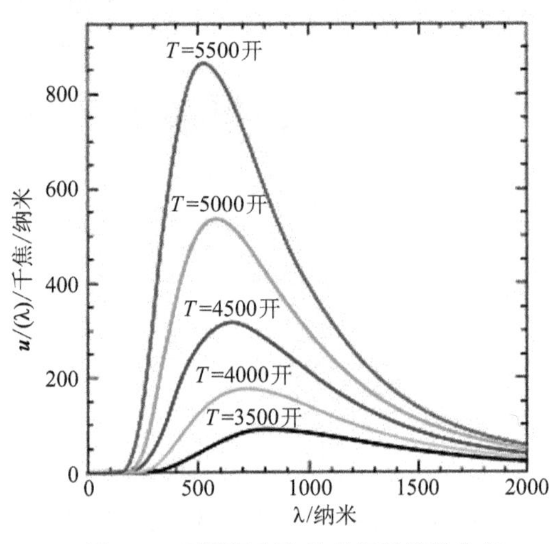

图5.17 不同温度物体的辐射能谱分布
注意其峰值波长随温度变化

场和电场等一系列参数。这些属于天体物理中的经典部分——天体光谱学的内容，不再作深入讨论。

恒星光谱还可以提供一个非常重要的信息，就是由测量谱线的波长变化来推测恒星在空间运动的视向速度（图 5.18）。众所周知，当火车从远处向我们驶近时，火车鸣笛的声音会变尖锐；而当火车离我们远去时，鸣笛的声调又变得低沉，这就是声波传播中的多普勒效应。对于光（电磁波）的传播，同样存在着多普勒效应。当光源向着观测者运动时，观测者将看到光源发射的光波波长变短，即向光谱的紫端位移，称为紫移；而当光源远离观测者运动时，观测者将看到光源发射的光波波长变长，即向光谱的红端移位，称为红移。波长位移的大小取决于光源运动速度在观测者视向上的投影，并且存在关系$\frac{v}{c}=\frac{\Delta\lambda}{\lambda}$，其中 λ 和 $\Delta\lambda$ 分别为波长和波长位移，v 和 c 分别为光源视向速度和光速。于是只要观察某恒星光谱中的光谱线（例如氢元素产生的一条强谱线 λ=656.28 nm），并测量出它的波长变化 $\Delta\lambda$，就可按上式推算出该恒星的视向速度 v。波长变短表示向我们运动，波长变长表示远离我们。其实多普勒效应很容易从直觉上理解。设想波源与观测者之间有一串波从波源向观测者传播，当波源向观测者运动时，波串被压缩，波形挤压在一起，波长必定变短；反之，当波源远离观测者运动时，波串被拉长，波形变疏松，波长增大。因此，对于除声波和光波以外的其他波的传播，同样存在多普勒效应。

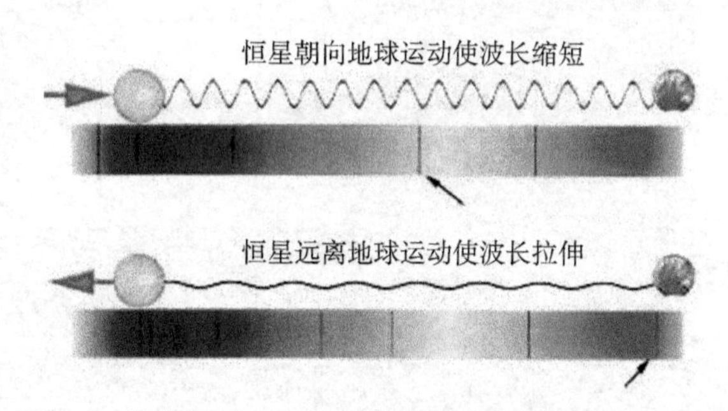

图5.18　光谱线因光源运动而位移（多普勒效应）原理

夜间仰望星空，看到星星的颜色好像都差不多，其实仔细观察一些亮星，就会发现它们的颜色有明显差别。例如夏天夜晚可见的猎户座亮星中，猎人肩膀上的参宿四为红色，大腿上的参宿七为蓝色。天狼星偏蓝，大角星为橙色，心宿二很红，五车二（御夫座 α）则为黄色，其原因就是它们的光谱不同。偏红的恒星表面温度较低，光辐射集中在光谱中的长波区，即红色区域；偏蓝的恒星表面温度较高，光辐射主要功率处在短波区，即蓝光区。这些可以用不同温度的黑体辐射的能谱分布（普朗克函数）来解释。其实日常生活中也能感觉到这种情况。例如发红光的炉火温度比发蓝光的酒精灯温度低很多。炼钢工人观察炼钢炉中钢水的颜色变化就能大致判断它们的温度变化。钢水中的各种元素成分可以用光谱仪观测其光谱中的谱线情况来确定。

为了方便研究，天文学家于是对恒星光谱进行了分类。目前通行的哈佛分类法是由哈佛大学天文台提出的，分类的主要依据是恒星光谱中连续谱的能量分布、光谱线的数目和强度，以及一些特征谱线所属的元素等，主要反映恒星表面的温度和颜色。按温度从高向低分为 O、B、A、F、G、K、M 七种类型（图 5.19，图 5.20），其中每种类型再细分为 10 种次型。例如织女星为 AO 型，天狼星为 A1 型，北极星为 F8 型，太阳为 G2 型，各光谱型对应的恒星表面温度和颜色见表 5.3，除了上述七种类型外，另有 R、N、S 三种类型，其中 R 和 N 型光谱与 K 和 M 类似，但 R 和 N 型光谱中有较强的碳分子和氰分子（CN）吸收带，故称为碳星；K 和 M 型光谱

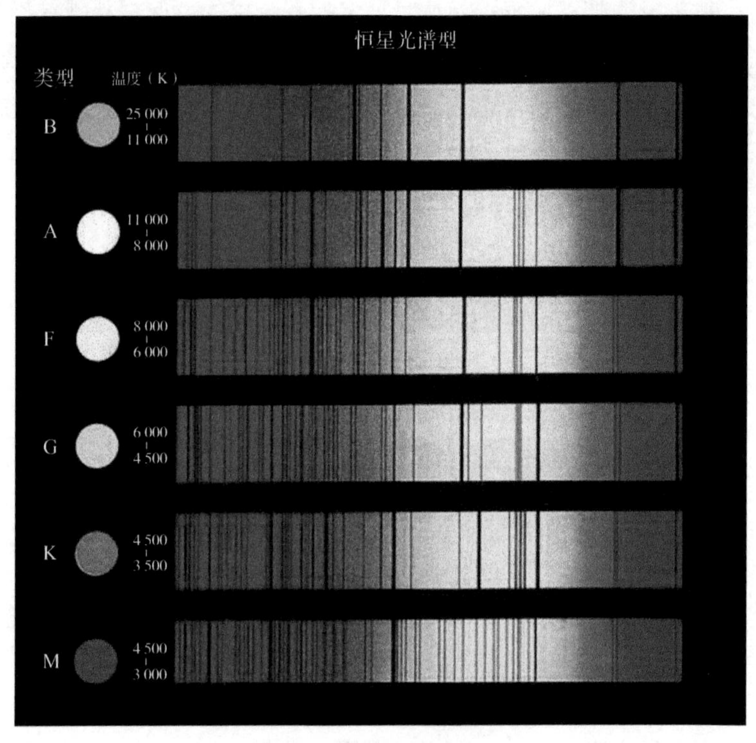

图5.19　恒星光谱分类

图5.20　恒星光谱分类实例，右侧标出各类的典型恒星

中有较强的金属氧化物吸收带，故称为含氧星，S型光谱也与M型相似，但有很强的氧化锆分子（ZrO）吸收带，并且往往伴有氢的发射线。各种光谱的关系可表示为

```
                    S
                  /
O—B—A—F—G—K—M
              \
                R—N
```

表5.3　恒星光谱型与表面温度的关系

光谱型	颜色	温度/K	举例
O	蓝	40000～25000	参宿二，参宿三
B	蓝白	25000～12000	角宿一，参宿七
A	白	11500～7700	牛郎星，织女星
F	黄白	7600～6100	南河三、老人星
G	黄	6000～5000	太阳、五车二
K	橙	4900～3700	大角、毕宿五
M	红	3600～2600	心宿二、参宿四

通常把具有光谱型O、B、A的恒星称为早型星，K和M型为晚型星，F和G型为中型星。

20世纪早期，丹麦天文学家赫茨普龙（E.Hertzsprung）和美国天文学家罗素（H.N.Russell）分别独立指出恒星光谱型与光度之间存在密切关系。他们把恒星的光谱型作为横坐标，从左至右按早型至中型和晚型的顺序（实际上即按恒星表面温度从高到低），以恒星光度为纵坐标从下至上按低光度至高光度的顺序，把所有已确定光度和光谱型的恒星坐标记到图上。结果发现包括太阳在内的所有恒星集中在三个区域：大约 90% 的恒星集中在从左上方向右下方倾斜延伸的一条带状区域中，另有少数恒星分别集中在左下方和右上方的两个小区域中。集中 90% 恒星的斜带称为主星序，其中的恒星称为主序星，太阳也在主星序中稍为偏下的位置，是一颗典型的主序星。右上方和左下方的小区，实际上分别是恒星演化到晚期离开主星序后，变成光度很大但温度很低的红巨星和光度很低但温度很高的白矮星所在的区域。这种以恒星光度（也可用绝对星等）和恒星光谱型（也可用恒星温度）为坐标画出恒星在其中位置的图称为赫茨普龙—罗素图，简称赫罗图或 H–R 图，它在恒星研究中非常有用（图 5.21，图 5.22）。

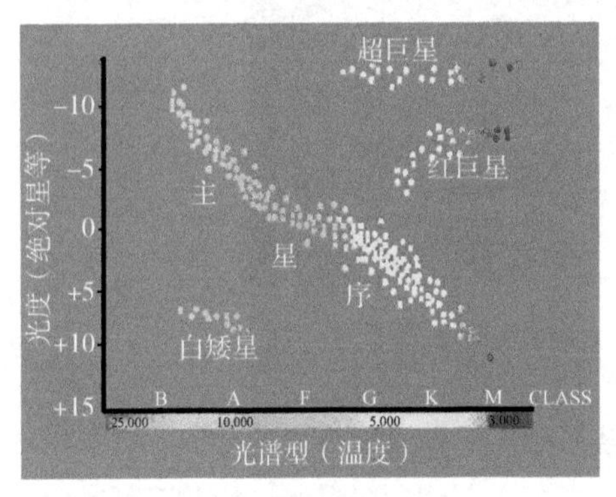

图5.21　恒星的赫罗图

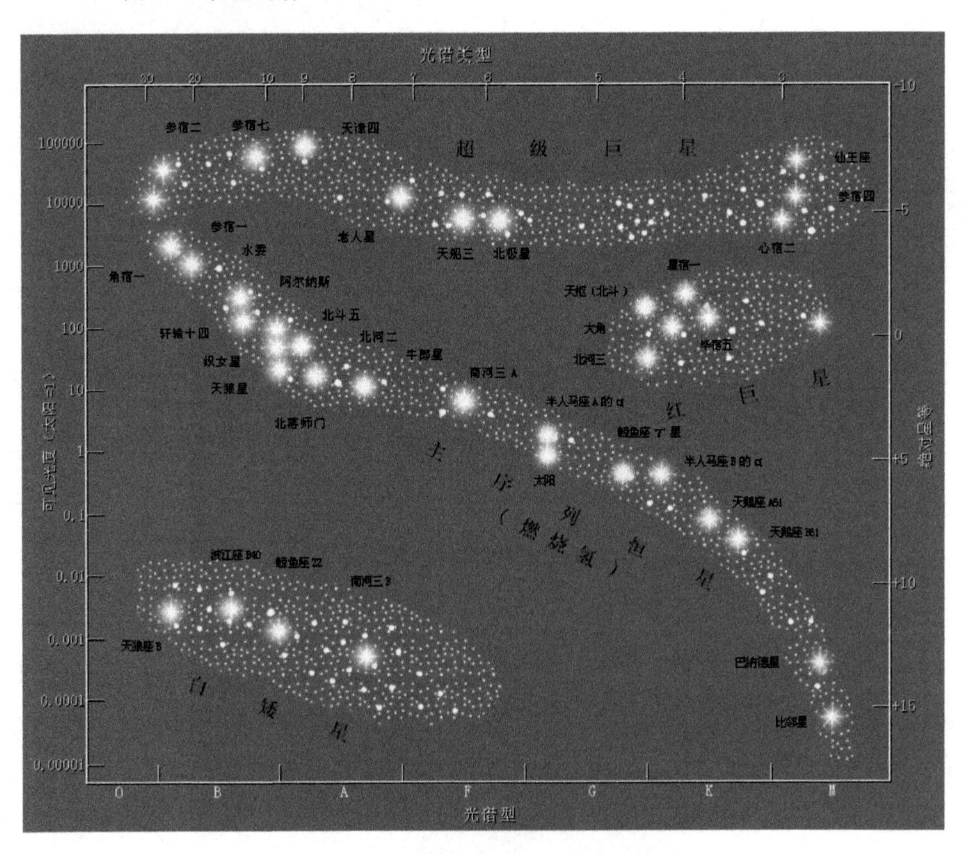

图5.22　一些亮星在赫罗图中的位置

由赫罗图可见，恒星中有 90% 属于主序星，如果用我国人口作为比喻，主序星相当于汉族人口，非主序星相当于少数民族人口。对恒星的演化研究表明，恒星是由原始星云演化来的，具有足够质量的星云由于自身的引力收缩，当其中心温度和密度达到引燃氢原子的核聚变反应后，其产生的辐射压力能够抵抗引力的进一步收缩，形成了一颗自身发光的稳定星球，就标志着一颗恒星的诞生，以及进入了主星序。当恒星内部的核燃料大部分耗尽之后，恒星将进入晚期演化，并且离开主星序。恒星一生中的大部分时间是在主星序渡过的。至于一颗恒星在主序星中的具体位置，则是取决于恒星的质量。换句话说，从何处进入主星序，取决于形成恒星的原始星云的质量，质量大的恒星光度较大（记住前面谈到的质光关系），位于主星序斜带中左上方区域；质量较小的恒星则进入主星序斜带中的右下方。还有一点非常重要，即质量大的恒星光度也大，意味着其能源消耗很大，从而其寿命较短（注意恒星间的质量差别不太大）；反之,质量小的恒星光度也小，意味着其能源消耗较慢，从而寿命也较长，这些结果有点出乎意料。恒星的寿命基本上即是它在主星序阶段的停留时间，因为在主星序之前和之后的时间非常短暂，往往可忽略不计。理论研究表明，太阳在主星序的时间大约是 100 亿年，质量为太阳二倍的恒星，其寿命只有 10 亿年，而质量为太阳 10 倍的恒星寿命估计有 1000 万年，质量为太阳 30 倍的恒星寿命只有 100 万年，质量为太阳一半的恒星寿命则可长达 2000 亿年。还有一点容易造成误解的是，由于把 O、B、A 称为早型星,F 和 G 为中型星,以及 K 和 M 为晚型星,加上赫罗图中的横坐标把 O、B…K、M 从左向右排列，因而很容易使人产生一颗恒星是从主序星中左上方向右下方演化的错误印象。关于恒星的演化，将在下一章进一步讨论。

第六章　恒星世界真奇妙

恒星世界是非常多样化的，可以说是五花八门，品种繁多，以下仅就最重要的几种加以介绍。

一　双　　星

研究发现，在观测到的恒星当中，有一类是由二颗恒星相互绕转而组成的双星（binary star）。这种相互绕转的双星之间有力学联系，它们的运动由万有引力定律控制，这种双星称为物理双星。有时也会看到二颗恒星靠得很近，但它们之间没有任何物理联系，它们与我们的距离可能也相差很多，仅仅是碰巧位于天空中近乎相同的方向上，看起来很像双星。这种没有物理联系的假双星称为几何双星，不属于本节讨论的范围。因此以后谈及的双星，均指物理双星，即真正的双星。从观测上估计，在所有恒星中，以双星形式存在的约占一半左右。例如在太阳周围 5.2 秒差距（约 17 光年）内，包括太阳共有 60 颗恒星，其中双星 11 对计 22 颗，二组三合星（有三颗恒星组成具有力学联系的恒星系统）计 6 颗，另 32 颗为单星，而在某些单星中并不排除因观测条件因素未能分解的双星或多星系统。由此可见，在太阳附近的局部区域中，双星的比例约占一半。对于双星，根据两星之间的角距和其他条件，往往需要采用不同的观测方法才能辨认其为双星。因而又可分为如下几种。

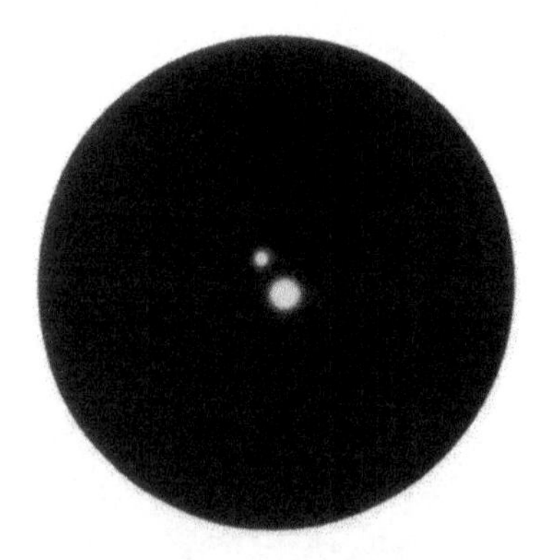

图6.1　天鹅座β（辇道增七）是目视双星

1. 目视双星

只要用望远镜目视或者照相，就能分辨其为双星，这表明二星之间的角距较大（图 6.1）。目视双星中有些是著名的亮星，例如天狼星（大犬座 α，$-1.^m4$），南门二（半人马 α，$-0.^m3$）五车二（御夫座 α，

$0.^m1$）和心宿二（天蝎座 α，$0.^m9$）等，还有一颗很有名的目视双星即大勺状的北斗七星（大熊座）中勺柄上倒数第二颗星（大熊座的 ζ，中文名开阳或北斗六），是一颗肉眼可见的双星，贴近二等星开阳的是一颗 4 等星（名为辅星或大熊座 80 号星），二星相距约 12′，视力较好的人可以分辨二星，因此用于测试人的视力。

2. 食双星

若双星的二星角距不足于借助望远镜目视或照相判断其为双星，但如果双星相互绕转的轨道平面与视向交角很小，即几乎平行，将会在二星互绕过程中，因为交食而产生光度变化（此现象与日月交食或行星掩星相似），从而可判别其为双星，并称为食双星或食变星（图 6.2 下部）。最早发现也是最典型的食双星就是大陵五（英仙座 β），其两个子星中有一个较亮，另一个较暗，二者无交食时，合成的星等为 $2.^m13$；当亮星遮挡暗星时，亮度略有下降，成为 $2.^m19$。而当暗星遮挡亮星时，光亮下降最多，成为 $3.^m4$。因此观测者看到大陵五像一颗变星，其亮度变化达到 3 倍多。大陵五亮度变化的完整周期是 2.8673075 天（$2^d20^h48^m55^s$）。食双星的另一典型是渐台二（天琴 β）。不同食双星的亮度随时间的变化曲线各不相

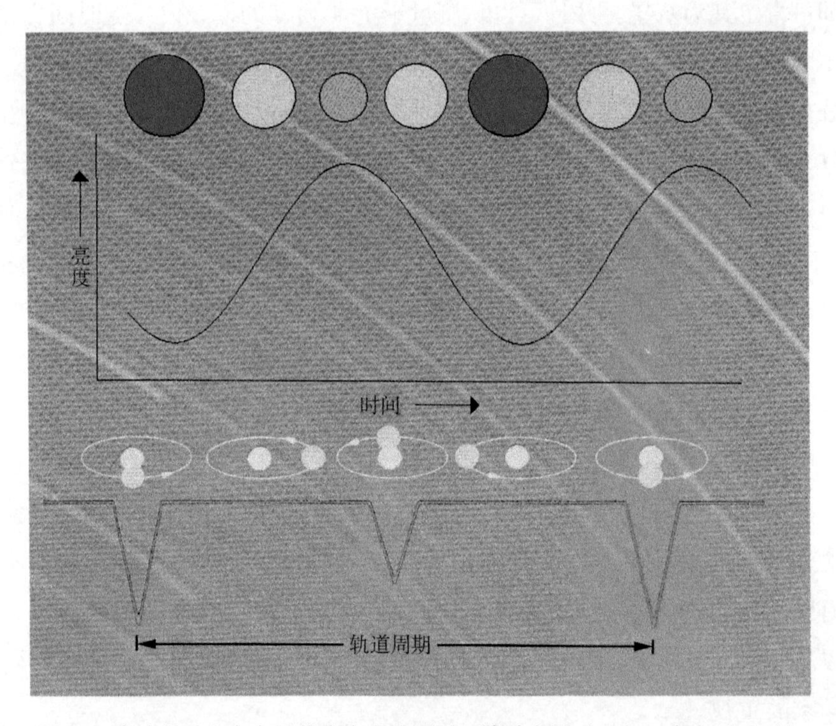

图6.2　脉动变星和食变星的光度变化原因。脉动变星（上）；食变星（下）

同，根据这种变化曲线，从数学上可以求解得到两个子星的半径比率和光度比率（天文学上称为测光轨道解）。如果还能观测到两个子星的光谱，就能得到两个子星的视向速度变化曲线（称为分光轨道解），于是可以与测光轨道解联立，最终推测出两个子星的质量和半径。这些参数对于恒星的进一步研究非常重要。

3. 分光双星

若双星的二子星角距不足于借助望远镜直接判断其为双星，但有时借助光谱观测仍能判断其为双星，则称为分光双星。分光双星光谱的主要特征是光谱线的波长发生周期性的位移。在两个子星相互绕转的过程中，若子星 *A* 正在远离我们，其谱线将红移，若子星 *B* 此时正好接近我们运动，则应同时看到谱线紫移，于是在合成光谱中表现为谱线既有红移又有紫移的两个光谱叠加观象。而当两个子星的运动方向相反但均与观测者视向垂直时，两个子星均无视向速度，合成光谱的谱线没有位移，两个光谱合而为一。接着，若子星 *A* 正在接近我们，其谱线将紫移，同时子星 *B* 正在远离我们，谱线将红移，于是又表现为既有紫移和红移的两个光谱叠加，然后又变为无谱线位移的双谱合一，因此从双星光谱线位移的周期性变化，即可肯定其为双星。并且可以从测量子星 *A* 和 *B* 的谱线位移随时间变化而获得两个子星的视向速度变化曲线和变化周期。两个子星光谱均能观测到的，称为双谱分光双星。若二子星中只能观测到一个子星的光谱，仍能看到其谱线呈红移—无位移—紫移—无位移的周期性变化，因而仍可肯定其为双星，称为单谱分光双星。对双谱或者单谱分光双星的视向速度变化曲线进行数学求解，并与其他方法（例如干涉或偏振测量）得到的结果联立，也可获得两个子星的大小和质量，以及相对绕转的轨道参数。已观测到的分光双星已有 5000 多对，亮星中如五车二（御夫座 α）和角宿一（室女座 α），大陵五（英仙座 β）既是食双星，又是分光双星。

很多食双星和分光双星中的二子星角距极小，以致于一个子星通过引力作用而影响到另一子星的演化，这种双星称为密近双星。若引力作用仅仅造成另一子星变形，但无物质交流，称为不接密近双星；若引力作用较强，可使一颗子星物质流向另一子星时，称为半接密近双星；若引力作用很强，造成两个子星均有物质流向对方，则称为密接密近双星。对于密近双星的观测和研究，往往可以获得关于恒星内部和大气结构的信息，以及恒星演化的情况，因而受到天文学家的重视。

除了有二颗恒星组成的双星外，还有由三颗以上恒星组成的恒星系统，称为聚星，不过有时也按其恒星数目而分别称为三合星，四合星，……聚星中的恒星之间通过引力作用聚合在一起，构成天体力学中的多体问题，各子星的运动是相当复杂的。上述目视双星中提到的开阳（大熊座 ζ），其主星开阳与名为辅的伴星相距 19000 AU（天文单位），开阳本身又是一对双星，其中主星（大熊座 ζa）和伴星（大熊座 ζb）相距约 400 AU，而它们又都是分光双星，开阳的伴星辅也是分光双星，因此“开阳”实际上是六合星。另一例子是南门二（半人马座 α）实际上是三合星，三个子星分别名为比邻星、半人马座 αa 和半人马座 αb。其中比邻星是离我们最近的恒星。北河二（双子座 α）目视为三合星，其三个子星均为分光双星，因此北河二也是六合星。另一著名的聚星就是猎户座大星云（M42，在猎人双腿之间）中央的“猎户座四边形”，由 4 个几乎等距（20″）的恒星组成。研究表明这种力学系统是不稳定的，可能正在互解之中，但也有不同看法。

二　变　星

顾名思义，变星（variable star）就是指可觉察其亮度变化的恒星。人们早就发现，有些恒星的亮度变化并非来自上述双星的子星之间相互遮挡的几何原因，而是由恒星自身的物理原因造成的，因而称为物理变星，以区别于交食造成亮度变化的几何变星。换句话说，物理变星是真变星，几何变星是假变星，以下的讨论 限于真变星。

1. 变星的命名

变星命名颇为复杂，其原因在于原先估计变星数量不会太多造成的。现在命名法最先是 1844 年阿格兰德（F. W. F. Argelander）建议的，即在一个星座内按其发现的时间顺序，用拉丁字母 R、S、T、U、V、W、X、Z、Y 命名。例如牧夫座内发现的第两个变星定名为牧夫座 S，天鹅座发现的第七个变星定名为天鹅 X。后来发现每个星座的变星超过 9 个，单个字母不够用，于是 1881 年又扩大为用两个字母命名，即从第 10 个开始，为 RR、RS、…、RZ，TT、TU、…、ZZ，AA、…、AZ，BB、…、QZ，（其中不用字母 J），至第 334 个。例如天琴座 RR 变星，飞马座 AG 变星等。后来发现一个星座的变星也会超过 334 个，只好用 V 后面加阿拉伯数字表示，例如天蝎座 V 861，人马座 V 402 等。不过在变星的命名和编号时，同样把几何变星（食双星或食变星）也包括在内。变星大体上可分为三大类型，即几何变星、周期变星（也称脉动变星）和非周期变星（有时也称不规则变星）。目前已经发现的3万多颗变星中（平均每个星座约340个），食变星约占20%，周期变星占70%，不规则变星10%。

2. 造父变星（短周期脉动变星）

因这类变星的典型星是仙王座 δ 星，中文名为造父一，故简称造父变星，实际上是指周期约为几小时至50天的短周期造父变星。据说造父是春秋战国时代为周穆王驾马车的一名驭手，因功被赐名于天上一星，即造父一。造父一最亮时星等为$3.^m6$，最暗时$4.^m3$，星等变化幅度为$0.^m7$，变化周期为5.6天（$5^d8^h46^m38^s$），亮度增大需时约1天半，下降需时约4天。通过光谱观测并进行光谱线的多普勒位移测量，可知这颗星的亮度变化起源于星体的径向脉动，即周期性的膨胀和收缩（图6.2上部）。由于膨胀造成温度下降，亮度变小；收缩造成温度上升，亮度增大。亮度最大时颜色偏蓝，最暗时偏白，表明其发射的辐射波长和相应的光谱型有变化。实际测量表明亮度最大在时间上对应温度最大值和视向速度最低值。造父变星的亮度变化幅度一般只有1～2星等。迄今已发现1000多个造父变星。造父变星有一个可贵的特征是可以作为测量天体距离的尺度。上一章已说过哈佛大学的女天文学家勒维特发现，造父变星的光度变化周期与光度大小之间存在密切关系，总的趋势是光度愈大的恒星光变周期愈长（图5.10）。于是可以做出光度与周期之间的关系曲线。只要测出任一造父变星的光度周期，就可以从关系曲线上获得它的光度或绝对星等，再利用星等—距离公式（5.2）推测出它的距离。根据这一原理，只要在星团或河外星系中能够证认出造父变星，并且测出它的光变周期，就可确定该星团或河外星系的大致距离。

3. 长周期造父变星

光度变化周期比造父变星长的脉动变星称为长周期造父变星，有时简称长周期变星。这类变星的典型是鲸鱼座O星，中文名为刍藁增二。它是一颗红巨星，其直径为130太阳直径，距离为130光年。它的视星等变化范围大约在2^m～10^m，变化周期为320～370天，平均332天。若星等变化达到8个星等，相当于亮度变化2000倍。用肉眼观察，即从最亮的二等星变到完全看不见，因此西方国家称它为“魔星”。后来的研究表明，它的边上还有一颗白矮星，与其构成物理双星，相互环绕周期为261年。长周期变星的光变周期大多在70～700天，亮度变化也比造父变星大得多，它们大多是红巨星或红超巨星，光谱型大多为M型，少数为

S、N和R型。大多数长周期脉动变星的光度变化周期和变幅都有不规则的起伏，变化率可达15%左右。长周期变星约占脉动变星总数1/3。

4. 脉动变星的成因

脉动变星为何会像人的脉搏一样有规律地跳动？迄今的研究表面，周期性变星的光度变化是由于恒星外层大气中存在某种特定区域（主要是氢和氦的电离区），它们的不透明度（对辐射的吸收能力）随压力作周期性变化所造成的。若恒星外层大气一旦因某种扰动产生压缩，这种压缩将会造成大气层的不透明度增大，导致外层大气对恒星内部向外辐射的吸收增大，从而使外层大气膨胀，温度随即下降，恒星光度减弱。大气因温度下降而重新收缩，不透明度增大，从而对辐射的吸收增大，重新膨胀，形成了周而复始的脉动现象。天文学上常用希腊字母κ代表大气不透明度，因此这种用大气不透明度变化来解释恒星径向脉动和光度变化的理论称为κ机制。不过由于不同变星的光度变化情况相当复杂，完整的变星理论仍然在探讨之中。

三　耀星、新星和超新星

1. 耀星

耀星（flare star）是一种特殊的变星，它们的亮度在平时基本不变，但往往在几分钟甚至几秒钟内突然增亮，亮度变化从几分之一星等至几个星等，个别超过10个星等，经过几十分钟后复原，这个过程称为“耀亮”或“耀变”。最早发现的耀星是1924年丹麦天文学家赫茨普龙发现的船底座DH星，但未引起重视。1948年美国天文学家卢依顿又发现鲸鱼座UV星也是耀星，其亮度在3分钟内增强了11倍，几年后才观测到它再次增亮，从而把这种无规律耀变的星称为耀星，或鲸鱼座UV型星。迄今观测到的耀星约有1000多颗，其中包括离我们最近的半人马座比邻星，并且很多耀星属于双星。耀星大多为红矮星，光谱型为M或K型。耀星的光度变化有几个特点：①除可见光外，在X光和射电波段也有耀变现象。X光变幅最大，但持续时间最短，射电波段持续时间最长。②可见光辐射中既有连续谱，也有发射线。光度曲线由“快”和“慢”二部分组成，“快”的部分对应连续谱辐射，“慢”的部分对应于发射线。③耀亮的发射能量与光度有密切关系。④通过对双星中的耀星进行研究发现（例如双子座yy星的二颗子星均为耀星），耀星表面存在局部活动区，耀亮发生在活动区，并且同一活动区可以多次耀亮，这与太阳活动区极为相似。⑤对某些耀星长达几十年以上的光谱研究表明，其发射线的平均强度具有缓慢的周期性变化，变化周期与太阳活动周期相似。在太阳周围观测到许多耀星（包括半人马座比邻星），它们的耀变特征与太阳耀斑的活动情况非常相似。根据这些特点，目前认为耀星就是表面存在活动区的恒星，不过它们的活动规模比太阳活动大得多。

2. 新星

新星（nova）实际上是一种爆发型变星，它们并非新诞生的恒星，而是指原有比较暗弱的恒星突然出现爆发性的增亮，其亮度可在几天内增大 9 个星等以上，从而被人们发现。新星平均增亮 11 个星等，相当于光度增加几万倍，几个月后甚至几年后又恢复到原先光度。由光谱观测可知新星爆发过程中向外抛射物质，并形成气壳，向外扩散，其物质抛射速度可达每秒 500～2000 公里，新星爆发释放能量平均功率可达每秒 10^{38}～10^{39} 焦尔，抛出的物质约为千分之一太阳质量，我国古代很早就有关于看到新星的记载，从殷代的甲骨卜辞开始至明代的近 2000 年期间，在历史文献中可以发现近 100 次新星的记录，其中有新星出现的日期和所在星座，以及亮度方面的描述。例如在《汉书· 天文志》中有“元光元年客星见于房”，其中客星即汉代对新星的称谓，房即我国古代把星座划分三垣二十八宿中的房宿，相当于天蝎座。银河系中迄今已发现新星 200 多颗，还发现邻近星系中的一些新星。在仙女座星系（M31）中发现了 200 多个，在大麦哲伦（LMC）和小麦哲伦（SMC）星云中也发现了一些新星。估计每个星系每年会出现几十个新星。有些新星可多次爆发，称为再发新星。

新星的命名是用它所在星座之前加字母 N（意为 nova），后面再加上发生的年份。例如 1975 年出现在天鹅座的新星即 N Cyg1975，而 N Her 1934 即是 1934 年发生在武仙座的新星，随后又归入变星系列，亦即武仙座 DQ 星。20 世纪以后出现的著名新星包括 1918 年天鹰座新星，极大时星等为 $-1.^{m}1$，比织女星还亮；1901 年英仙座新星，1925 年绘架座新星，1934 年武仙座新星和 1942 年船尾座新星等，最亮时均接近 1 星等。1975 年天鹅座的新星（N Cyg 1975）出现于 8 月 29 日，8 月 31 日达到极大亮度，星等为 $1.^{m}9$，9 月 15 日下降到 $6.^{m}5$ 以下，肉眼已看不见。这颗新星亮度变化达到 18 个星等。

观测发现许多新星属于双星，特别是密近双星。有人认为绝大多数甚至全部新星都是密近双星。因此目前普通认为，新星爆发起源于双星中二子星的物质交流而导致的结果。如果密近双星中有一个体积庞大而密度较小的红巨星（温度较低的冷星），另一个则是密度很大的白矮星（较热），理论研究表明，在这样的密近双星系统中，存在临介等位面，即二子星引力与离心力的合力等于零的曲面。当冷星物质充满等位面时，其表面物质的零速度面与等位面重合，导致冷星物质将通过内拉格朗日点 L1（关于拉格朗日点请参阅本书第十章第五节）进入引力更强的热星，并在热星周围形成一个气壳层（吸积盘）。随着冷星物质的持续抛射，气壳层底部压力增大。由于冷星抛出的是富氢物质，压力增大导致氢原子被加热，并最终达到氢原子核反应所需的温度，产生核反应，引起星体爆炸，即为新星。不过理论研究也表明，单个白矮星如果不断吸收星际物质，也可以导致物质积聚，密度和温度不断增加，最终产生核反应，使星体爆炸。换句话说，单星演变成新星的可能性也是存在的。

3. 超新星

超新星（supernova）又称灾变变星，其爆发规模比新星更大，在几天内亮度达到极大，然后缓慢减弱，星等变化幅度超过 17 星等，表明其光度变化超过千万至上亿倍。超新星光度极大时相当于 10^7～10^{10} 个太阳光度，亦即整个星系的光度量级。一次超新星爆发释放的能量估计为 10^{45}～10^{46} 焦尔。爆发之后，星体基本互解，成为星云向外扩散，或者仅残留少量物质塌缩成为中子星或黑洞，超新星爆发期间，在可见光、紫外光、射电波段均有剧烈增强，还可以观测到爆发引起的中微子辐射。超新星与新星有两个重要差别：①规模差别很大。新星平均增亮为 11 个星等，相当于光度增加成千上万倍；超新星平均增亮 17 个星等，相当于光度增加几千万至上亿倍。一次新星爆发释放的能量为 10^{38}～10^{39} 焦尔，而一次超新星爆发释放的能量估计可达到 10^{45}～10^{46} 焦尔，超过太阳一生辐射能总量的 100 倍。②新星是发生在恒星表面的爆发现象，例如密近双星的白矮星吸引红巨星物质引起的，其爆发而抛射的物质很少，仅为太阳质量的 10^{-3} 左右，而恒星本身基本无损；超新星则是发生在星体内部的爆发现象，例如大质量恒星演化到晚期阶段收缩产生的核爆发，抛射物质可达到几个太阳质量，星体本身互解，成为星云（超新星遗迹），或少量残留物质收缩成致密天体（中子星或黑洞）。

迄今银河系只记录到 9 次超新星爆发，但在河外星系中已观测到一千多次超新星爆发。估计在银河系中每 50 年会发生一次超新星，不过由于银河系中的星际吸收，导致地球上的观测者平均每 300 年才能看到一次超新星。而在银河系周围的星系中若有超新星爆发，则不难看到。银河系的 9 次超新星爆发均发生于望远镜发明之前，我国史书中均有记载。这 9 次超新星爆发的遗迹，亦已全部找到，迄今已在银河系中找到 150 多个可能的超新星遗迹。银河系的 9 次超新星情况列于表 6.1。

表6.1　银河系的9次超新星记录

公元（年）	历史年代		星座	超新星名	星等	可见时间（月）	遗迹	距离（光年）
185	东汉灵帝	中平二年	半人马	南门客星	–8	20	RCW86 (G315.4–2.1 星云）	8 200
386	东晋孝武帝	太元十一年	人马	南斗客星	?	3	G11.2–03星云	16 000
393	东晋孝武帝	太元十八年	天蝎	尾中客星	–1	8	G347.3–0.5星云	3 000
1006	北宋真宗	景德三年	狐狸	周伯星	–9.5	数年	PKS1459–41射电源	
1054①	北宋仁宗	至和元年	金牛	天关客星	–5	22	MI蟹状星云	6 300
1181	南宋孝宗	淳熙八年	仙后	传舍客星	0	6	3C58射电源	10 000
1408	明永乐六年		天鹅				X–1黑洞?	
1572②	明穆宗	隆庆六年	仙后	阁道客星	–4	18	气体星云，直径17光年	7 500
1604③	明神宗	万历三十二年	蛇夫	尾分客星	–2.5	12	气体星云，直径14光年	13 000

①中国超新星；②第谷超新星；③开普勒超新星。

在上述 9 次超新星记录中，有四次最亮的白天可以看见。1006 年的超新星最大视星等为 –9.ᵐ5，满月的视星等为 –12.ᵐ7，可见它是除太阳和月亮之外的最亮天体。《宋史 · 天文志》中对它记载为“状如半月有芒角，煌煌然可以监物”，表明它可以照亮地面的物体。最为著名的是 1054 年的天关客星，《宋史》记载为“宋至和元年五月乙丑客星出天关东南，可数寸，岁余稍没”，其中天关指金牛座 ζ 星。《宋会要》记载为“至和元年，伏睹客星出现，其星上微有彩光，黄色”。《宋会要辑稿》的记载为“至和元年五月，晨出东方，守天关，昼夜如太白，芒角四出，色赤白，凡见二十三日”。研究表明，此星爆发于 1054 年 7 月 4 日凌晨 4 点左右，最亮时白天可见，直到 1056 年 4 月 6 日才消失（肉眼不可见），持续了近一年 10 个月。1926 年美国天文学家哈勃根据金牛座蟹状星云大小及其每秒约 900 公里的膨胀速度，推断其 900 年前的源点对应于中国历史上记载的天文客星，即蟹状星云是 1054 超新星的遗迹（图 6.3，图 6.4）。此后国际上通常把它称为中国超新星。1948年发现它是很强的射电源，1963年空间探测表明它也是X射线源，1968年空间探测表明它也是γ射线源，同时证认出其中心有一射电脉冲星PSR0531+21（其中数字意为赤经5^h31^m，赤纬+21°），后又发现其同样存在光学脉冲，实质上就是一颗中子星。1572年超新星的极大视星等达到–4等，目视可见时间长达一年半，丹麦天文学家第谷作了观测研究，被称为第谷超新星。1604年的超新星极大星等也达到–2.5等，超过全天最亮的天狼星，大天文学家开普勒进行了观测研究，因而称为开普勒超新星。

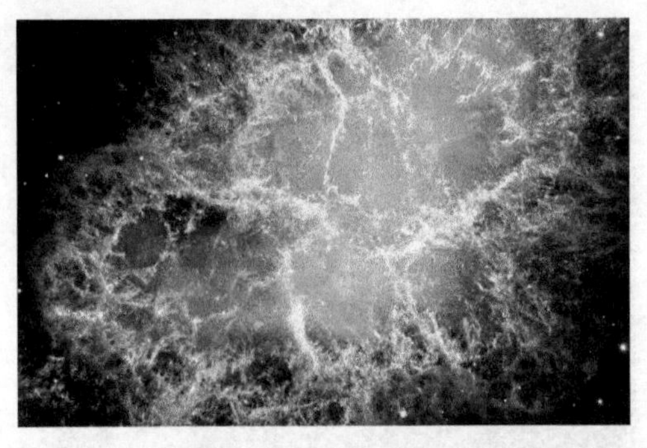

图6.3　金牛座蟹状星云（1054年超新星遗迹）

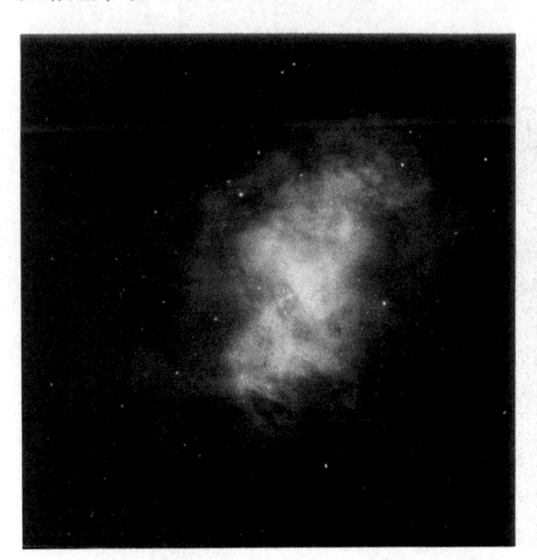

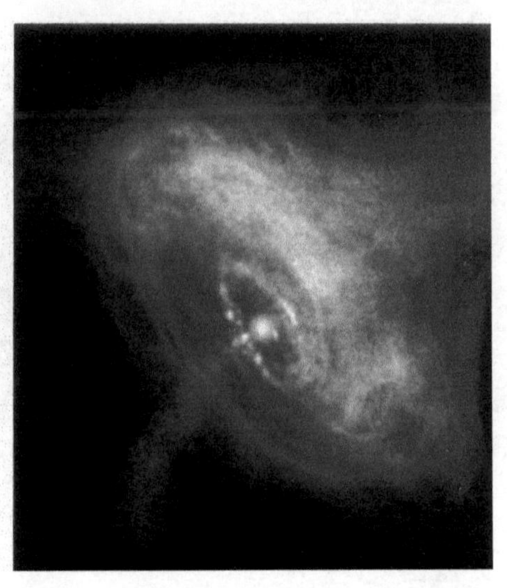

图6.4　金牛座蟹状星云，左为光学、射电和X光波段合成；右为X光像，可见其核心为中子星

河外星系的超新星中，最有名的是1987年发生在大麦哲伦云中的超新星SN 1987A（图6.5）。它是1987年由在智利天文台工作的加拿大天文学家希尔顿最先看到的，发现时为5等星，但其亮度迅速增大，立即判断它是一颗超新星。大约两个月后，其亮度达到最大，成为$2.^m8$星。它是自1604年之后能够用肉眼看见的首个超新星。大麦哲伦和它附近的小麦哲伦云位于南天极附近，因航海家麦哲伦远航到南半球时发现，故以他命名。大小麦哲伦云是银河系附近的两个小星系，

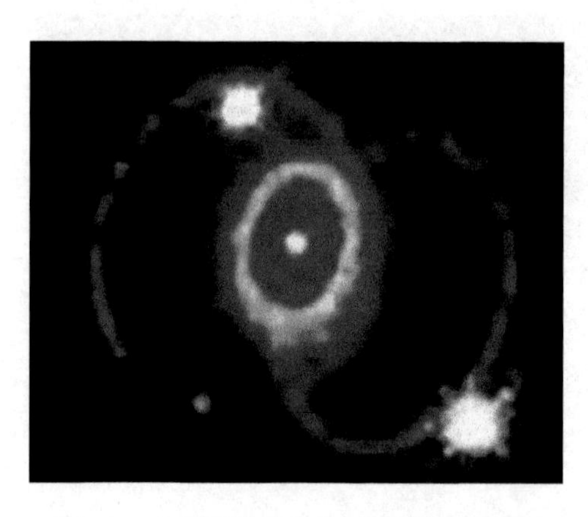

图6.5　大麦哲伦云中的超新星SN1987A

它们与银河系的距离仅分别为16万和19万光年，有人认为是银河系的碎片。发现SN 1987A爆发时离其到达极大亮度尚有几十天，使得天文学家有充裕的时间进行各种观测准备，包括前往南半球以及在低纬度地区的天文台，用各种波段对极大前后的整个过程进行仔细的观测研究，1990年升空的哈勃空间望远镜后来也加入观测，取得了大量珍贵资料。更为难得的是观测表明这颗超新星伴有中微子发射，在它爆发期间，日本、美国、意大利和俄罗斯安装在地下的中微子探测器均观测到它的中微子辐射。中微子是一种以光速运动而几乎不与物质相互作用的中性亚原子粒子，它们是恒星内部核反应的产物。这些中微子能够贯穿地球，实际上是穿越地壳到达位于看不见SN 1987A的各个中微子观测站的。所有这些观测资料将为研究超新星的爆发成因及其物理过程提供关键的观测依据。

关于超新星爆发的原因及其具体过程，迄今并未完全探明。尽管已有多种理论模型，不过大多数学者认为很可能是大质量恒星晚期演化阶段由塌缩引起的核爆炸造成的，将在本章最后一节（恒星的诞生与消亡）进一步讨论。

四　星团、星云和星际物质

1. 星团

上面说过由10个以内的恒星组成的群体称为聚星。由10个以上恒星组成的群星就称为星团，星团中的恒星通过引力凝聚成团。观测和研究表明，银河系中存在大约2000个星团。许多较亮的星团用肉眼或小望远镜看起来只是一个模糊亮斑，只有用大望远镜才能分解出其中的单个恒星。1784年法国天文学家梅西耶（C.Messier）在研究彗星时，为了避免混淆，把103个位置固定的模糊天体编成星表，这些模糊天体既有星团，也有下面要谈到的星云和下一章要谈到的河外星系。星表中的天体以M开头后加编号，例如M13即著名的武仙座球状星团，而M31则是仙女座大星云，实际上是一个河外星系（图6.6至图6.10）。19世纪末丹麦天文学家德雷耶尔（J.L.E.Dreyer）编制了包括星团和星云（含银河系内星云和河外星系）在内的7840个模糊天体（具延伸面源天体）的星表，称为《星云星团新总表》（简称NGC星表），后来又发表了包含5386个面源天体的NGC补编，简称IC星表。因此通常都用这几个星表中的编号来命名星团和星云。例如M67即NGC2682，M22即NGC6656，都是银河系内的星团。

图6.6　球状星团M13，距地球2.5万光年

图6.7　球状星团M80，距地球2.8万光年

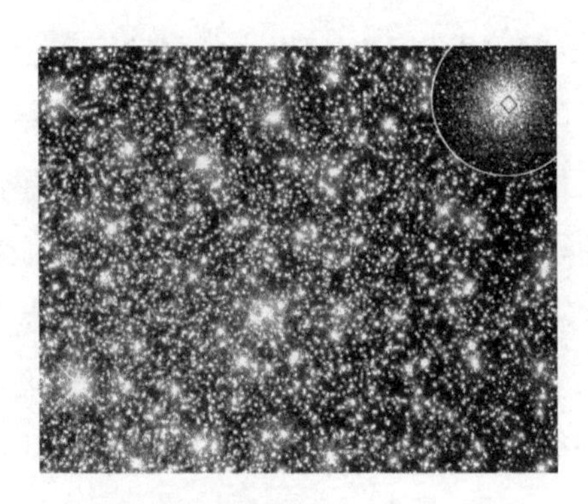

图6.8　球状星团M22及其局部分解

图6.9　仙女座大星云是河外星系

图6.10　飞马座球状星团M15

观测发现，银河系内的星团可以分为两类。一类是主要集中在银河系中央平面（星盘）中的疏散星团，也称银河星团，其成员星之间显得疏松。典型的疏散星团如金牛座的昂星团，又名七姐妹星团（图 5.7）。疏散星团中恒星的自行大致相同。若星团离我们较远，成员星的运动轨迹是大致平行的；若星团离我们较近，则由于投影的原因，看起来成员星的运动轨迹就不平行，而是从一点辐射出来，或是汇聚到一点，这种离我们较近从而可推测出辐射汇聚点的疏散星团也称为移动星团。研究表明大多数疏散星团的年龄全都不大，是由一些诞生不久而尚未完全分散开的恒星组成的。例如昂星团的年龄只有 5000 万年，距离为 400 光年，有成员星 100 多颗，分散范围约 13 光年，目前已发现的疏散星团约有 1200 多个。不过我们还可以在银河系附近的其他星系中看到一些疏散星团，例如在仙女座大星云和麦哲伦云中的疏散星团（图 6.11）。另一类是分布在以银河中心为球心以银河半径为半径的大球中的球状星团。这类星团本身的形状也是球对称

图6.11　仙女座大星云M31中的球状星团G1

或近于球对称的，并因此而得名球状星团。球状星团中的恒星密度非常高，其平均密度大约比太阳附近的恒星密度大 50 倍左右，而星团中心处的恒星密度比后者大 1000 倍左右。因此即使用大望远镜也无法把球状星团中心的大部分恒星分解成单星，只有星团边缘的可以分解出单星。最著名的球状星团是武仙座球状星团 M13，估计其中有恒星大约 30 万颗，距离我们大约 2.5 万光年。人类首次向外星人发送无线电信号就是选择 M13 为目标（参考第九章第二节）。研究表明球状星团有许多变星，特别是造父变星，因而可以通过观测这些造父变星的光变周期，再由周光关系定出它们的光度（或绝对星等），再由星等—距离关系定出星团的距离。目前已知银河系内大约有 130 多个球状星团。考虑到银盘中大量物质的吸收效应，将难以看到银盘中的球状星团，因而估计银河系中可能有 500 个球状星团。

2. 星云

银河系内除了恒星之外，还存在大量的气体和尘埃云，其形状五花八门，大小不一，亮暗不等，往往没有明晰的边界。星云的平均大小为几十光年，质量在 10～1000 太阳质量，平均密度约为每立方厘米 10^{-21} 克，相当于大约 100～1000 个原子。星云按形状分为广袤而无定形的弥漫星云（图 6.12），亮环中央有核心的行星状星云（图 6.13）和仍在向外扩散的超新星遗迹云（图 6.3，图 6.4），若从发光机制分类，则可分为发射星云，反射星云和暗星云（分别见图 6.14，图 5.7 和图 6.15）。发射星云的辐射起因于附近有高温恒星。这些恒星的强紫外辐射使星云里的气体受到激发，从而发出荧光辐射。若星云附近没有足够强的紫外辐射，星云不能受到荧光激发，而只能反射恒星的辐射，就成了反射星云。发射星云和反射星云合称亮星云，其中亮度有变化的称变光星云。如果星云附近没有恒星，星云就不能发射或反射辐射，就成了看不见的暗星云。它们只能成为其他星体辐射的吸收体，在其他星体辐射的亮背景衬托下，显现出暗星云存在的身影。

图6.12　面纱星云IC1340，距地球约3000光年，宽度约10光年

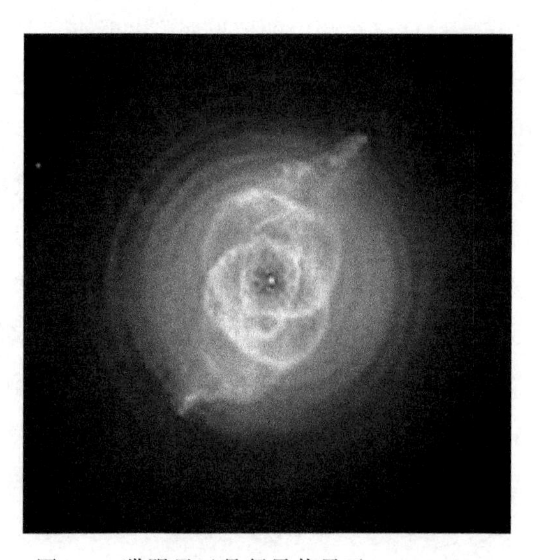

图6.13　猫眼星云是行星状星云NGC6543，距地球约3000光年

在梅西耶所编的星表中列出的103个有一定视面积的天体中，实际上只有11个是真正银河系里的星云，其余都是星团或河外星系。上面提到的《星云星团新总表》及其补篇IC中所列的总共13226个面源天体中，也只有少部分是真正银河系中的星云。人们用肉眼只能看到一个星云，即猎户座星云M42，也就是猎人腰带左下方构成佩剑的三颗亮星中间那一颗“模糊星”，其实是明亮的发射星云，距离我们1500光年（图6.14）。人马座的三叶星云M20也是发射星云（图6.16），距离为5600光年。反射星云的典型是昴星团星云，即包裹着整个昴星团的翠蓝色星云（图5.7）。猎户座的马头星云则是著名的暗星云，它在玫瑰色的明亮背景中衬托出了暗黑的马头形状（图6.15）。行星状星云属于发射星云，在望远镜中显示为像天王星和海王星那样略带绿色而有明晰边界的小圆面，因此1779年英国天文学家赫歇尔初次看到这种星云之后称其为行星状星云（图6.13）。后来的观测发现行星状星云中心有一个很小的核心，实际上是高温恒星。典型的行星状星云如大熊座的M97和宝瓶座的NGC 7293。进一步的研究表明行星状星云是较小质量的恒星演化到晚期的产物。这些小质量恒星(包括太阳）进入演化晚期后往往抛射外壳，逐渐扩散成行星状星云，而恒星本身则冷却为白矮星，最终结局是黑矮星。因此行星状星云不应该是罕见天体，迄今已观测到1200多个。由于行星状星云大多分布在银盘当中，其中的吸收物质稠密，而行星状星云本身较暗，因而不容易观测。根据太阳附近观测到的行星状星云的空间密度估计，银河系中应该有4万～5万个行星状星云。超新星遗迹星云则是超新星爆发后的遗留物。超新星爆发是大质量恒星演化到晚期的灾变事件，其结果是恒星主体基本互解，只留下少量物质形成中子星或黑洞，其余大量物质变成向外不断扩散的星云,最典型的就是公元1054年爆发的“中国超新星”遗留的金牛座蟹状星云(图6.3）。迄今已在银河系中发现100多处可能是超新星遗迹的星云。

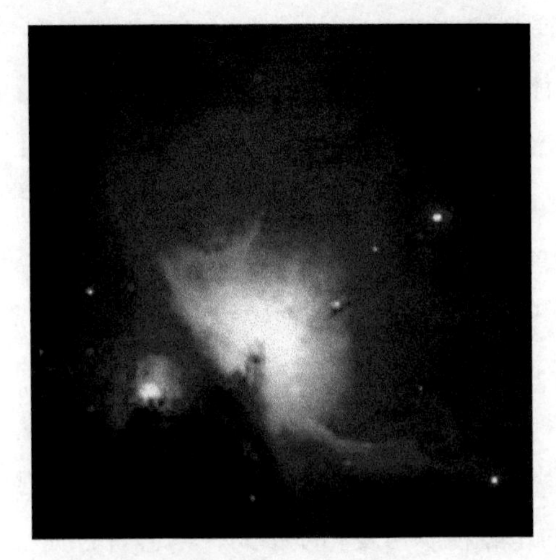

图6.14　猎户座发射星云

图6.15　马头状暗星云

20 世纪 20 年代之前，由于望远镜口径太小，一些较近的星系即使在望远镜中观测，其外观也像星云，因而通常也称其为星云，例如仙女座大星云 M31。1924 年美国天文学家哈勃利用威尔逊山天文台的口径 2.5 米望远镜观测 M31，分辨出其中的恒星，尤其是发现有造父变星，并且测定了它们的光度周期，从而利用周光关系定出绝对星等，再通过星等—距离公式算出距离，结果发现其距离已超出银河系的范围，认定其为河系星系，从而结束了关于它的河内或河外之争。从此之后，也就明确了星云与星系的区别，“星云”一词专指银河系内的云状天体，而“星系”则用于银河系之外与我们的银河系同一级别的庞大恒星群体。并且已经观测到银河系附近其他星系如仙女座 M31 以及大小麦哲伦星系中的一些星云。

图6.16　玫瑰色的三叶星云

3. 星际物质

恒星之间并非完全真空。除了上述星云之外，还存在密度比星云更为稀薄的星际物质。广义的星际物质也包括星云。星际物质的平均密度约为每立方厘米 10^{-24} 克，相当于一个原子，比现今实验室能达到的超真空还要稀薄百万倍。不过星际物质的温度相差很大，从几度至几千万度。星际物质主要由二部分组成：①星际气体，包括气态原子、分子、电子、离子，其化学组成可以通过不同波段电磁波的谱线测量来确定，结果表明星际物质的元素构成与太阳和其他恒星差不多，其中氢占 73%，氦占 25% 左右，其他元素估计不到 2%，主要是碳、氮、氧、铝和铁等元素，以及分子氢和多种其他星际分子。②星际尘埃，即大小约为 10^{-6}～10^{-5} 厘米的固体物质，主要成分为水、氨、甲烷等冰状物质，以及二氧化硅、硅酸镁、二氧化铁等矿物和石墨晶粒。星际尘埃约占星际物质的 10%，而包括星云在内的广义星际物质的总质量约占银河系总质量的 10%，恒星质量占 90%。星际物质在银河系内的分布很不均匀，主要集中在银盘中，尤其是银河旋臂当中。不同区域的星际物质密度相差很大，当它们的质点数密度达到每立方厘米 10^2～10^3 个时，就成为星云，而星云之间的密度只有每立方厘米约 0.7 个质点。对星光减弱起主要作用的是星际尘埃的吸收和散射，称为星际消光。星际消光随波长增大而下降，结果使星光变红，称为星际红化。星际尘埃有助于星际分子的形成和生存。一方面是固体尘埃可以作为催化剂促进星际分子形成，另一方面是星际尘埃能够阻挡星光的紫外辐射对星际分子的离解。根据现代的恒星演化理论，认为恒星是由星际物质聚积形成的，而恒星又以各种爆发、抛射和流失的方式把物质送回星际空间，这就是宇宙物质的生态循环。

五　恒星的诞生和消亡

一颗恒星从诞生至消亡的一生中，大约 90% 的时间是处在主序星阶段，正因为如此，在某一时刻看到的银河系恒星当中，大约 90% 是主序星。天文学家对主序星的演化过程已经做了大量的研究，并且已有大致的共识。关于主序星的演化，大致可以划分为以下几个阶段。

1. 主序星前阶段

目前认为恒星起源于星际物质。宇宙空间中到处都充满星际物质，其平均密度约为每立方厘米 10^{-24} 克，相当于每立方厘米一个原子。温度则相差很大，大部分区域在 10～100 K，但也有高达千万度的。星际物质中 90% 为星际气体，其余 10% 为星际尘埃。星际物质的主要成分是氢（约占 73%）和氦（约占 25%），其余为其他元素。根据宇宙大爆炸起源理论，这种以氢占绝大部分，其余为氦的组成比例正是宇宙初期的物质构成特征。由于种种原因，星际物质的分布是不均匀的，当星际物质密度达到每立方厘米约为 10^2～10^3 原子量级时，就形成星云，星云的大小和质量不一。当一块星云的质量和密度达到某种临介值，并且受到某种扰动触发时，就会因自身的引力作用导致星云塌缩，并分裂成较小的云块。经过多次的类似过程，终于成为许多团块，其质量大约自 0.05 至 150 太阳质量范围，直径约为目前太阳的 1000 倍。这样大小的物质团块实际上就是即将形成恒星的星胚。星胚通过自身的引力使质点向其质量中心聚集，实质上就是质点位能转化成动能的过程。这将导致星胚尺度缩小，中心密度和温度增大。收缩产生的辐射能主要在红外波段。进一步的收缩最终将达到使氢原子发生聚变反应的条件，引起氢原子核聚变反应，意味着恒星的诞生。然后氢燃烧的规模逐步扩大，直至能够抗衡引力收缩，使形体稳定。核燃烧的能量基本上达到稳定状态，恒星进入主序星阶段。若以太阳为例，估计形成太阳的原始星胚大约是太阳直径的 1000 倍，质量与太阳相当。当中心温度达到 7×10^6K 时，开始氢核聚变反应。这时的太阳直径约为目前的 4 倍，称为“原太阳”。当中心温度达到 10^7K 时，氢核聚变产生的能量已占太阳全部辐射的 99%，直径稳定在目前太阳的直径，太阳进入了主序星阶段。太阳从星胚到主序星大约只需 3000 万年，这段时间与太阳在主序星的停留时间约 100 亿年相比是非常短暂的，在讨论恒星演化时往往忽略不计。一块庞大的原始星云通过多次分裂产生大量星胚，这意味着恒星应该是成批产生的，这一点得到了观测上的支持。例如在猎户座的星云中可以观测到一批年青的恒星，其中就有直径达到太阳直径 1000 倍并且发射红外辐射的星胚。

2. 主序星阶段

恒星进入主序星之后，它的演化就非常缓慢，其原因是一颗恒星的演化实际上取决于它内部的能源演变。主序星是从燃烧氢原子开始的，通过四个氢原子核聚变为一个氢原子核的热核聚变反应产生能量。四个氢原子核的合计质量略大于一个氦核的质量，损失的质量按照爱因斯坦的质能转换公式 $E=mc^2$ 转换为能量，其中 E、m 和 c 分别为产生的能量、损失的质量和光速。由于恒星物质中最丰富的是氢元素，因此燃烧过程非常稳定，持续时间很长，相当于一颗恒星的青壮年时期，这就是一颗恒星生命期中 90% 处在主序星阶段的道理。恒星进入主序星后，它的演化过程是可以从理论上计算推测的。仍以太阳为例，首先必须以观测事实为依据，构建理论太阳模型。为了构建理论太阳模型，得做一些基本假定：①太阳的构造是球对称的，即它的物理参数（温度、密度、压力等）仅随日心距变化，处在相同日心距离的物理参数是相同的；②太阳自转和磁场对太阳宏观结构的影响很小，可以忽略不计；③太阳处在静力学平衡状态，即太阳内部任一小体积元中气体压力加上辐射压力，与它受到的重力平衡；④太阳内部的辐射传输方式是辐射和对流，热传导可以忽略；⑤太阳的能源来自热核聚变反应，太阳化学组成的变化仅由核反应造成。由于这些假定都非常自然，并且符合绝大多数天文学家对太阳实际情况的共识，因此获得了认可。有了这些基本假定之后，就可以建立表示各种平衡的太阳内部构成方程组，其中包括表示质量不灭的质量平衡方程，内部物质处于平衡的压力平衡方程，辐射和对流必须遵循的辐射平衡和对流平衡方程，以及表示温度、压力和密度之间关系的物态方程等。然而这样建立的方程组中包含着许多待定系数，包括太阳内部物质的平均原子量，以及对产能率和“不透明度”的严密理论计算，其过程相当复杂。只有完整地确定了所有这些系数之后，才能着手求解太阳内部构造方程组，推测太阳内部构造。

另一方面，求解方程组必须满足特定的边界条件，才能使求解得到的结果代表太阳的真实图象。很自然地，人们把边界条件取在太阳中心和太阳表面。在太阳中心（日心距为零），质量和光度必定是零；在太阳表面（日心距为太阳半径 $R_\odot$）质量和光度应是目前的太阳质量 $M_\odot$和光度 $L_\odot$，而 $R_\odot$、$M_\odot$和 $L_\odot$都是可以测量的，因而可认为是已知的。最后还必须认定太阳的年龄，才能计算出演化到现在的太阳构造。目前认为陨石是太阳和太阳系形成时产生的，因而是太阳系中最古老的天体之一。测定陨石（特别是球粒状陨石）中同位素，例如铷（^{87}Rb，其半衰期为 8×10^{10} 年）的含量，可知这些天体的年龄为 46 亿年（4×10^{9} 年），亦即太阳的年龄。有了这些边界条件和太阳年龄之后，就可以求解方程组，计算得到目前太阳内部构造模型（见图 2.24）。其主要特点是：①太阳产能区仅限于大约 1/4 太阳半径的日核中，日核的光度已达到太阳总光度的 99%；②太阳的温度和密度由日心向外迅速下降，日核的质量约占太阳总质量的一半；③在日核中作为燃料的氢含量明显下降，日心附近氢含量只有外层氢含量的一半，日核之外的氢含量不随日心距离变化。那么，通过理论推算的太阳内部构造模型是否可信呢？首先，建立太阳内部构造方程组所需的各种基本假定条件都是合理的，所采用的边界条件也是符合太阳实际情况的，因此从逻辑上说，这样求解得到的太阳构造模型不应当存在问题。不过由于不同研究者在确定方程组系数时采用略有差异的资料和不同的理论处理，最后得到的结果也不尽相同，但也大同小异，这反而间接证明了这种理论推测的唯一性。再则，根据这种理论推测的太阳模型，人们可以计算出太阳内部热核反应产生并发射出去的太阳中微子流量，其结果是地球上每平方厘米每秒钟应可接收到 6.5×10^{10} 中微子。一些研究者从 20 世纪 60 年代开始进行太阳中微子探测，起先得到的结果只有理论值的大约 1/3，从而引起对恒星内部构造和演化理论的质疑。后来经过不断的探测，终于在 21 世纪初得到实测与理论预言完全符合的结果（参阅第二章第七节），证明了恒星内部构造和演化理论的正确性（图 6.17，图 6.18）。由于太阳内部构造方程组中包含有时间变量，因此通过这套理论不仅可以计算年龄为 46 亿年的目前太阳的内部构造，还可以推测出从太阳诞生直到今后太阳的演化途径。这些结果显示太阳以及与太阳相似的恒星在其一生中所经历的不同阶段，即主序星前收缩、主序星、红巨星、氦燃烧和白矮星阶段。而处在这些不同阶段的恒星都能在众多的恒星世界中找到例证。例如，在牧夫座中最亮的红星（大角星）就是一颗红巨星，而大犬座中的全天最亮星（天狼星）有一颗很暗的伴星，就是白矮星。这些都是太阳和恒星构造以及演化理论可靠性的有力旁证。

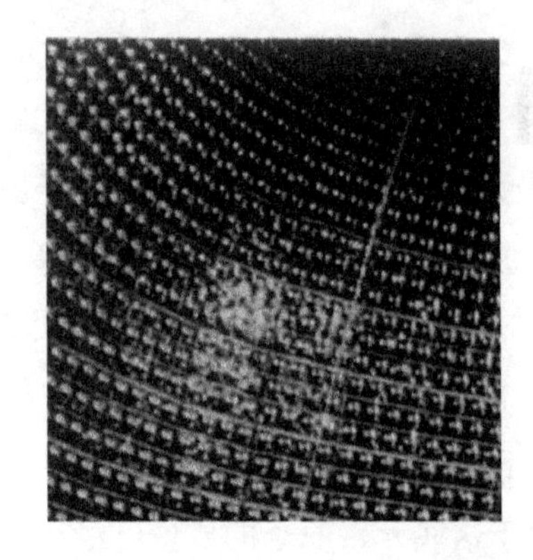

图6.17　加拿大的太阳中微子天文台（SNO）　　图6.18　日本神岗町的中微子探测器

恒星构造和演化理论还可以计算出不同质量的恒星在赫罗图（以恒星表面温度为横坐标和恒星光度为纵坐标）上的位置，亦即恒星从主序星前收缩后进入主序星的位置（图 6.19）。结果表明质量较大的恒星位于赫罗图中主星序斜线的左上方，质量小的恒星位于斜线的右下方，理论计算结果与实际观测到的结果也大致相符。恒星质量的上限和下限分别在 150 $M_{\odot}$（$M_{\odot}$为太阳质量）和 0.05 $M_{\odot}$附近。质量小于0.05 $M_{\odot}$时，收缩后的内部温度不足以点燃氢核聚变反应，形不成恒星；质量超过 150 $M_{\odot}$时，物质收缩过程中会引起不稳定性，从而产生物质抛射，剩下的物质形成恒星。由此可见，恒星在赫罗图上的位置是由恒星质量决定的。

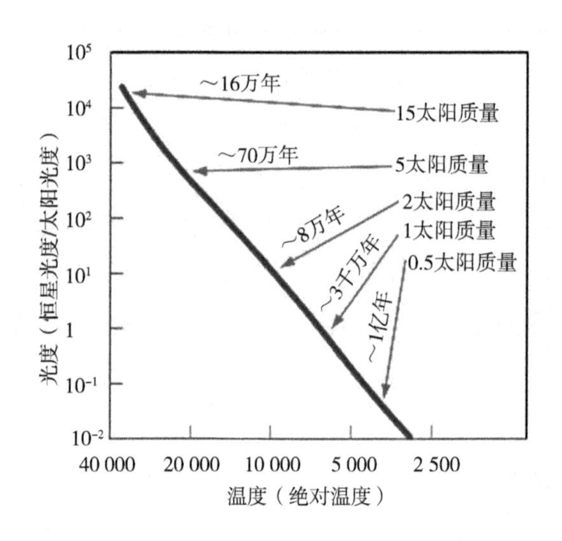

图6.19　不同质量的恒星进入主序星的位置和所需时间

3. 主序星后阶段

如果说主序星阶段是恒星的青壮年时期，那么主序星后阶段就相当于一颗恒星动荡的晚年时期，它的大体经历如下：当恒星内部氢燃料耗尽之后，由于内部氢原子转变为氦原子，压力下降，星体再一次收缩，温度再次上升。当温度达到 10^8K 时，氦核开始聚变反应，即氦燃烧开始。然而氦燃烧的效率大约只有氢燃烧的 1/5，燃烧后的遗留物为碳和氧。氦原子耗尽之后，星体进一步收缩，当温度达到 8×10^8K 时，碳和氧也会燃烧，并转化成元素硅、镁、磷和硫等更重元素。由于这些元素原子的质量已经很大，要产生核聚变反应需要更高的温度，以便克服电荷同性相斥的库仑力（称库仑壁垒）。当温度达到 10^9K 时，这些元素才可能发生核反应，有时称为硅燃烧时期，其最终产物是原子量很重的铁和镍，已经难以产生核反应，表明恒星的产能燃料已经枯竭，正在面临消亡。

恒星内部燃料临近耗尽之后的最终结局各不相同，主要取决于恒星质量，分述如下。

（1）对于质量较小的恒星（小于 2.3 $M_{\odot}$），恒星中心区的氢耗尽之后，内层收缩，引力能转化为热能，压力增大，导致外层温度增加，引起外层中的氢原子聚变反应。而核心区的温度和压力增大又启动了核心区的氦原子聚变反应，形成核心区氦和外层氢同时燃烧的局面，造成恒星半径急剧增大，表面温度下降到 4000 K 以下。这时的恒星成了一颗体积庞大并发射红光的红巨星，如大角星（牧夫座 α）和北河三（双子座 α）等，就是红巨星。当核心的氦耗尽之后，物质再次收缩，但其升温不足以促发核心区的残留物氧和碳发生聚变反应，然而却可以点燃外层中的氦原子，而外层氢燃烧的半径向外扩大。不过由于外层的氢和氦的含量不多，燃烧时间非常短暂。恒星内部和外部的氢和氦完全耗尽之后的多次收缩，已使原子或离子附近的电子产生的静电屏蔽作用增强，导致外围电子不再受到原子核的作用而成为自由电子，这种现象称为电子简并或压力电离，这时的物质状态称为电子简并态。由于原子的电子壳层已经毁坏，物质密度可以达到每立方厘米 10^7 克量级，半径仅为原有星体的百分之一，密度是原有星体密度的 10^6 倍，表面温度大约为 5×10^4 K。由于核燃烧已经停止，辐射仅靠内部剩余热量向外扩散来维持，光度只有原有星体的 10^{-2} 至 10^{-3} 倍，这就是一颗白矮星。同时，外层气壳由于不断膨胀，可能与核心部分脱离，形成行星状星云。根据理论推算，白矮星的热量完全扩散，大约需要 5×10^9 年，然后就成为完全冷却的黑矮星。1983 年诺贝尔物理学奖获得者，美籍印度天体物理学家昌德拉塞卡（S. Chandrasekhar）曾从理论上研究白矮星的物理构造，认为白矮星存在一个质量上限为 1.44 $M_\odot$，即白矮星的质量不可能超过 1.44 $M_\odot$，称为昌德拉塞卡极限。从观测上看，如果双星系统中有一颗是白矮星，就能推算出白矮星的质量。结果表明迄今已观测到的白矮星质量确实均未超过 1.44 $M_\odot$，证实了理论推测的结果。昌德拉塞卡因其出色的恒星结构和演化理论，以及发现白矮星的质量上限而获得 1983 年诺贝尔物理学奖。

（2）对于质量在 2.3 至 8.5 $M_\odot$之间的中等恒星，其晚期演化结局与上述不同。当内部氢燃料耗尽之后，接着氦原子燃烧。此后将有两种可能：①若恒星质量偏小，例如在 3 $M_\odot$左右，其外层膨胀后表面温度下降到 5000 K 左右，发射红光，成为红巨星。②若质量偏大，例如超过 7 $M_\odot$，其内部氢和氦耗尽后的收缩将更为猛烈，可以达到更高的升温，从而引发碳原子燃烧。由于碳含量不多，以及碳的核聚变反应率很高，其燃烧时间不长，称为碳闪。这时其表面温度可达到一万度量级，成为颜色偏蓝的巨星，其最终结局仍然是白矮星。碳原子燃烧的另一种可能结果是或许还有其他元素接着燃烧，并且引起星体猛烈爆炸，星体本身基本上瓦解，亦即引发了一次超新星爆发。

（3）对于质量超过 8.5 $M_\odot$的大质量恒星，理论计算表明可能有多种结果。当内部的氢和氦燃料耗尽之后，内层收缩造成的升温更高，可能达到氧和硅等较重元素热核聚变所需的 10 亿度量级。这些元素燃烧之后，接着是其他更重元素的燃烧，直到最终变成的残存物为元素铁，不再继续燃烧。但在星体的外层，仍然在进行着多种元素聚变反应的分层燃烧，星体外部剧烈膨胀，其半径延伸的范围更大，从而变成一颗红超巨星，其例子是著名的心宿二（天蝎座 α）和参宿四（猎户座 α）。另一方面，由于质量巨大，燃料耗尽后的内部收缩更为强烈，有可能引发超新星爆发，大量星体物质互解后被抛向星际空间；而中心物质由于过度收缩产生巨大压力，把原子的外层电子直接挤压到原子核内部，与其中的质子结合成新的中子，形成极为紧密的简并中子态星体，引力与简并中子压力达到平衡而处于稳定状态，这就是中子星。中子星的密度可达到每立方厘米 10^{15} 克（10 亿吨）量级，但其直径只有 10 公里左右，质量约为 0.1～3$M_\odot$。中子星快速自转，磁场极强（超过一亿特斯拉），同时发出沿自转轴方向的射电辐射。如果自转轴大致与观测者的视向平行，观测者就能看到脉冲式的射电辐射，表现为射电脉冲星。英国天文学家休伊什（A.Hewish）因发现脉冲星而获得 1974 年诺贝尔物理学奖。而美国天文学家泰勒（J.H.Taylor）和赫尔斯（R.A.Hulse）则因发现并利用双星脉冲星的绕行周期变化验证广义相对论的引力辐射，而获得 1993 年诺贝尔物理学奖。美国物理学家奥本海默（J.R.Oppenheimer，第二次世界大战期间美国研制原子弹的“曼哈顿计划”的首席科学家）曾从理论上证明，稳定的中子星也存在一个质量上限，大约在 2～3$M_\odot$，称为奥本海默极限，不能精确确定其数值是由于目前对密度达到每立方厘米为 10^{15} 克的物态方程尚不能完全确定。从观测上看，如果双星系统中的一个子星为中子星，就能推算出该中子星的质量。迄今为止从观测上推测出的中子星质量从来未超过 3$M_\odot$。

如果中子星的质量超过奥本海默极限，从理论上可以证明，它将是不稳定的，它将会进一步塌缩成一颗黑洞。黑洞原先是从理论上预言其存在的天体，实际上它是一个具有很强引力的空间区域，其基本特征是具有一个封闭的边界，称为视界，外来的物质可以进入视界以内，而视界内的任何物质都跑不出来。为了理解这一原因，我们可以从一个物体逃离一个天体所需的速度来探讨。一个物体若要逃离一个天体的引力束缚，其动能应该达到这个天体的引力势能，即应有

$\frac{1}{2}mv^2 = G\frac{Mm}{r}$，其中 m 和 M 分别为物体和天体质量，v 为物体速度，r 为物体质量中心与天体质量中心的距离，G 为引力常数。因而得 $v=(\frac{2GM}{r})^{\frac{1}{2}}$。若天体为地球，$r$ 为地球半径，代入可得 v=7.9 公里 / 秒，就是发射人造卫星使其绕地球运行而不会掉到地面上所需的最小速度，称为第一宇宙速度。对于光子，则令 $v=c$，代入可得 $r_c = \frac{2GM}{c^2}$，即视界半径，也称引力半径，或史互西半径（此概念是由史互西引入和推导的）。众所周知，引力与两个物体质量的乘积成正比，并与二物体距离平方成反比。因此引力半径 r_c 的含义就是如果一个物体质量 M 很大，但被压缩到其半径只有 r_c 的大小，则其引力将会造成在视界以内的任何其他物体逃离所需的速度超过光速，这是不可能的，包括光子也无法逃逸。这种被高度压缩的物体就是黑洞。从理论上看，黑洞对大小和质量本身并无限制。例如，地球质量为 10^{25} 克，可算出其视界半径 1 厘米。换句话说，如果能把地球压缩到直径为 1 厘米，它就成为黑洞。恒星晚期形成的黑洞质量为几个 $M_\odot$，视界半径为几公里，称为恒星级黑洞。一个星系的质量为 $10^{11}M_\odot$量级，可算得其视界半径为大约 0.01 光年，称为星系级黑洞。黑洞虽然不能直接看到，然而如果在它的周围有其他天体，如在双星中一个子星为黑洞，或存在其他宇宙物质，则由于黑洞的巨大引力，将会吸引另一子星的外层大气或附近的宇宙物质，导致产生 X 光或 γ 射线辐射，从而被间接观测到（图 6.20，图 6.21）。迄今已在银河系中观测到许多黑洞候选者，著名的如天鹅座 X-1（9 等星）的不可见伴星（估计其质量为 10～15$M_\odot$），和天蝎座 J1655-40 双星（17 等星）中不可见的伴星（质量约 4～5.2$M_\odot$）。由观测表明，我们银河系的中心和许多其他星系的中心均存在星系级黑洞。例如星系 M81 的核心可能有质量达 10^8～10^9 $M_\odot$的大型黑洞（图 6.22，图 6.23）。后

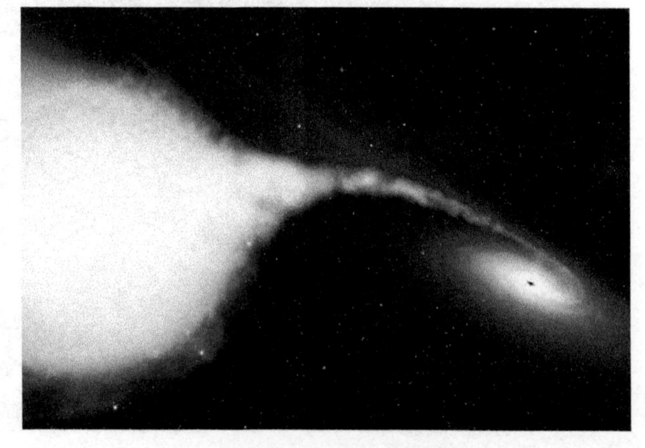

图6.20　双星中的黑洞吸积伴星大气

来的研究表明，黑洞实际上存在由其温度确定的热辐射，因此严格说来它们也并非“全黑”。不过对于较大质量的黑洞，其发射温度较低，因此发射造成的质量损失非常缓慢，相当于蒸发。对于很小的黑洞，发射温度很高，例如大爆炸宇宙理论认为，宇宙早期可能形成一些小质量黑洞，其质量约为10亿吨，半径为10^{-13}厘米，温度高达1200亿度，有很强的辐射。

图6.21　天鹅座X-1黑洞模型

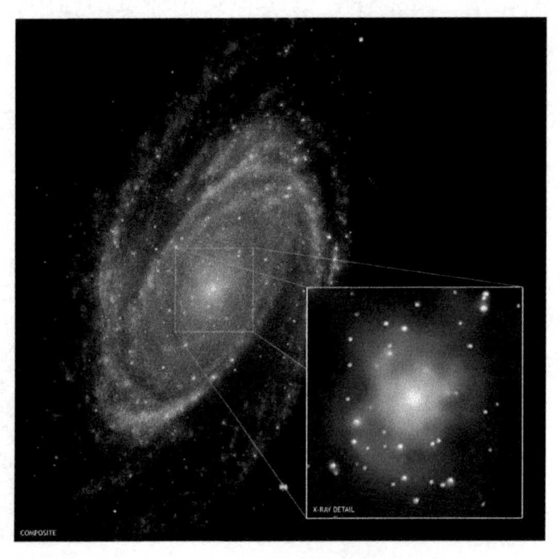

图6.22　星系M81核心区显示可能存在星系级黑洞

图6.23　恒星被黑洞吸引变形示意图

读者可能会在另一些科普文献中看到另一种说法是“质量小于 8 $M_{\odot}$的恒星将演化成白矮星；质量在 8～20 $M_{\odot}$的恒星演化成中子星；质量超过 20 $M_{\odot}$的恒星将演化成黑洞”。这里的质量实际上是指形成恒星的原始星云的质量。在形成恒星过程中及最终形成白矮星、中子星或黑洞过程中，都会经历多次包括爆炸在内的大规模物质抛射，留下的物质演化成不同的致密星体，与本文的阐述并不矛盾（图 6.24）。

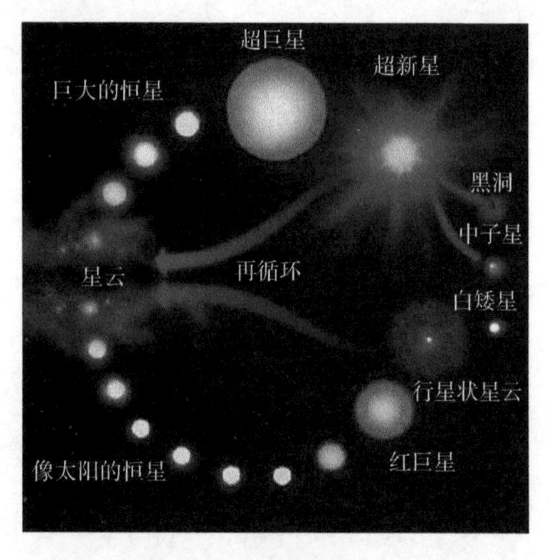

图6.24　恒星演化路线图

迄今对包括河外星系在内的 1000 多个超新星的研究结果表明，超新星可分为二大类，分别称Ⅰ型和Ⅱ型超新星。Ⅱ型超新星的光度变化特征是快速上升到极大后，先缓慢下降，约 50 天后光度曲线出现驼峰，然后再继续下降。光度极大时的光谱具有红超巨星膨胀的特征。目前认为它们是质量超过 $8M_{\odot}$的前身星演化到晚期的产物。另一类为 I 型超新星，年龄比 II 型超新星更老，其光度变化曲线的特征是快速上升到极大后，先陡降，然后缓慢下降，平均每年下降 6 个星等。目前认为它们是质量为 2.3～$8.5M_{\odot}$的恒星演化到晚期的产物。其中有一种次型称为 I_a 超新星，可能起源于双星系统。若双星中有一颗为白矮星，另一颗为红巨星，由于白矮星不断吸积红巨星的物质，白矮星的质量将会超过昌德拉塞卡极限，重力将超过星体的支持力，使星体收缩并引发失控的热核反应，从而产生爆炸，成为超新星。另一种可能是如果两个子星都是白矮星，则双方由于辐射而损失能量，最终发生碰撞，也将发生爆炸。这两种可能均导致 I_a 超新星的发生，因此 I_a 超新星被认为是宇宙中的定时炸弹。研究表明 I_a 型超新星是在几乎相同的物理条件下发生爆炸（质量超过昌德拉塞卡极限）,因而其在光度极大时的绝对星等几乎一样，均在 –20 等左右。这一可贵特征使 I_a 型超新星成为一种宇宙距离的标尺。因为视星等为可测量，知道了视星等 m 和绝对星等 M，就可以按照星等距离公式计算出距离，因而就能获知 I_a 超新星所在星系的距离。

第七章　巡游宇宙岛屿

一　银　河　系

观测和研究表明，我们的太阳和它周围的大约 2 千亿颗恒星组成了一个庞大的恒星系统，称为银河系（galaxy）。银河系的形状像体育用品中的铁饼，即中部略为突起的盘状结构，盘的直径约为 10 万光年。银河系就像茫茫宇宙中的一个岛屿。宇宙中还有上千亿个与银河系规模相当的由上千亿颗恒星组成的恒星岛屿，称为河外星系，一般简称星系（galaxies）。太阳在银河系中位于盘中但偏离铁饼中心大约 3/5 半径处，使我们看到银河系在天球上的投影成了一条贯穿整个天空的亮带，俗称银河（Milky Way）。17 世纪初伽利略把自己制作的天文望远镜指向天空时，立即发现乳白色的带状银河原来是由无数恒星组成的。从地平线某处升起，贯穿整个天空之后，又在地平线另一处消失的银河，实际上也在另一半看不见的天球中延伸，与可见天空中的亮带首尾相接，连接成全天球的环带（图 7.1，图 7.2）。银河带通过 20 多个星座，带的宽度大约在 10°～30°，带的亮度也不尽相同，最亮处位于人马座方向，实际上就是银河系中心的方向（其坐标为赤经 $\alpha=17^{h}45^{m}6$，赤纬 $\delta=-28°\ 56'$）。银河在天鹰座和天鹅座附近裂开成两个分支，北面的分支靠近天琴座，其中有亮星“织女”（天琴座 α）；南支经天鹰座，其中有亮星“牛郎”（天鹰座 α）。牛郎与织女被中间的暗区隔开，成为民间传说牛郎与织女只有在农历七月初七才能相会的场景。

目前已知银河的构造如图 7.3，图 7.4 所示。银河系的主体大致像块铁饼，其圆盘称为银盘，它的中部略为隆起，称为核球（或银核），它的中心称为银心，通过银心的银盘对称主平面称为银道面，核球和银盘是恒星和星际物质等天体最密集的区域。核球由于其中物质的强烈吸光作用，至今对它的结构仍不很清楚。银盘直径约为 25 kpc（千秒差距），核球略呈扁球形，宽约 4～5 kpc，厚约 4 kpc，银盘厚度在 1～2 kpc。太阳位于银道面北边 8 pc 和离银心约 10 kpc 处，太阳附近的银盘厚度只有 1 kpc。通过包括由波长为 21 厘米的氢谱线射电观测表明，银盘具有旋涡结构，属于旋涡星系。太阳附近有三条旋臂，分别称为人马座旋臂、猎户座旋臂和英仙座旋臂，太阳位于猎户臂内侧，旋臂的间距约为 1.6 kpc。在银心方向还有一条 3 kpc 旋臂（图 7.47）。

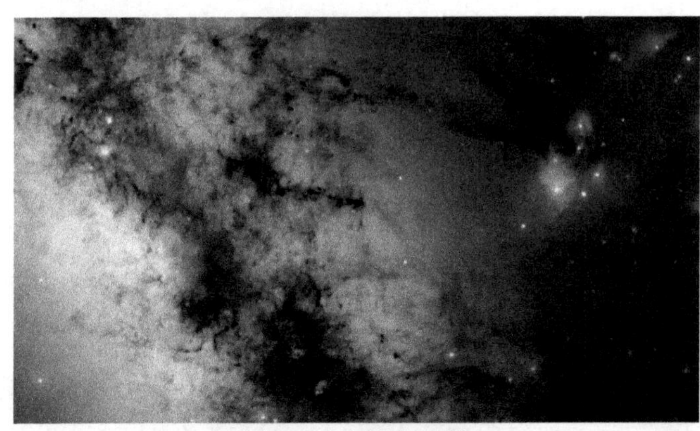

图7.1　银河局部片段

图7.2　银河系全景图。右下方二亮块为大小麦哲伦云

瑞典吕德天文台综合大量照片，按银道坐标绘制；右下方的大、小麦哲伦云明显易见

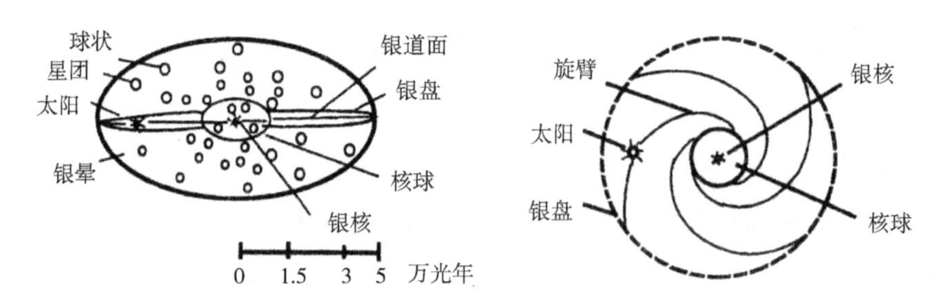

图7.3　银河系结构示意图：侧视（左）和俯视（右）

图7.4　银河系的旋臂

观测表明还有一个包围银盘和银球的大椭球状结构，称为银晕。椭球长轴直径约为 30 kpc，短轴约为 15 kpc。银晕中的物质比银盘稀疏得多，主要是一些球状星团。通过射电探测显示，还存在一个包围银晕的更大结构，称为银冕，银冕大致为球形，其直径约为银晕长轴的 6～7 倍。银冕中没有恒星，主要是射电辐射区。

整个银河系的总质量估计达到 $1.4\times10^{11}M_{\odot}$（$M_{\odot}$为太阳质量），其中 90% 为恒星，其余 10% 为气体和尘埃等星际物质。恒星总数估计为 2 千亿颗。银河系的恒星主要集中在核球和银盘中。银核中的恒星大多属于星族Ⅱ的老年恒星，而银盘中（集中在旋臂中）主要是星族Ⅰ的年轻恒星。那么如何来判断恒星是老年或青年呢？天文学家认为恒星化学组成中以金属元素为代表的重元素含量的多寡是重要判据。宇宙的原始物质主要是氢和氦，而以金属为代表的重元素都是由恒星内部的核反应产生的。当恒星能源耗尽而消亡的过程中，这些重元素会以种种方式（例如抛射或裂解）而散布到宇宙空间，成为星际物质，它们最终又会在某些条件下重新合成新一代的恒星。因此，如果恒星化学组成中的重元素含量多，表明它们是经历过多次恒星生命轮回后重新诞生的年轻恒星，称为星族Ⅰ；反之，金属含量少的恒星，就是第一代未消亡的老年恒星，称为星族Ⅱ。星族Ⅰ的金属含量一般达到 1%～2%，而星族Ⅱ的金属含量少于万分之一。太阳属于星族Ⅰ，可能是第二代恒星。观测表明，整个银河系还在缓慢自转，并且是较差自转，即自转角速度随银心距离变化。在银心附近，基本上是自转角速度不随距离变化的刚性自转，即自转线速度 v 与银心距离 r 成正比，或 $V(r) \propto \alpha r$；当离银心很远时，自转线速度与银心距的 1/2 方成反比，即 $V(r) \alpha r^{-1/2}$。太阳所在处的自转速度约为每秒 250 公里，比地球在轨道上公转快一个量级。银河系自转一周需时约 2.5 亿年。

身居银河系深处的人类要弄清包裹着自己的庞大银河系的构造，其处境很像宋代大文学家苏东坡的诗中所述："横看成岭侧成峰，远近高低各不同，不识庐山真面目，只缘身在此山中。"18 世纪中叶，康德（I. Kant）和朗伯特（J. H. Lambert）等就有太阳与临近恒星组成一个庞大恒星系统的模糊概念。到了 18 世纪 80 年代，威廉·赫歇尔（F. W. Hershel）用自制 50 厘米和 120 厘米口径的望远镜观测了大量恒星，开始探讨这个问题。随后他的儿子约翰·赫歇尔（J. F. Hershel）继续进行，并且把恒星观测扩展至南半球，他们发现：①当望远镜口径增大时，较暗恒星数目的增加比较亮恒星数目增加的速度要快得多；②单位面积天区中恒星数目随其与银河带距离缩小而增多；③与银河带平行方向的恒星数目保持不变，而与银河带垂直方向上的恒星数目随其与银河带距离增大而迅速减少。根据这些特征，他们认为包括太阳在内的众多恒星构成了庞大的扁平盘状系统，而太阳居于中心位置。20 世纪初卡普坦（J.C.Kaptyen）用选择天区的方法重新从观测上探讨这一问题，得到的结果与赫歇尔父子相似，太阳仍居中心位置。几乎在同一时期，沙普利（H.Shapley）则利用当时最大的位于美国加州威尔逊山天文台的 2.5 米口径望远镜观测到的球状星团分布资料，以及其中造父变星的光度周期，根据造父变星的周光关系，获得球状星团的距离，发现球状星团的距离都在几万光年之遥，并且大多集中在人马座方向。根据这些结果，他除了肯定银河系的扁盘状结构外，最大的修正就是太阳应当位于银河系中偏离中心的位置。至此银河系的铁饼状结构已大致确定。随后各种新的观测，尤其是射电天文的观测，进一步发现并完善了包括银盘中有旋涡结构等各种细则。

银盘中存在旋涡结构，而银河系又是较差自转（自转方向与太阳系行星公转方向相反，从北面俯视为顺时针方向），即离银心近的地方自转比离银心远的地方快些，那自转不就会让旋臂愈旋愈紧，最终遭到破坏吗？如何才能维持旋涡状态的确需要解释。1942 年瑞典天文学家林德布拉德（B.Lindblad）提出可以利用密度波的概念来给予解释。1964 年后美籍华裔科学家林家翘与合作者根据这一概念发展了密度波理论，成功地解释了旋涡结构的维持问题。这种理论认为恒星在绕中心旋转时，绕转速度和空间密度都是波动变化的。运动慢则恒星密集，反之则稀疏，因而空间密度也呈波动变化。这种波绕中心环形传播，同时又沿半径方向传播，因而密度极大的波峰呈旋涡状分布，从而形成旋臂。恒星进入旋臂后因恒星密集和引力场加强而减慢速度；反过来，速度减慢使恒星拥挤在一起，密度增大，引力场加强，因而使这种状况得以自行维持。密度波的一个重要特点是旋臂中的恒星不是一成不变的，恒星有进有出，川流不息，而旋臂图案却保持不变，旋臂不会卷紧。不过近年的空间探测暗示银河系的核心形状更像棒形，棒长约一万秒差距（10 kpc），棒与太阳至银心连线的交角约为44°，而且主要旋臂只有二条，即半人马座和英仙座旋臂，其余为小旋臂，这些结果尚待进一步确定。

二　正常河外星系

1. 正常星系的哈勃分类

我们已经观测到上千亿个与我们银河系相当的河外星系，它们的形状各异。为了便于研究，天文学家对星系进行了分类。目前普遍采用的是由星系先驱研究者哈勃于1926年提出并经不断完善的哈勃分类（图7.5至图7.10）。分类的主要判据为：①中央核球相对于星系盘的大小，②旋臂的特征，③旋臂或星系盘可分解为恒星的程度。按照这些判据，哈勃把星系划分为三个大类，即椭圆星系、旋涡星系和不规则星系，分述如下。

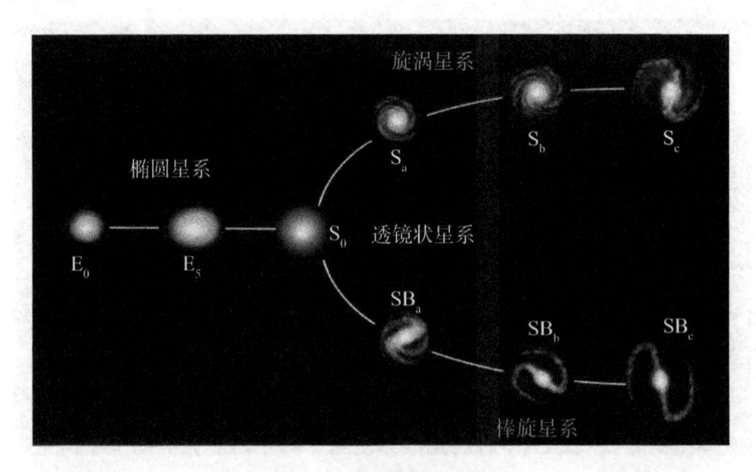

图7.5　星系的哈勃分类

图7.6　椭圆星系M87

图7.7　旋涡星系M51

图7.8　旋涡星系M31

图7.9　棒旋星系NGC1300

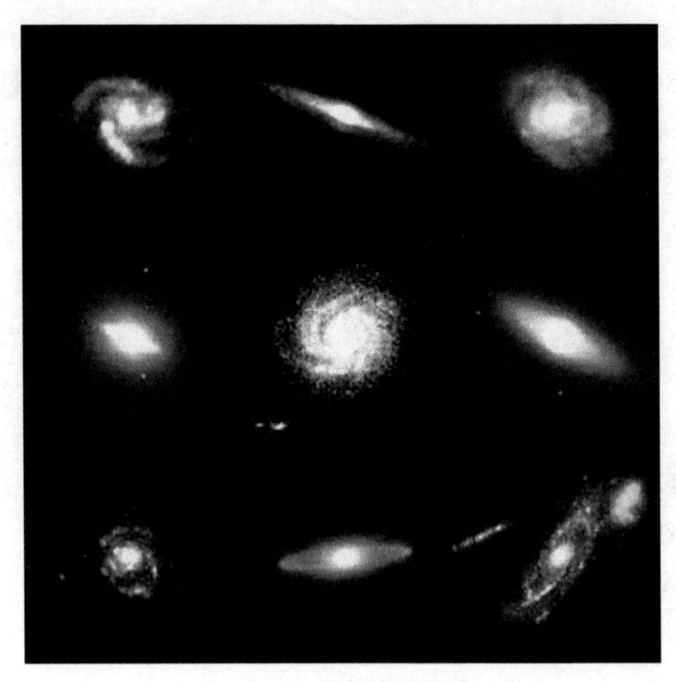

图7.10　星系的各种形态

（1）椭圆星系（简记为 E）。外观为椭圆形，按其扁度又分为 E_0、E_1、E_2…，其下标数字由$(\frac{a-b}{a})\times 10$确定，a 和 b 分别为椭圆长轴和短轴大小，下标数字愈大表示扁平度愈高，已观测到最扁平的星系为 E_7。E_0 表示扁度为零，即圆形星系。不过这种分类未考虑星系在天球上的投影效应。

（2）旋涡星系（简记为 S）。主要特征是具有旋涡结构。旋涡星系又可分成二类，即①正常旋涡星系（简称为 SA，有时就用 S），中央核球为圆形或椭圆形，有两条以上的旋臂从核球向外延伸。根据核球大小和旋臂缠绕的松紧程度又可分为 S_a、S_b 和 S_c 三种类型。S_a 核球最大，旋臂缠绕最紧，S_c 核球最小，旋臂缠绕最松，S_b 位于 S_a 和 S_c 之间。②棒旋星系（简称为 SB），与 SA 的主要区别是中央核球为棒状，其余结构与 SA 类似，又可分为 SB_a、SB_b 和 SB_c 三种类型。后来又增加了两种，即无臂旋涡形和无臂棒形星系，分别记为 S_0 和 SB_0，S_0 也称为透镜型星系。

（3）不规则星系（简记为 Irr）。主要特征是无法分辨出明显的核球和旋臂，同时也无对称结构。它们又可分为两种次型，即 Irr Ⅰ和 Irr Ⅱ。Irr Ⅰ的颜色偏蓝，其物质组成中气体含量超过旋涡星系，尘埃含量偏少；Irr Ⅱ的颜色偏黄，表明其尘埃含量偏高。不规则星系中有些可能是原有更大星系因碰撞或其他原因造成的分裂而留下的碎片。银河系的两个小邻居大麦云和小麦云均属于不规则星系。

已观测到的上千亿个星系中绝大多数为旋涡星系，椭圆星系约占20%，不规则星系只有3%。旋涡星系的质量大约在10^9～$10^{11}M_\odot$，直径大多在2万～10万光年。椭圆星系大小差别很大，超大的椭圆星系质量可达到$10^{13}M_\theta$，直径可达50万光年；小的质量只有$10^6M_\odot$量级，直径约0.3万光年。不规则星系一般较小，质量在10^8～$10^{10}M_\odot$，大小约1万～6万光年。星系质量与光度的比值（简称为质光比）表征星系中物质的平均发光效率。椭圆星系的质光比最大，例如M32为27，旋涡星系M31为8，银河系为10.4。质光比很大时，表明星系中有许多对发光无多大贡献的天体，如白矮星、中子星和黑洞等。

2. 星系谱线红移

河外星系有一共同特征，即除了少数银河系附近的星系外，几乎所有星系光谱的谱线波长与实验室中的该谱线应有波长相比较，均向红端移动。按照多普勒效应公式$\frac{(\lambda-\lambda)_0}{\lambda_0}=\frac{V}{c}$，其中$\lambda$和$\lambda_0$分别为星系和实验室的谱线波长，$c$为光速，$V$为星系的视向速度，红移表示（$\lambda$-$\lambda_0$）为正值，故$V$为正值，这表明所有星系都在远离我们运动，称为星系退行。美国天文学家斯里弗（V. M. Slipher）最先开始通过测量星系谱线位移研究星系的空间运动。他于1912～1917年测量了15个星系的谱线位移，发现除了两个较近的星系谱线呈现向紫端位移外，其余13个星系的谱线均呈现为红移。两个较近星系的谱线紫移显然是由于受到太阳和银河系局部空间运动的影响造成的。后来哈勃又用威尔逊山天文台口径2.5米的望远镜观测并测量了更多和更为遥远星系的谱线位移，不仅进一步肯定了遥远星系的谱线红移现象，并且发现星系谱线位移相对值$Z=\frac{\lambda-\lambda_0}{\lambda}$随星系距离增大而增大，星系视向速度$V=\frac{\lambda-\lambda_0}{\lambda}c=Zc$与星系距离之间存在线性关系，即可写成$V=HD$，其中$D$为星系距离，$H$为常数，这一公式称为哈勃定律，$H$称为哈勃常数。若$V$的单位用公里／每秒（km/s），$D$用百万秒差距（Mpc），则$H$的单位为公里／（秒·百万秒差距）（km/(s·Mpc)）。当星系距离增大，退行速度V接近光速c时，上述公式不能用，必须换用由相对论推导的公式

$$Z=\sqrt{\frac{c+V}{c-V}}-1 \text{ 或 } V=c\,\frac{(Z+1)^2-1}{(Z+1)^2+2}。$$

当 Z=1 时，代入可得 V=0.6c，即星系的视向退行速度已达光速的 60%。迄今已观测到许多退引速度超过 0.9c 的星系。

1929 年哈勃仅仅是根据几十个星系的测量结果得到了哈勃定律，这些星系中最远的距离只有几百万光年，当时得到的哈勃常数 H=500 km/（s·Mpc）。随后测量的距离和星系数目不断增大，至 20 世纪 50 年代时，测量的星系距离已达到几十亿光年，发现所有星系均能遵守哈勃定律，但哈勃常数 H 的测量值不断变小。1953 年美国桑德奇得到的结果为 H=75 km/（s·Mpc）。目前测量星系的距离已达到 100 多亿光年。2009 年由美国“威尔金森微波各向异性探测器”（WMAP）测量的结果分析得到 H=70（+2.4～−3.2）km/（s·Mpc）。值得注意的是星系的运动方向均为退行，而且是距离愈远退行速度愈快，这一现象意味着宇宙是在膨胀，是宇宙空间在膨胀，星系本身并不膨胀。假定宇宙膨胀速度不变，则根据哈勃定律，星系从宇宙开始膨胀而到达目前的距离所需的时间应是 $T=\frac{D}{V}=\frac{1}{H}$，可见哈勃常数的倒数就是宇宙开始膨胀至今所经历的时间，亦即宇宙的年龄。若取 H=70 km/（s·Mpc），则可得宇宙年龄约为 137 亿年。关于这些问题将在下一章进一步讨论。

三　特殊星系

河外星系中的绝大多数是稳定的正常星系，但其中大约有 1% ～ 2% 属于具有爆发、喷射或碰撞等剧烈活动状态的非正常星系，称为特殊星系或活动星系，或激扰星系。特殊星系中包括类星体、射电星系、赛佛特星系、蝎虎座 BL 天体和互扰星系等，分述如下。

1. 类星体

顾名思义，类星体（quasar）是一种外观上像恒星但并非恒星的天体（图 7.11）。它是 20 世纪 60 年代发现的，它的许多特征令人长期迷惑不解。现在已能确定类星体实际上是遥远的活动星系的核心区。在类星体发现的过程中，起先是用射电望远镜观测到很强的射电源，然后再利用光学望远镜确认的。目前已发现 10 多万

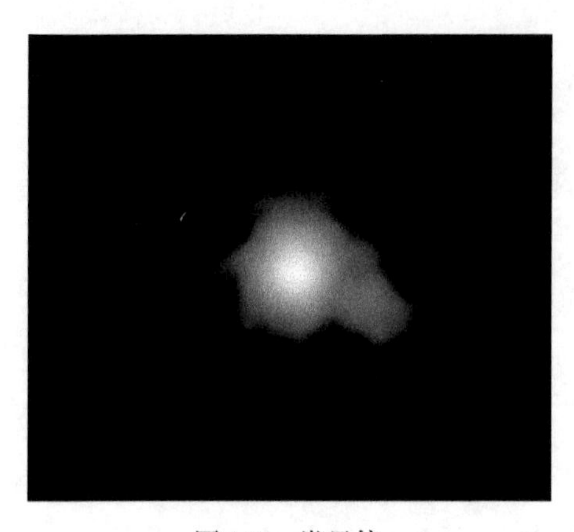

图7.11 类星体

颗类星体。类星体的光学图像酷似恒星，但光谱观测表明其与恒星有明显不同。类星体光谱中有许多发射谱线，但它们的波长有很大的红移（图 7.12）。例如早期发现的类星体 3C273 的红移量达到 Z=0.156，3C48 的 Z=0.367，3C147 的 Z=0.545。它们的退行速度分别为 0.15c、0.30c 和 0.41c。再按哈勃公式就可算出它们的距离分别为 20 亿、42 亿和 56 亿光年。目前已观测到几十个 Z 大于 4 的类星体，最大的 Z 超过 6，它们的退行速度接近光速，距离在 100 多亿光年之遥。

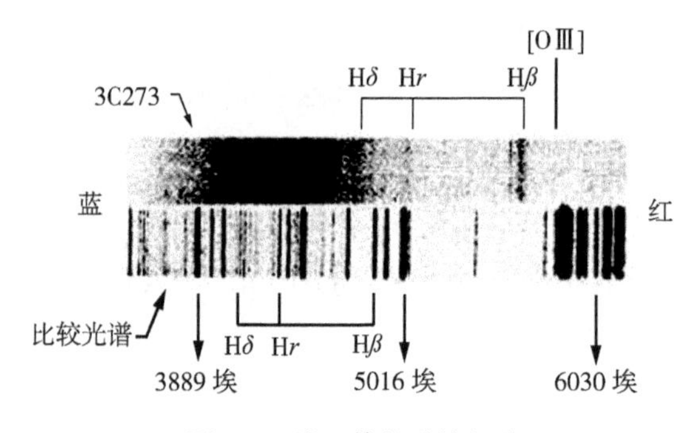

图7.12 类星体的谱线红移

另一方面，知道了类星体的距离之后，再测出它的视星等 m，就可按照第五章所述的星等距离公式（5.2）算出类星体的绝对星等 M。例如对于 3C273，实测得到的视星等为 m=12.5，结果得到它的绝对星等 M=−26.6。前已述过，知道 M 就能够得到它的发射功率。因为若令类星体和太阳的发射功率（也称总光度）分别为 L 和 $L_\odot$，则按 $\frac{L}{L_\odot}=(2.512)^{M-M_\odot}$，因太阳的绝对星等 $M_\odot=4.79$，发射功率 $L_\odot=3.8\times10^{26}$ 瓦为已知，代入可得 3C=273 的发射功率为 $L=1.5\times10^{39}$ 瓦，大约是整个银河系发射功率的 200 倍！一个外观像恒星的天体，其发射功率为何会比一个星系的发射功率大两个数量级？它的产能机制为何？这是类星体最令人不解的迷惑。

类星体的尺度有多大？有一种方法是从类星体的光度变化周期进行估计。人们从观测上发现一些类星体的光度有明显变化，并且能够测量出它的变化周期在几天至几百天之间。考虑到一个天体的尺度必须小于光在一个周期中传播的距离，亦即其尺度 d 必须小于周期 T 与光速 c 的乘积 Tc，否则光从天体的一端传播到另一端所需时间将会超过光度周期，从而抹平周期变化。因而可以估计类星体的尺度上限只有几光日至几光年，远小于一个星系的大小，它只相当于星系中的核心。

关于类星体是遥远活动星系核心的观点后来被不断观测到的结果所证实。例如 1981 年拍摄到类星体 3C48 周围的暗云，它的谱线红移值与 3C48 完全一致，表明这个暗云是 3C48 所属的星系，通常称为它是类星体 3C48 的基底星系，或宿主星系。哈勃空间望远镜观测到的类星体中，75% 有明显的基底星系，包括上面谈到的 3C273。拍摄到的类星体基底星系在射电波段往往呈现为双瓣结构，并且存在喷流。对这些喷流的速度进行测量，有时会得到超过光速的结果。一般认为这种“视超光速”现象并不反映物质粒子真的以超光速运动，因此并不与相对论中关于一切物质运动不能超过光速的论点相悖。但是如何解释这种“视超光速”现象，则是类星体的另一谜案。部分学者认为类星体可能并非异常遥远的天体，它的谱线红移可能并非退行运动造成的，因此不能用谱线红移量通过多普勒公式推求它们的退行速度，再经哈勃定律推算距离。换句话说，少数学者认为类星体谱线位移并非宇宙学位移。如果真是这样，那么类星体的距离可能并不非常遥远，按照喷流位置变化计算得到速度就不会超过光速。然而许多观测结果表明类星体同样遵从哈勃定律，因此大多数学者认为类星体的谱线红移仍然是起源于它们的退行运动，属于宇宙学红移。

至于类星体为何会在远小于一个星系尺度的体积中发射出比一个星系总辐射还要高几个数量级的能量，亦即具有超高产能率和能量密度，目前尚未获得合理的解释。一些天文学家认为，只有类星体中存在黑洞，或许可以按某种物理机制把物质转换为能量。如果真是如此，则按照爱因斯坦的质能转化公式 $E=mc^2$ 估计，要产生类星体辐射规模的能量，类星体中的黑洞每年得吞食并消耗掉几个太阳质量的物体。有些天文学家往往自嘲：天文研究中只要哪些领域遇到麻烦，往往都得把“妖怪”黑洞请出来。然而黑洞到底是如何把物质变成能量，仍然是不得而知。

2. 其他类型的活动星系

除了类星体外，其他活动星系还包括射电星系、赛佛特星系、蝎虎座 BL 天体和互扰星系等。它们被列为非正常的活动星系的主要理由包括它们具有明显的激烈活动现象；星系处于引力不平衡状态，星系成员中有每秒几千公里的非圆周运动速度，导致弥散速度很大，从而造成其演化时标远小于正常星系的演化时标（10^{10} 年）；星系中存在明显的非热辐射。它们在观测上呈现的主要特征包括①具有很亮的核心，核心尺度不大但光度很大，有些还是很强射电源；②往往具有喷流结构，它们是非热辐射源；③光度快速变化，变化时标为几天至几个月；④光谱中有很宽的发射线，谱线宽度对应于每秒几千公里的速度；⑤连续谱具有非热辐射性质，对应于同步加速辐射特征。

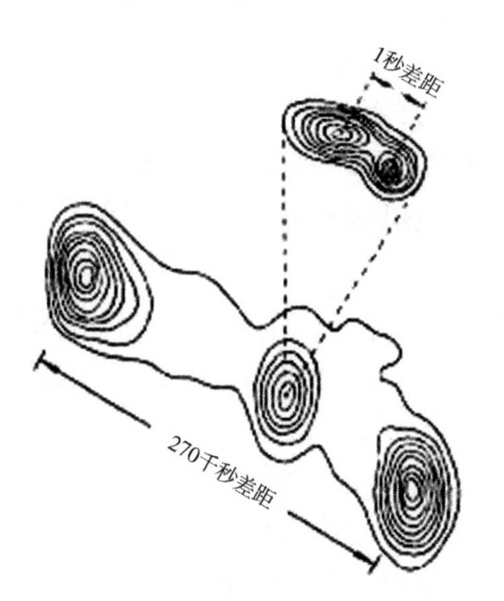

图7.13　射电星系3C111的双核源和双展源结构

射电星系往往具有双瓣结构，即由核心区向两个相反方向延伸出去的花瓣状展源。双瓣之间往往有喷流。高分辨射电干涉仪的观测表明，核心区本身有时也存在双核结构，形成双核源加双展源的景象，例如射电星系 3C111。与类星体情况相似，射电星系中的喷流速度有时也表现为视超光速现象（图 7.13）。

1943 年美国天文学家赛佛特（C.K.Seyfert）发现的赛佛特星系，实际上是具有强烈活动核心的旋涡星系，其核心尺度小于一光年,但具有极高光度（图 7.14）。它们在射电、红外、紫外和 X 光波段均有强辐射，光度快速变化的幅度达 2～3 倍，周期从几天至几年，辐射具有非热性质。赛佛特星系核区光度可达到银河系的 100 倍。对赛佛特星系光谱研究表明，发射非热辐射的核心的外面实际上是一个产生发射

图7.14　赛佛特星系

线的大区域。受到核心区辐射的激发，外围气体被电离并向外高速运动，中心区的高能离子在磁场中运动，从而引发了同步加速辐射或逆康普顿辐射，从而发出很强的射电、红外和X光。研究还表明赛佛特星系可分为两类，Ⅰ型星系中氢原子光谱巴尔末线具有很宽的线翼，与类星体很相似，仅辐射强度比类星体低，相当于微类星体；Ⅱ型星系无明显线翼，星系形态也有差别，大多无完整的旋臂，但有明显喷射物，很像是经历爆发后的遗留物。因此有的天文学家认为赛佛特星系是从类星体向正常星系过渡的中间过渡星系。

图7.15　蝎虎座BL天体

1929年首次发现的蝎虎座BL天体，实际上是一种具有异常明亮核心的椭圆星系，其典型即蝎虎座BL（图7.15）。它在射电、红外和可见光波段均有快速变化，变化时标为几天至几个月。红外波段连续谱特别强，谱线不明显，各波段的辐射均为非热辐射，最亮时的亮度可达正常星系的1000倍，估计其核心存在黑洞。

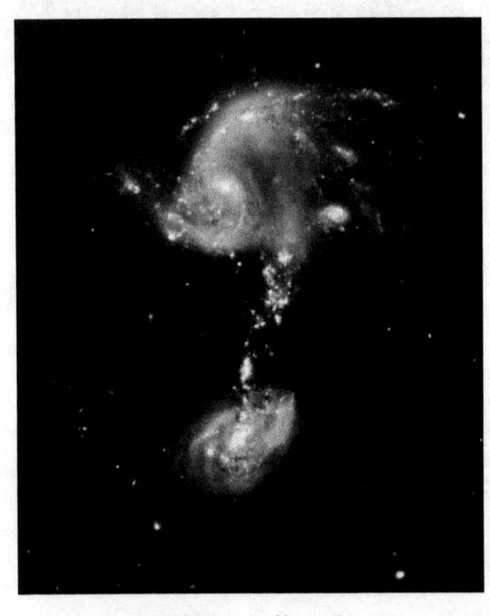
图7.16　互扰星系

互扰星系是指两个以上星系发生碰撞，造成对正常星系结构破坏之后的产物（图7.16）。一般情况下，星系之间碰撞概率很少，但在星系密集区（例如星系团中心区），星系之间碰撞概率增大。迄今从观测上已发现两千个左右的星系对或多重星系，各子星系之间有桥状或丝状物质，表明它们之间有物理联系。电脑模拟证实，这些星系正处在缓慢的碰撞合并过程中，这种碰撞将会破坏原有的正常星系结构，形成的结合体就是互扰星系。

四　星系团和超星系团

在银河带附近，由于星际物质的强烈吸光，不易看到很多星系。但把望远镜指向远离银河带后，即能观测到大量星系，离银河带愈远，看到的星系愈多。由哈勃空间望远镜拍摄的深空照片（最暗天体达到 30^m）中可以看到，在几个角分的天区中，就能看到几十个星系。对观测结果的分析表明，星系具有成群的倾向。一个星系往往与附近的少数星系构成双重星系或三重星系，或更多重星系。例如银河系的两个小邻居大麦云和小麦云构成双重星系，它们又与银河系一起构成三重星系。天文学上把 10 至 100 个星系聚合在一起的结构称为星系群（group of galaxies）；100 个以上星系聚集在一起的结构则称星系团（cluster of galaxies）。星系群和星系团中的星系称为成员星系。另一种划分是把成员星系较多的称为富星系团，成员较少的称为贫星系团，不再用星系群的名称。一个星系的典型尺度约为 10 千秒差距（10 kpc），多重星系的总尺度约为 100 kpc，星系群或星系团的平均尺度约为 5 百万秒差距（5 Mpc）。

研究表明，银河系与周围大约 40 个星系组成了一个星系群，称为本星系群，有时也叫本星系团（图 7.17）。其成员中有我们熟悉的仙女座大星云 M31，以及两个小邻居大麦云和小麦云。大麦云和小麦云的直径分别约为银河系的 1/3 和 1/6,质量分别为银河系的 1/100 和 1/300,距银河系分别为 17 万光年和 20 万光年。仙女座大星云是北半球肉眼勉强可见的星系，其直径约为 20 万光年，属 Sb 型旋涡星系，质量约为银河系的 2.5 倍，距离为 290 万光年。本星系群中的仙女座大星云 M31 和银河系是两个最大的星系，另一个较大的星系是位于三角座的 M33，其直径约为 6 万光年，质量为银河系的 1/80，距离 300 万光年。本星系群中的其他星系都是较小和较暗的星系，称为矮星系。本星系群直径估计约为 650 万光年。

研究表明星系团可分为两类。一类是规则星系团，成员星系达到几千至上万个，星系团中央部分的星系密集，很像球状星团，其成员中至少有 1000 个绝对星等亮于 -16^m 的亮星系，大多为椭圆星系或透镜型星系，有很强的 X 光辐射。后发座星系团是典型的规则星系团（图 7.18），它在天空的角径占 4° ～7°，成员超过一万个，距银河系约 1.13 亿秒差距，退行速度为每秒 6800 公里。另一类为不规则星系团，它的形状不规则，无明显的星系密集中心区，像疏散星团，其成员星系数目相差很大，大的星系团可达几千个，小的只有几十个，例如，银河系所属的本星系团就是较小的不规则星系团。不规则星系团有时也会有多个星系密集区，形成次一极的成群结构，称为星系云或超星系，而整个星系团就是由这些次级结构的松散组合构成的。不规则星系团的成员星系类型混杂，但其中暗星系居多，只有少数成员有 X 光辐射。除了本星系团外，不规则星系团的另一典型是离我们最近的室女座星系团（图 7.19），它在天球中的位置是赤经 12^h～13^h，赤纬 -20°～+20°，成员星系约 2500 个，其中椭圆星系约占 20%，旋涡星系约占 70%，距银河系 1900 万秒差距（19 Mpc），有较强的射电和 X 光辐射。距银河系约 8300 万秒差距（83Mpc）的英仙座星系团（图 7.20）是一个成员星系较多的星系团，其中最亮的星系为 NGC1275，也有很强的射电和 X 光辐射。

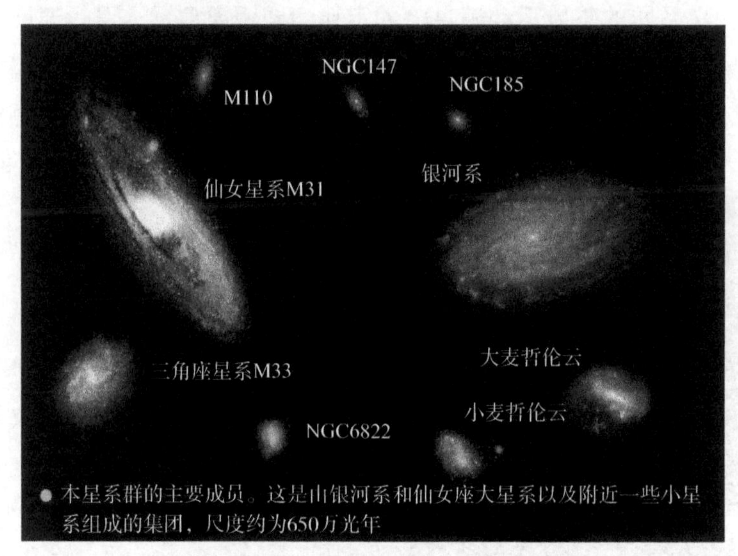

图7.17　本星系群的主要成员

图7.18　后发座星系团

图7.19　室女座星系团

图7.20　英仙座星系团

星系团有两种运动形式，即星系团的整体运动和星系团内部各星系之间的相对运动。星系团的整体运动满足哈勃定律，即距离愈远，退行速度愈大。例如室女座星系团距离为 19 Mpc，退行速度为 1180 公里 / 秒，长蛇座星系团（图 7.21）距离为 1100 Mpc，退行速度达到 6000 公里 / 秒。星系团内部各星系之间的相对运动可以用“速度弥散度”表示，星系团成员增多和空间尺度增大时，速度弥散度往往也增大。小星系团的速度弥散度大约在每秒 200～250 公里，大星系团可达到每秒 2000 公里左右。速度弥散度的研究有重要意义，其一是由速度弥散度结合位力定理，可以推算星系团的质量；另一是可以探讨星系团的稳定性问题。目前有两种对立观点。一种认为星系团的总能量为负值，因此星系团是稳定的；另一种认为星系团成员的速度弥散度很大，整个系统的能量为正值，因此星系团是不稳定的。

图7.21　长蛇座星系团

天文学家对星系团的进一步研究发现，星系团也具有聚合在一起的倾向，从而构成更高一级的天体系统，称为超星系团（super cluster of galaxries）。例如本星系团就与室女座星系团以及其他约 50 个较小的星系团构成一个扁平的体系，称为本超星系团，其长径约在 30～75 Mpc 左右，中心在室女座星系团附近，银河系位于边缘区域，离边缘约100多万秒差距（1 Mpc多）。本超星系团可能也在自转和膨胀，银河系绕本超星系团中心的转动周期估计为1000亿年。超星系团的成员一般只有几个星系团。只有少数超星系团有几十个星系团成员。已经观测到的超星系团还有武仙座超星系团（图7.22）。北冕座超星系团和巨蛇座超星系团。超星系团内成员星系团的速度弥散度约为1000～3000公里/秒，各星系团之间的引力作用比星系团内各星系之间的引力作用要小得多，因此有学者认为超星系团是不稳定的体系。超星系团的总质量约在10^{15}～$10^{17}M_{\odot}$之间，形状往往是扁平形，长轴直径约为60～100 Mpc，长径与短径之比大体为4∶1。超星系团的存在表明，宇宙间的物质分布至少在100 Mpc尺度上是不均匀的。

图7.22　武仙座超星系团

比超星系团更高一级的天体系统称为总星系（metagalaxy），它包含了所有已观测到的超星系团。鉴于超星系团中各星系团之间的引力作用已非常微弱，因而目前天文学家认为不会存在超星系团的会聚现象。换句话说，对超星系团这一级的天体系统来说，其空间分布应大致是均匀的。目前所观测到的所有天体均属于总星系。至于总星系的范围会有多大，随着天文观测技术的不断进步，探测到的宇宙深度不断增加，答案应会变得愈益清晰。

五　宇宙背景辐射

前面我们把银河系和河外星系比喻为宇宙岛屿，那么岛屿之间有什么东西么？与恒星之间存在星系物质相似，星系与星系之间也存在星系际物质，其成分与上一章谈到的星际物质相似，包括气体和尘埃两种。这些物质往往集中在相邻星系之间，形成星系之间的物质桥；或者位于星系团内，组成星系团的隐匿物质；有的位于星系团之间，成为星系团际物质。星系际物质的密度约为每立方厘米5×10^{-30}克（星系团中心附近）至2×10^{-34}克之间。星系际物质也具有消光效应。

在星系际物质较密集的地方也会形成星际暗云。在星系演化中，一些活动星系往往抛射物质，进入星系际空间，成为新的星系际物质。反之，星系际物质也可能被正常星系吸收，或形成新的星系。星系际物质在宇宙总密度中占有一定分量。在宇宙学中，宇宙总密度与临介密度的比值决定空间的几何特征，因此星系际物质在其中起一定作用。

在没有星系和星系际物质的宇宙空间中，则是充满宇宙背景辐射，由于宇宙背景辐射主要位于微波段，因而也称为宇宙背景微波辐射，如果仍然把星系比作宇宙岛屿，星系团就像群岛，那么宇宙空间中无处不在的背景微波辐射就是充满海水的浩瀚海洋，星系际物质则类似于海洋中的珊瑚礁。宇宙背景微波辐射的发现及其性质的进一步确认，导致 4 位科学家获得诺贝尔物理学奖，这在天文学中是绝无仅有的。宇宙微波背景辐射的发现和性质确认为何会有如此高的评价？其意义如何？对于这件事的来龙去脉，的确值得仔细讲述。

最早是 1964 年美国贝尔实验室的二位青年科学家彭齐亚斯（A.A.Penzias）和威尔逊（R.W.Wilson）利用一台原来用于接收卫星信号的具有很高灵敏度和方向性的接收机，经过改造后使其天线温度的测量值误差降低到 0.3 K，用于在 4080 兆赫频率（相当于波长为 7.53 厘米）进行天空射电探测，结果发现任何时间在天空的任何方向均存在相当于温度 3 K 的辐射，称为宇宙背景微波辐射。这一发现立即引起轰动，因为加莫夫（G.Gamow）等人于 20 世纪 40 年代提出随后成为主流的“宇宙起源于 137 亿年前一次大爆炸”的理论预言，经过爆炸后的长期膨胀至今，宇宙空间中应残留温度约为 3 K 的辐射。不过大爆炸理论预言的宇宙背景辐射谱，亦即辐射强度随波长的变化，应具有黑体辐射谱的特征。而彭齐亚斯和威尔逊只是测量其中的一个波长，因而尚不能完全确定他们测量到的辐射就是大爆炸的余温。随后其他一些学者分别在 7 cm、3.2 cm、20.7 cm 和 21.1 cm 波长处进行了测量，得到的结果表明在这些波长处的辐射同样相当于 T=3 K 的黑体辐射强度。问题是来自宇宙的背景辐射中，只有 0.3～75 cm 波段的辐射能够到达地面，短于 0.3 cm 的辐射受到地球大气自身辐射的严重干扰，难以进行测量，而波长大于 100 cm 的辐射则被银河系本身的辐射所淹没。而 T=3 K 的背景辐射的极大波长处在毫米波段。因此 1972～1975 年间美国学者利用高空气球对红外波段和 0.06 至 0.25 cm 波段的背景辐射进行了测量，这些测量结果也都证实与温度 T=3 K 对应的黑体辐射相符（图 7.23）。至此背景辐射的黑体谱特征得到证实，从而成为支持大爆炸理论的最有力证据。（另外两个支持大爆炸理论的观测证据是星系的宇宙学红移和元素氦的丰富度）。鉴于发现宇宙背景微波辐射的重大物理意义，彭齐亚斯和威尔逊获得了1978年的诺贝尔物理学奖。

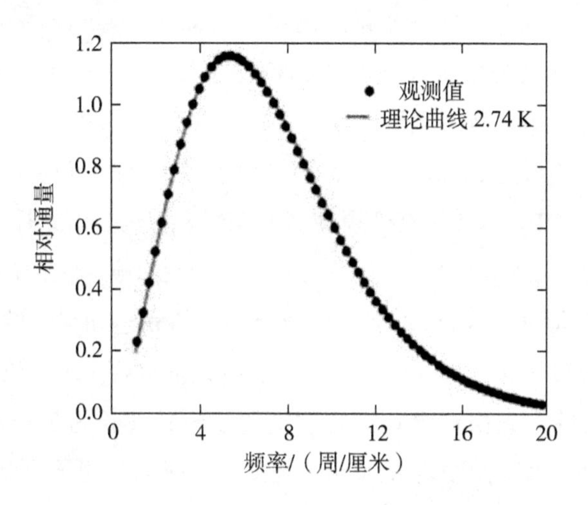

图7.23　宇宙背景辐射对应于温度为2.74 K的黑体辐射。图中圆点为观测到的背景辐射，曲线为黑体辐射理论值

物理学的研究表明，只有光子与物质频繁相互作用，才能使物质发射平衡态的黑体辐射谱。现今的宇宙物质密度极低，辐射与物质之间的相互作用概率很小，不可能形成黑体辐射谱。因此我们观测到的具有黑体辐射谱特征的背景辐射，只能是宇宙早期（估计在大爆炸后38万年）形成的。因此它是宇宙早期的“化石”，它所携带的信息比恒星、星系或遥远的射电源更为古老。

大爆炸理论的另一预言是宇宙背景辐射还应具有微小的各向异性，否则难以演化出当今宇宙的不均匀结构，如恒星和星系的分布。理论上估计背景辐射的这种起伏的幅度只有百万分之几，这就要求必须利用航天器在地球大气之上进行长期测量才能确定。在地面或利用气球进行短期测量无法测出这样微小的各向异性起伏。以美国加州贝克利大学的天文学家斯穆特（G.Smoot）为首的研究组进行了宇宙辐射各向异性的艰难探测。他们先是于1977年在喷气式飞机上进行观测，得到了所谓“偶极各向异性”现象的重要结果，即发现在地球运动方向测得的背景辐射温度与地球运动相反方向测得的温度存在差别。这实际上是一种多普勒效应。它起源于地球多种运动的综合效果，这些运动包括地球绕太阳公转，太阳绕银河系中心转动，以及本星系团奔向室女座星系团等。观测到的这种温度差别不是真正的背景辐射各向异性，但是它证明了微弱的各向异性是可以测量的，真正的背景辐射各向异性还是要用航天器进行测量。

美国航天局（NASA）的天文学家马瑟（J.Mather）于 1974 年提出发射专门用于测量宇宙背景辐射的“宇宙背景探测器”（Cosmic Background Explorer 简称 COBE），NASA 曾计划利用航天飞机将 COBE 送入太空，由于 1986 年美国航天飞机“挑战者”号失事，航天飞机停飞了许多年。直到 1989 年 11 月才用火箭把 COBE 送入太空，马瑟是 COBE 项目负责人，斯穆特则专门负责测量背景辐射中微小的温度起伏，COBE 携带了红外频谱仪（FIRAS）、红外背景探测器（DIRBE）和较差微波辐射仪（DMR）等 3 种仪器，经过 4 年探测，获得了地面和气球难以企及的宇宙背景辐射主要波段（0.5～100 mm）的完整和精确的测量，证实宇宙背景辐射谱与温度为 T=2.726 K 的黑体辐射谱完全符合。承担测量微小温度起伏任务的 DMR 实际上是由包含背景辐射主要波段的波长为 3.3 mm、5.7 mm 和 9.6 mm 的三个辐射计组成，并且配备两个天线，可以同时测量两个不同天区的温度差值，测量精度达到 1 %。1992 年 4 月斯穆特宣布发现了背景辐射的各向异性现象，在大小为一亿光年的尺度上存在冷热差别。这些差别相对于平均温度 2.726 K 仅为百万分之 6。这种温度差别反映的是源自物质不均匀造成的引力起伏，呈现的是大爆炸发生后大约 38 万年时宇宙早期的状态，同时有力地支持了“大爆炸”宇宙起源理论（图 7.24）。马瑟和斯穆特由于完美证实了宇宙背景辐射的黑体谱和微弱的各向异性这两个重要特征而获得 2006 年诺贝尔物理学奖。

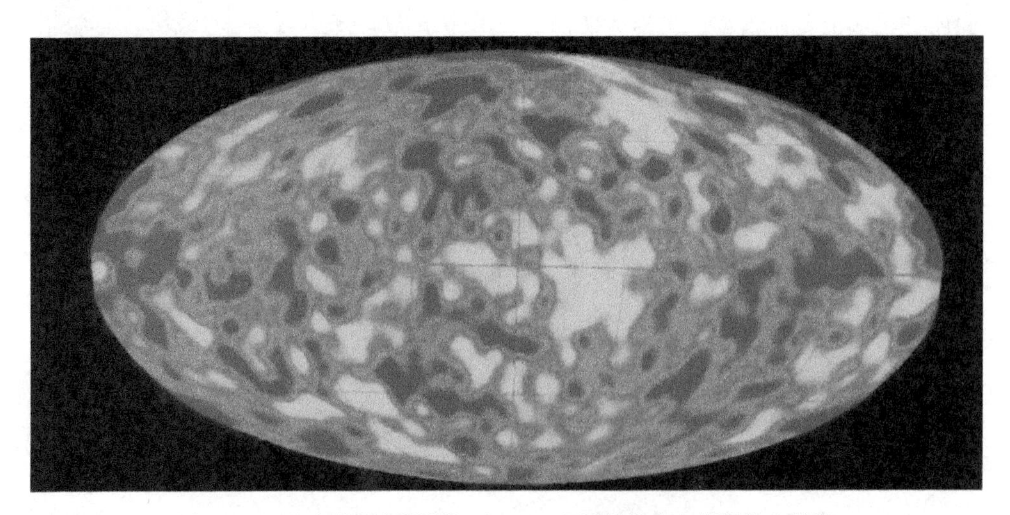

图7.24　“宇宙背景探测器”（COBE）测得的宇宙背景各向异性

为了更精确地测量背景辐射的各向异性，2001 年美国航天局又发射了“威尔金森微波各向异性探测器”（WMAP），2003 年公布了探测结果，其分辨率比 COBE 的结果高得多（图 7.25）。同时公布的还有一些重要的宇宙学参数，例如哈勃常数 H=70（+2.4～−3.2）km/(s·Mpc)，宇宙年龄为 137（±2）亿年，当今的宇宙中重子物质仅占 4.6%，不发射也不吸收光的暗物质约占 22.8%，造成宇宙加速膨胀的暗能量约占 72.6%。但在年龄为 38 万年的早期宇宙中，则是暗物质约占 63%，光子占 15%，原子占 12%，中微子 10%，暗能量可忽略不计。这些问题将在下一章继续讨论。欧洲空间局主导的“普朗克空间望远镜”实际上是继 COBE 和 WMAP 之后的第三代宇宙背景辐射探测器，据说其灵敏度可以感知 1000 公里外人体的体温，其分辨率也将更高，可期望获得更丰富和更精确的宇宙图像。

图7.25　“威尔金森微波各向异性探测器”（WMAP）测得的精确结果

第八章　宇宙是如何演化的?

一　早期的宇宙模型

看了前面各章关于宇宙中多种多样的天体和各种尺度的天体结构之后，不禁会想到我们的宇宙如何会有如此神奇的结构？宇宙是如何诞生的？它原先是什么样的？它是如何演化成当今的样子？今后还会如何演变的？……为了探讨此类问题，在天文学中已经形成了一个重要的分支学科，称为宇宙学。在科学尚未发达到足够水平的年代，对这些问题根本无法回答，即使是对于宇宙的构造，也只能是某种猜想。例如我们古代有“盖天说”，认为天像锅盖，地如棋局；“浑天说”认为天和地是像鸡蛋那样的双重结构，天如蛋壳，地如蛋黄；而“宣夜说”则认为不存在有形的天，日月星辰只不过是漂浮在太空中的物体。西方国家也是如此。公元前五世纪的希腊人毕达哥拉斯认为大地如球形，并处于宇宙的中心，太阳、月亮和行星绕地球周围运动，再往外是星星，最外面是永不熄灭的天火。公元二世纪的希腊人托勒玫提出的“地心说”，也认为地球是宇宙的中心，并用复杂的均轮和本轮来解释日月和行星的运动。这种观念在西方占据了很长时间，直到十六世纪才有波兰人哥白尼提出的“日心说”取而代之。哥白尼的“日心说”，虽然能够比托勒玫的“地心说”更好地解释日月星辰的运动状态，但也只局限于回答太阳系天体的结构和运动问题，并且也并非是建立在某种系统性的科学理论基础上，更像是一种经验总结，因此也不能算是真正意义上的宇宙学。只有在万有引力发现之后，才出现了以牛顿的力学体系为基础，探讨宇宙起源、结构和演化的宇宙学。随后的发展日新月异，至今已经有了以对宇宙的全方位探测为依据，并以严格的物理和数学理论为基础的现代宇宙学。

1. 牛顿的无限宇宙

20世纪50年代，笔者上大学时有一门哲学课，课堂上老师讲的就是宇宙在空间上是无限的，尽管它在演变，但在时间上是无始无终的。实际上直到20世纪70年代，我国在学校中有关课目的教育中都是讲授这种宇宙观的。在我的脑海里也是这种观念长期处于主导地位。这种宇宙观的最大特点就是宇宙在空间上无限，在时间上无始无终，也就不存在它有没有边界？边界外面是什么？宇宙有多大年龄？它是如何诞生的？在它诞生之前是什么？……等等这些难以回答的问题。这大概也是它能够使人感到某种满足，从而长期占据人们思想的原因之一。现在才知道这种宇宙模型就是牛顿的宇宙模型 。牛顿宇宙模型的主要特征为：①时间和空间是彼此独立的，没有相互联系，空间和时间都是无限的，也是绝对的；②物质与时空也是彼此独立的，相互没有影响，即使没有物质，时间和空间也仍然存在。生活在地球上的人类，从自身的感受认为，这样的时空观念及其与物质的关系，似乎都没有什么不对，因此能够接受这些观念是很自然的。不过随着科学的进步，人们逐渐发现，牛顿的宇宙模型中存在一些难以自圆其说的问题。最有名的就是所谓“奥伯斯悖论”（Olbers Paradox）。1926 年有一位德国医生和天文爱好者奥伯斯（H. W. M. Olbers）提出：如果宇宙是无限的，其中大致均匀地分布着发光的恒星，那么我们在夜晚看到的天空应该是亮的，而事实上夜空则是暗黑的，因而无法解释。为简单计，若假定每颗恒星的发光度为 E，恒星均匀分布，其空间密度为 N，则夜晚看到的天空亮度应是

$$I=\int_0^\infty \frac{2\pi r^2}{r^2} NE\mathrm{d}r=2\pi N\int_0^\infty \mathrm{d}r=\infty$$

上式中分子 $2\pi r^2 NE$=dr 表示以观测者为中心的半个可见天球中厚度为 dr 的薄层里恒星产生的总亮度，分母 r^2 表示观测者感到的恒星亮度与恒星距离 r 的平方成反比。由于地球不透明，另外半个天球中恒星对观测者产生的亮度无贡献。由上式结果可见，观测者看到的夜空亮度理论上应是无限大。不过考虑到星际消失和恒星本身相互遮挡的效应后不会是无限亮，但也不应是暗黑的夜空。这一矛盾因而被称为奥伯斯悖论，或奥伯斯佯谬。

在牛顿宇宙的框架里，很难对奥伯斯悖论给予合理的解释。因为在牛顿的宇宙模型中宇宙是永恒的，恒星是永远存在的，很难推翻上述理论上的论证。实际上只有摆脱牛顿的宇宙模型，才能摆脱奥伯斯悖论。例如按照现代的标准大爆炸宇宙模型，恒星寿命是有限的，第一批恒星诞生于大约 137 亿年前，其余恒星寿命更短，因此它的发光度并非永存，不同距离的恒星光束到达地球所需的时间也各不相同，上式积分中暗含光度 E 永远存在是不合理的。再则，大爆炸模型的依据是观测到的星系退行，意味着宇宙膨胀，从而导致天体光束波长位移，减弱了可见光区的天体亮度，上述积分中也未考虑这一因素。实际上在红外和微波波段，

观测到的夜空亮度并非是“暗黑”的。总之，按照现代的标准大爆炸宇宙模型，并不存在奥伯斯悖论。因此这一悖论意味着牛顿宇宙模型的不合理。

2. 爱因斯坦的有限无界宇宙

1915 年爱因斯坦创立的广义相对论，是专门研究时间、空间和引力的理论（图 8.1）。广义相对论推导出的一些主要结果,如时间与空间并非彼此独立，而是构成四维时空统一体，并且四维时空是弯曲的；物质与时空并非没有联系，而是时空不能脱离物质而单独存在，时空结构取决于物质分布，而物质分布又决定时空如何弯曲，时空弯曲又决定物质如何运动。这些结论与牛顿的时间、空间和物质彼此独立、时间和空间为无限和平直的观念完全背道而驰，因而使人们难以理解。要准确理解广义相对论的时空弯曲，必须借助非欧几何学。对于不具备这种数学知识的一般读者，只能通过不太准确的比喻，来获得近似的理解。首先必须指出，广义相对论在天文学领域推测获得的几个结论，例如行星轨道近日点进动、引力场引起的光线偏折和引力场中时钟变慢（引力红移）等，通过对小行星近日点进动的观测、日全食时星光偏折，以及人造卫星携带原子钟的频率测定等，均已得到证实。因此广义相对论的正确性已被人们普遍接受。

图8.1 现代宇宙学的奠基人爱因斯坦

广义相对论认为物质存在将造成四维时空弯曲。按照广义相对论的观点,万有引力并非是“力”的作用，而仅仅是时空弯曲的表现。例如，若在一块平面橡皮膜上放置一个大球，平面橡皮膜就会变成中央凹陷的曲面，大球愈重，凹陷愈深（图 8.2）。若在大球旁

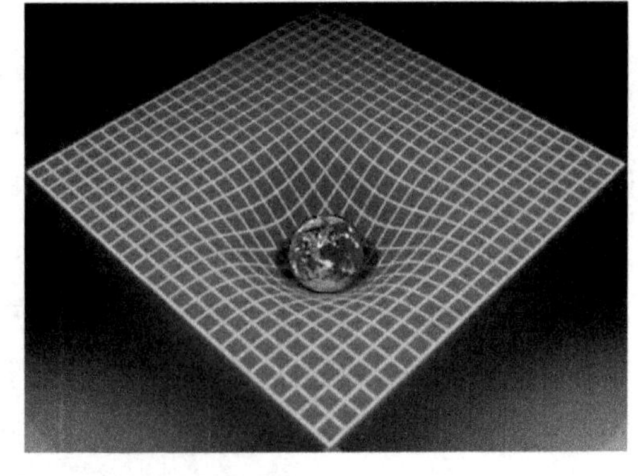

图8.2 大质量物体产生的时空弯曲

边放置一质量可以忽略的小球，小球必将滚向大球。从牛顿力学看来，这是万有引力的结果（地球引力造成小球滑向大球）。但从广义相对论来看，这是大球造成空间弯曲的结果。在牛顿力学中,质点的惯性运动轨迹是直线,但在弯曲时空中,质点的惯性运动轨迹不是直线，而是短程线（例如球面上的大圆弧就是短程线）。光束经过大质量物体附近产生的偏折也不是引力造成的，而是由于大质量物体造成附近空间弯曲的结果（图 8.3）。地球引力作用下的自由落体，按照广义相对论的理解，实际上是在地球周围弯曲空间中的惯性运动。要更好地理解非欧几何中的弯曲时空，还得先从平直的欧氏几何说起。古希腊数学家欧几里得在 5 条公理（一望可知的真理）和 5 条公设（没有证明的基本假定）的基础上，发展了一套具有严格逻辑体系的几何学,被称为欧氏几何学。其中第五条公设（称为平行公设）是说，通过某条直线外的任何一点，存在一条与该直线平行的直线。根据这条公设，可以推出三角形的内角之和等于 180 度。平面上的三角形显然满足这条公设。人们把满足欧氏几何学的空间称为欧氏空间，也叫平直空间。到了 19 世纪初，德国的高斯、匈牙利的鲍耶和俄国的罗巴切夫斯基等数学家发现，如果放弃这条公设，同样可以发展出一套逻辑上严格的几何体系，它适用于非平面空间。在这种空间中，三角形内角之和未必是 180 度。描述这种空间的几何学就称为非欧几何学。例如球面上由三段大圆弧构成三角形的三个内角之和会超过 180 度，而马鞍形双曲面上的三角形内角之和会小于 180 度，当然这两种三角形是在曲面上，这是由于我们是在三维框架中才得知它们是曲面而非平面。但如果设想,有一位没有高度的小人（二维小人）生活在曲面上,他没有三维框架的概念，也不能离开曲面，他也就无法理解自己所处的空间是曲面或是平面。这就很像我们无法想象四维时空为何物，以及难以判断自己所处的空间是平直或非平直。

图8.3　太阳引力使地球观测者看到恒星位置偏离

非欧几何学在广义相对论提出之前就已经存在，但没有人认为我们人类生活的宇宙空间需要用非欧几何学来探讨。爱因斯坦提出广义相对论之后，就开始用非欧几何的弯曲空间来探讨宇宙，并于 1917 年提出了一个宇宙模型。在广义相对论中，空间和时间是统一的整体，称为四维时空。在充满物质的宇宙中，这种四维时空是弯曲的，弯曲的程度（时空曲率）由其中的物质决定。不过其中三维空间部分，既可满足欧氏几何，也可满足非欧几何。一般的弯曲时空是很复杂的。爱因斯坦用广义相对论研究宇宙时，为了简化数学处理，引入了一个基本假定，现已称为“宇宙学原理”。这个假定认为，宇宙各处没有不同，从各方向看去都是一样的。换句话说，宇宙是均匀和各向同性的。这样得到的空间曲率将等于常数。弯曲的空间曲率将有三种可能值:①曲率大于零，称为封闭空间，或球形空间；②曲率等于零，称为平直空间，或欧几里得空间；③曲率小于零，称为开放空间，或双曲空间。若以三维类比，则分别相当于球面，平面或双曲面（图 8.4）。还应指出，一个弯面的时空，它的空间部分不一定是弯曲的，可以是平直的，即空间曲率为零，这时空间部分可以用欧氏几何描述，弯曲则体现在时间流逝不均匀上。爱因斯坦提出的宇宙模型中，空间部分是球面，因此宇宙是有限的。然而球面上各点的性质是相同的，即不存在何处是中心和边界在哪里的问题，因此爱因斯坦的宇宙模型是有限无界的模型。

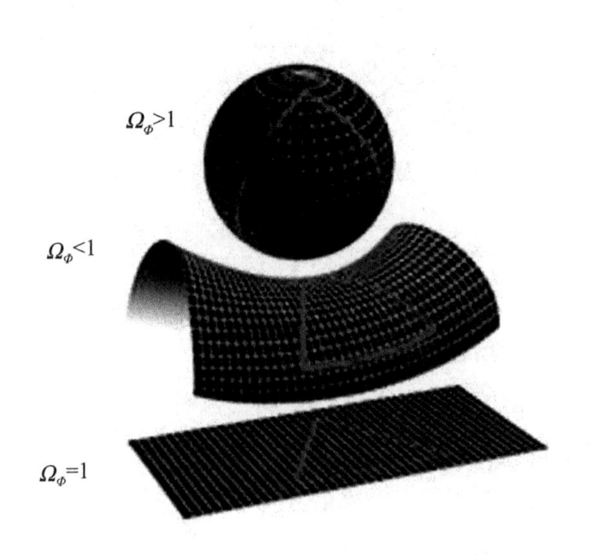

图8.4　封闭（有限）、平直和开放（均为无限）空间

爱因斯坦最初得到的宇宙模型是不稳定的，如果受到某种小的扰动，就有可能不断膨胀或不断收缩。为了符合当时认为的静止宇宙，爱因斯坦在引力场方程式中加上了一个常数项，称为宇宙学常数。1922 年俄国学者弗里德曼（A.Friedmann）首先指出，爱因斯坦的宇宙模型实际上是不稳定的。弗里德曼对只包括物质但不包含宇宙项的场方程求解，得到的宇宙或是膨胀，或是收缩。1927 年比利时神甫学者勒梅特（G.Lemaitre）对物质与宇宙项不平衡的场方程的

研究结果，也得到宇宙或是膨胀，或是收缩。爱因斯坦在得知哈勃发现的星系后退现象意味着宇宙在膨胀之后，曾对在场方程中加上宇宙项表示后悔，认为是他一生的最大错误。不过近年来借助 Ia 型超新星的研究，发现宇宙在加速膨胀，并且确认宇宙中存在暗能量之后，后人又把这个宇宙常数认为是代表“万有斥力”或“反引力”，从而赋予新的物理含义，并认为应当保留，这是后话，将在本章最后一节讨论。但是这件事又往往使人把爱因斯坦的宇宙模型与大爆炸宇宙模型混为一谈，这是一种误解。而且宇宙常数所代表的“万有斥力”或“反引力”实际上也不能理解为是一种“力”，正确的理解应该是这一项的作用是使时空弯曲与普通物质造成的时空弯曲相反。总之，爱因斯坦的宇宙就是指静态有限无界的宇宙，其他都是后来发生的事情。

二　标准大爆炸宇宙模型

1. 大爆炸模型产生的背景

如上所述，弗里德曼和勒梅特等人早在 20 世纪 20 年代就指出爱因斯坦静态有限无界的宇宙是不稳定的。与此同时，受到哈勃观测发现的星系退行所暗示的宇宙膨胀的启发，勒梅特于 1932 年提出宇宙起源于一个极高密度和极高温的“原始原子”膨胀而形成的论点，然而他并未给出原始原子如何演变成现今五彩斑斓宇宙的具体过程。直到 20 世纪 40 年代俄裔美籍物理学家伽莫夫（G.Gamov）（图 8.5）根据他和同伙在核物理学研究领域得到的结果，仔细阐述了高温高密态物质，如何演变成各种元素和宇宙中各种物质的过程，特别是能够解释宇宙中元素氢和氦的含量比例大致为 7 : 3，其余元素为微不足道的事实。他们于 1946 年提出了宇宙起源于一次大爆炸的模

图8.5　大爆炸宇宙模型提出者伽莫夫

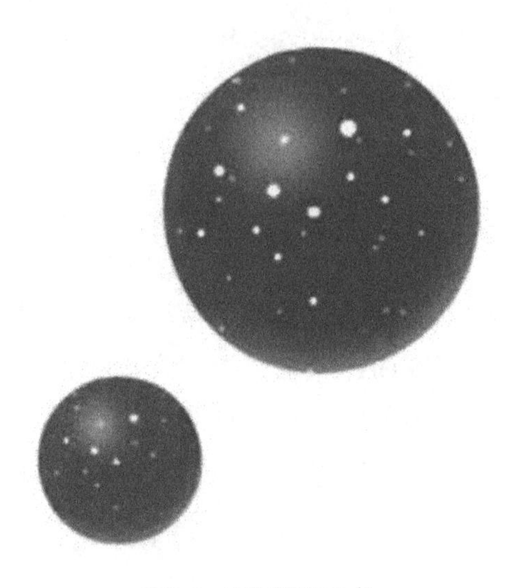

图8.6 宇宙膨胀示意

型（图 8.6），但在当时并未受到重视，其原因之一是如果把哈勃观测到的星系退行现象视为宇宙膨胀，那么按退行速度倒推到原点所需的时间，亦即宇宙年龄仅为大约 20 亿年。而当时根据放射性元素含量测量的地球年龄和用其他方法测定的恒星年龄，均在 40 亿年以上，造成宇宙年龄少于天体年龄的荒谬结果。实际上伽莫夫等人起初是根据该理论提出者中有三位作者名字的首字母为 A、B 和 C，而把自己的理论称为“α—β—γ 宇宙创生模型”，而反对者则把它讥讽为“大爆炸模型”（Big Bang Model）。由于大爆炸模型遇到重大困难，当时又提出了一些其他模型。比较有名的是英国学者霍依尔（F. Hoyle）提出的稳态宇宙模型和法国学者沃库勒（G. Vaucoulears）提出的等级宇宙模型。前者认为宇宙在膨胀过程中物质密度保持不变，宇宙中不断有新物质诞生，以补偿膨胀造成的密度降低，实际上是违反质量守恒原则；后者认为由恒星、星系、星系团和超星系团组成的等级结构，物质密度逐级下降，直到趋近于零，因此不承认宇宙学原理，但均有些支持者。不过后来发现，考虑了星际消光效应后，重新测定了造父变星周光关系的零点，从而降低了哈勃常数 H 数值后，得到的宇宙年龄超过了所有已测的天体年龄，消除了所谓“子女年龄超过父母”的不合理结果。到了 1964 年，由于彭齐亚斯和威尔逊通过观测发现，宇宙背景中存在温度约为 3 K 的微波辐射，与伽莫夫等人的大爆炸宇宙模型所预言的结果正好相符，从而对大爆炸模型给予强力支持。从此大爆炸宇宙模型被人们普遍接受，并称为标准大爆炸宇宙模型。

2. 大爆炸模型的主要环节

按照大爆炸理论，宇宙从极高密度和极高温度的原始物态，逐渐膨胀降温到当前以星系为基本单元的大宇宙，这其中涉及的物理过程相当复杂，其严格论证涉及粒子物理、核物理、等离子体物理、原子和分子物理、流体力学、以及热力学和统计物理等物理学的诸多领域，因此只能作简单的定性介绍。尽管如此，为了理解主要的物理过程，还得讲一点有关物质构成的基本知识。根据粒子物理学和核物理学的研究结果得知，基本粒子可以分为三类，即媒介子（如光子）、强子（如质子和中子）和轻子（如电子和中微子），其中光子为能量，其他为物质（图 8.7）。光子在一定温度条件下可以通过碰撞产生成对的正反粒子，而正反粒子碰撞又可变成光子（称为湮灭）。属于强子类的质子和中子则是由正反夸克组成的。而所有元素则是由组成原子核的质子和中子以及围绕原子核的电子构成的。光子与物质相互转化时，能量与质量的关系为爱因斯坦的质能转换公式 $E=mc^2$，其中 E、m 和 c 分别为能量、质量和光速。温度必须达到一定数值（称为阈温）才能发生光子碰撞产生物质粒子的过程。阈温 T 可以按玻尔兹曼公式 $E=kT$ 估算，其中 E 为转化粒子的能量，k 为玻尔兹曼常数（k=138065 × 10^{-23} 焦尔 / 开）。根据估算可知。通过光子碰撞产生正负电子所需的阈温为 59 亿度（5.9×10^{9} K），而产生质子和反质子以及中子和反中子的阈温为 10 万亿度（10^{13} K）。在高温和高密度时，正负强子会破碎为夸克，温度降低后正负夸克又会结合成正负强子。目前对大爆炸宇宙模型中了解比较清晰的过程，大约从爆炸开始之后 10^{-4} 秒开始，其主要时间节点如下。

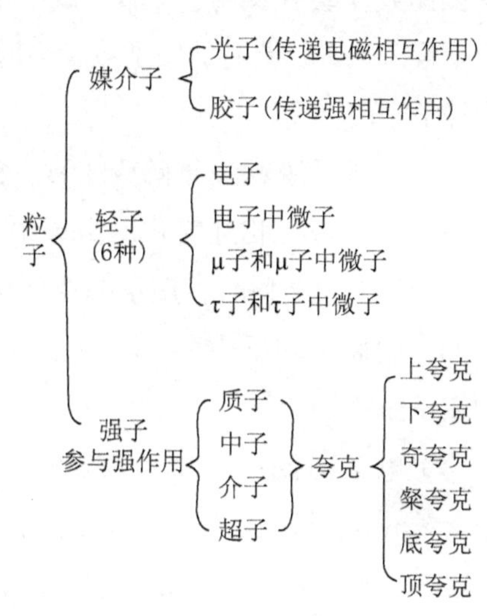

图8.7　基本粒子分类

（1）强子时代，年龄 10^{-4} 秒，温度 $T>10^{13}$ K。由于温度高于光子转换为轻子和强子所需的阈温，因此光子转化为正负粒子和正负粒子转化为光子均能发生，正向和反向过程达到平衡态，光子数目与粒子数目相等。在这样的高温下强子破碎为夸克，夸克处于渐近自由状态。在宇宙物质的构成中，由于强子质量占优，称为强子时代。

（2）轻子时代，年龄 0.01 秒，温度 $T=10^{11}$ K。由于温度低于光子转换为强子所需阈温，因而此种转换已停止。但温度仍高于光子转换为轻子所需阈温，于是物理过程为光子碰撞产生正负电子和正反中微子，以及它们的反向过程，并且正向与反向过程达到平衡。由于强子不再破碎，而原先处于渐近自由态的夸克却可以正反湮灭，或组成强子（质子或中子）。正反强子湮灭后，剩余的强子中质子和中子各占一半。此时的轻子数量激增，轻子与强子的数量比值为 10 亿比 1，故称为轻子时代。

（3）中微子脱耦，年龄为 1 秒，温度 $T=10^{10}$ K。在正反中微子参与下，中子与质子不断进行相互转化。由于中子质量略大于质子，中子转化为质子概率稍大。年龄为 0.2 秒时，质子与中子的数量比值为 62∶36，1.09 秒时，比值为 76∶24。中微子和反中微子不再参与其他粒子的相互作用而成为自由粒子，称为中微子脱耦。

（4）电子对湮灭，年龄为 5 秒，$T=5\times10^{9}$ K。宇宙温度已小于轻子阈温，轻子无法由光子湮灭产生，轻子数目锐减。另一方面则是大量正反电子湮灭。这一过程释放的能量使宇宙降温减缓，从而保持较高温度。在这种高温条件下，虽然质子和中子可以复合成氘核，并释放一光子。但氘核的结合能仅为 2.2 MeV（兆电子伏特），只要具有 2.2 MeV 以上能量的光子就能使氘核重新分解为质子和中子。由于此时光子数比质子和中子数目多几十亿倍，因此氘核实际上无法存活，不能积累。

（5）核合成时代，年龄 3 分钟，$T=10^{9}$ K。宇宙温度已显著低于轻子阈温，由光子变成物质已不可能。光子的平均能量已降到约为 1000 ev（电子伏特），能够使氘核分解为质子和中子的光子数目已经不多，导致氘核大量积累。氘核可以与一个中子碰撞形成氚核，也可以与一个质子碰撞形成氦 3 核（^{3}He）。它们又可以分别与质子和中子碰撞形成稳定的氦核（^{4}He）。进一步的核合成便可以迅速进行。这些合成过程产生的轻核素中有 4 种是稳定的，它们是氦 4、氘（氢 2）、氦 3 和锂 7，而氚（氢 3）和铍 7 是放射性的，它们最终也会衰变成氦 3 和锂 7。值得注意的是中子由于全部进入氦核而受到保护。这时质子与中子数量比值为 87∶13。所有中子与等量质子组成氦核，剩下的质子为氢核，于是宇宙此时的氦核与氢核的质量比值就变成（87–13）∶（13+13）=74∶26，即大体上氢与氦的质量比值为氢占约 3/4，氦占约 1/4，其余元素合计不足 1%，氦 3、氢 2 和锂 7 的丰度都非常小，这正是目前观测到的宇宙物质构成按质量计的百分比。换句话说，目前观测到的元素丰度与大爆炸理论预言的完全符合，尽管这些元素丰度的变化范围跨越了 9 个数量级。因此观测到的各种元素丰度百分比为大爆炸理论提供了强有力的支持。

（6）复合时代，年龄38万年，$T=3\times10^3$ K。与上述氘的情况相似，本来质子也可以与电子结合成中性氢而放出光子，但如果存在高能量光子（光子能量高于氢的电离能13.6 eV），氢核又会离解为质子和电子，中性氢无法积累。只有当宇宙继续膨胀，温度下降到大约3×10^3 K时（相当宇宙年龄为38万年），能够电离氢核的光子已经很少，由复合形成的中性原子才能存活，宇宙才从等离体状态变成中性原子的气体状态，光子与原子的作用概率已经很小，亦即光子与以原子为主的物质脱耦。换句话说，宇宙对光子变为透明，光子可以在宇宙中不再经历碰撞而自由穿行。因此大爆炸学说预言，迄今宇宙中应该仍然保留着宇宙38万岁时，脱胎出来的具有黑体谱的背景辐射，其唯一变化仅是由于宇宙膨胀，辐射波长将从3×10^3 K的黑体谱向长波方向移动到微波波段，相当于3 K左右的黑体谱辐射。这一预言又被1964年由彭齐亚斯和威尔逊的观测所证实，成为支持大爆炸理论的另一有力证据。

（7）黑暗和再电离时代，年龄4亿年之后。由于宇宙不断膨胀，温度从3×10^3 K进一步降低至100 K左右（图8.8），辐射压力减弱，引力成为主要作用力，物质开始凝聚，终于诞生了第一批恒星。与此同时恒星开始聚集成星系，宇宙大尺度结构逐渐形成。在恒星诞生之前，虽然有微弱的宇宙背景辐射，但整个宇宙基本上是黑暗的，故称为黑暗时代。随着大批恒星的诞生，在星光照耀下，宇宙中的氢和氦再次电离，成为等离子体，因此这一时期也被称为再电离时期。在恒星内部，通过核反应把轻元素转化为较重的元素，再由超新星爆发过程变为更重元素，并抛向宇宙空间，再通过这些含有重元素的物质重新聚集，产生下一代恒星。美国科学家福勒（W.A.Fowler）曾对恒星演化过程中化学元素的形成，作过深入的理论探索，并取得突出成就，从而获得1983年诺贝尔物理学奖。直到大约距今46亿年前，一颗名为太阳的恒星诞生，并且在它的附近形成了地球。大约35亿年前地球上出现了生命，大约

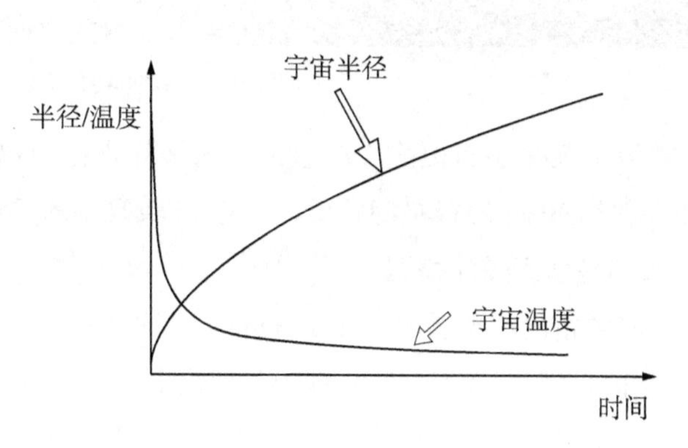

图8.8　宇宙大小和温度随时间变化

500 万年前，演化出了人类（图 8.9）。

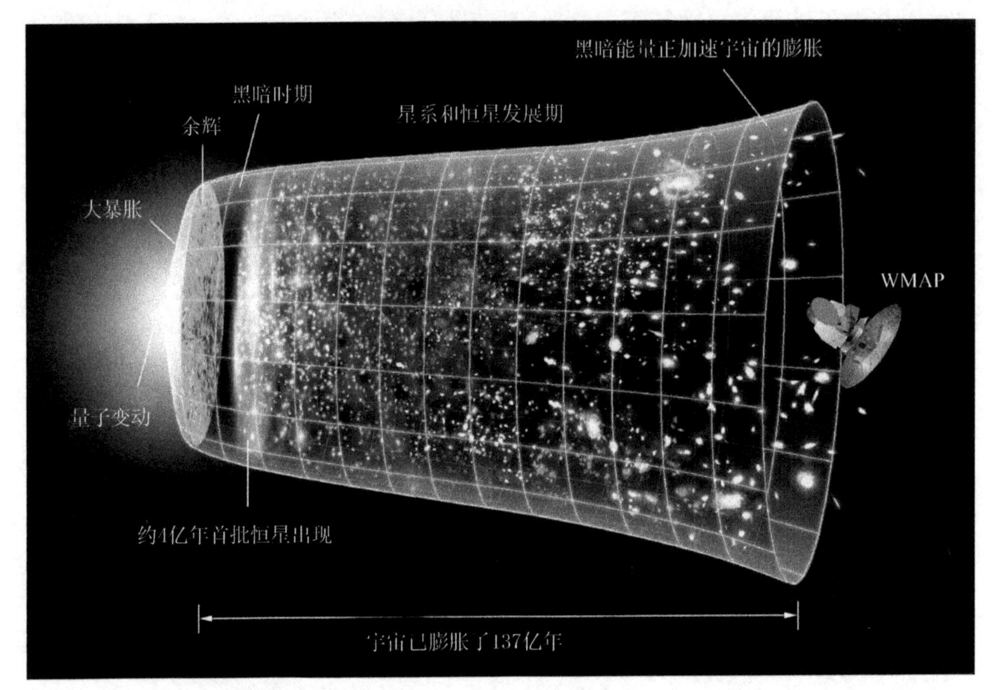

图8.9　宇宙演化路线图

以上就是宇宙诞生 10^{-4} 秒后，大爆炸理论所描绘的宇宙演化路线图。至于 10^{-4} 秒之前的宇宙极早期状况，因涉及比较复杂的宇宙暴胀过程，将在下一节介绍。

3. 如何理解大爆炸模型

必须指出“大爆炸”（Big Bang）一词是反对者为该模型贴上的标签，略带讽刺意味，但因为比较形象，也就被包括提出者在内的大众所接受。不过由于用了“大爆炸”的说法，就很容易使人想到宇宙是从一个高密度和高温的原点向四面八方爆炸开来，就像一团物质在一个无限的空间中爆炸那样，这种理解其实仍然带有牛顿的时空与物质分离的观念。而实际上所谓“爆炸”就是指膨胀，并且是物质与时空不可分离的膨胀。

另一个容易造成的误解是大爆炸意味着宇宙有限，其实也并非如此。大爆炸模型中的宇宙既可以是有限的也可以是无限的，这取决于宇宙平均密度 ρ 与临界密度 ρ_c 的比值 $\Omega=\dfrac{\rho}{\rho_c}$。临界密度 ρ_c 可以通过宇宙中任一点的逃逸速度与该处观测到的星系退行速度相等求得。假定宇宙中某点离观测者距离为 r，则该处的逃逸速度为$v=\sqrt{2GM/r}$，其中 G 为引力常数，M 为以观测者为中心半径为 r 的球内宇宙物质的总质量$M=\frac{4}{3}\pi r^3\rho$。令逃逸速度等于退行速度，即 $V=Hr$，（H 为哈勃常数），即得 $\rho_c=\frac{3H^2}{(8\pi G)}$，可见 ρ_c 与常数 H 有关。若取目前观测得到的 H=70.5 公里/（秒·百万秒差距），则 $\rho_c=0.933\times10^{-23}$ 克/立方厘米，这相当于每立方厘米中有 5 个质子。若$\Omega=\frac{\rho}{\rho_c}>0$，则对应于封闭的有限宇宙；若 $\Omega=0$ 或 <0，则分别对应于平直和开放宇宙，均为无限宇宙。不管是封闭的有限宇宙，或是平直或是开放的无限宇宙，都可以膨胀，不要认为只有封闭的有限宇宙才可以膨胀。

还有一个是关于“宇宙中心”问题，其误解是若把宇宙膨胀理解为像气球那样由球心向外膨胀，那么按星系退行速度返回倒推，就会回到球心，那么球心不就是“宇宙中心”吗？为何又说宇宙没有中心呢？实际情况是，所谓宇宙膨胀是指宇宙中每一点都在主动膨胀，到处都在膨胀，并非是从“球心”膨胀，并不存在特殊的“球心”，何况宇宙也并非一定是封闭的球面。既然是处处都在膨胀，那宇宙中每一点都不是特殊的点，可以被认作是宇宙的“中心”。这种情况下按退行速度返回到起始时，是所有点同时消失，位置坐标也同时消失，当然也就找不到何处是原来的“中心”。因此膨胀模型并不意味着存在“宇宙中心”。

还有一个问题是如果宇宙在膨胀，天体是不是也在膨胀？答案是对于彼此之间引力远大于宇宙膨胀力的天体系统，它们的结构不会受到宇宙膨胀的影响而变大，例如太阳系和星系。而彼此之间引力很小的系统，例如超星系团的结构就会受到影响。而星系团大概是处在这两种状态之间的系统。

三　宇宙极早期的暴胀模型

试图把以核物理学为基础的标准膨胀模型应用到年龄小于 10^{-4} 秒的极早期宇宙时，遇到了许多困难，主要有如下各点。

1. 粒子视界疑难

粒子视界是指从宇宙诞生至年龄为 t 时，光子传播所能达到的距离。在这个距离之内的两点之间，可以存在因果关系。可见粒子视界就是具备因果关系的最大范围。超过这个距离的两点之间，不可能存在因果关系，除非它们之间的作用是超光速传递的，而这是不可能的。另一个物理量称为宇宙尺度，它随时间变化，并且取决于宇宙膨胀速度，而膨胀速度又取决于具体的物质状态。在宇宙年龄为几十万年之前，宇宙以能量为主，其运动速度接近光速，宇宙尺度与 $t^{1/2}$ 成正比（t 为时间）；宇宙年龄几十万年之后，宇宙以物质为主，其运动速度远小于光速，宇宙尺度与 $t^{2/3}$ 成正比。具体计算表明，粒子视界总是小于宇宙尺度。例如当 t=70 万年时，粒子视界为 6.6×10^{23} 厘米，宇宙尺度为 1.83×10^{25} 厘米；当 $t=10^{-36}$ 秒时，粒子视界为 3×10^{-26} 厘米，宇宙尺度为 3.8 厘米。这表明在宇宙尺度范围内不存在因果关系。但这是不合理的，因为宇宙背景微波辐射的观测结果表明，宇宙在大尺度上是各向同性和均匀的，暗示宇宙各处之间必然曾经有过相互作用，存在因果关系。这个矛盾称为粒子视界疑难。

2. 平直性疑难

根据理论推算，若令 R 为宇宙尺度，$\Omega=\dfrac{\rho}{\rho_{\mathrm{c}}}$ 为宇宙物质密度与临界密度之比，则在宇宙极早期年龄为 $t=10^{-36}$ 秒时，可得到 $1-\dfrac{1}{\Omega}\approx10^{-55}$，即 Ω 非常接近于 1，亦即当时的宇宙密度几乎等于临界密度，或者说极早期的宇宙空间非常接近平直。这种概率应当是很小的，为什么会出现？应当给予解释，通常称为平直性疑难。

3. 磁单极疑难

电荷有正负电荷之分，物体所携带的电荷若正电荷多于负电荷，该物体表现为带正电，反之就是带负电。磁场也有正极与负极之分。与电荷相似，人们也把产生磁场的源素称为磁荷。但与电场不同的是，在磁场中正极与负极总是同时存在，不会单独出现一种极性。例如地球磁场有正极（在地理北极附近），也有负极（在地理南极附近）。一根磁铁棒一端为正极，另一端为负极。若把磁铁棒截成两段，每小段磁铁棒仍是一端为正极，另一端为负极。指南针也是如此。总之，我们看不到只带一种磁极性的物体，亦即并未发现单一极性的磁荷（称为磁单极）。不过根据粒子物理学，在宇宙大爆炸过程中，理论上预言是存在大量磁单极的。而在当今宇宙中，从未找到在磁单极的证据，这又如何解释？这就是磁单极疑难。

天文学家曾经受到上述这些带根本性的疑难的很大困扰。直到 1981 年，美国粒子物理学家古斯（A.H.Gyth）借用真空相变概念，提出在宇宙极早期曾经发生过急速膨胀（现已称为“暴胀”）后，这些疑难才得以破解。按照这种理论，真空实际上有两种状态，一种是高能的亚稳真空态，另一种是低能的基态真空态。后者即通常意义上的真空态，而前者与后者的区别就是能量密度不为零，而且是常数，不随宇宙膨胀变化。这种物态可以看作是真空能。古斯认为宇宙在极早期的大统一时代（相当于宇宙年龄为 10^{-44} 秒至 10^{-35} 秒，此时物质的三种作用力，即弱相互作用、强相互作用和电磁力尚未分离，故称为大统一时代），宇宙曾经短暂停留在亚稳真空态，持续时间只有 10^{-33} 秒，随后发生相变而转化为基态真空态，并释放能量导致产生大量粒子。古斯指出，亚稳真空态必然会导致宇宙发生猛烈膨胀，在短暂的大约 10^{-33} 秒时间内使宇宙尺度猛增几十个数量级，其膨胀速度远超过光速。不过这是空间膨胀速度，并不违背相对论中物质运动速度不会超过光速的制约。

借助这种极早期宇宙暴胀模型，上述各种疑难就可以迎刃而解。首先，对于视界疑难，由于暴胀使宇宙尺度急速增大了几十个量级，远远超过视界与宇宙尺度之间的距离，从而使视界疑难不复存在。按照暴胀模型，我们今天观测到的宇宙实际上是由大统一时代远小于视界的一个极小区域膨胀产生的。目前看到的宇宙均匀性（宇宙背景微波辐射所显示的大尺度各向同性），正是由于原本均匀的小区域造成的，因此超越了来自光速传播的因果关系。其次，我们观测到的宇宙空间近于平直也可以很自然得到解释。因为宇宙急速膨胀，很容易一下子把宇宙空间抻平，使空间曲率减小，就像气球在未吹气之前的些许皱纹，在吹气之后几乎消失那样。这样的过程实际上也预言目前的宇宙空间应该是几乎平直的，亦即接近宇宙物质密度 ρ 几乎等于临介密度 ρ_c 的情况（$\Omega=\frac{\rho}{\rho_c}\approx 1$）。而 ρ_c 是可以由哈勃常数 H 推算的，因此这一预言是可以由观测检验的，并为“威尔金森微波各向异性探测器”（WMAP）的观测所证实。至于 WMAP 观测所显示的宇宙基本上均匀的同时，也存在微小的不均匀性，也可以用暴胀模型来解释。因为宇宙在暴胀之前是挤压在比原子核还要小的空间里。在这么小的空间中，量子力学的测不准原理发挥作用。我们所熟悉的测不准原理是说在微观尺度中，物体的位置和速度无法同时精确测量。其实时间和能量也是如此。在极短的时间中，能量是测不准的。在宇宙极早期，时空都非常小，能量也就不确定，必定有点起伏，也就是存在不均匀。这种涨落随暴胀而保留下来，尽管不大，但在引力作用下会不断增强，最终形成我们所观测到的星系团、星系和恒星等不均匀结构。最后是关于难以找到磁单极。尽管理论上预言磁单极子的质量大约为质子质量的10^{16}倍，数量也不算少，然而由于暴胀，已不能再产生新的磁单极子，而原有磁单极子的密度被极大地稀释了，因而也就难以找到了。

由古斯提出的宇宙极早期暴胀模型，经过一些学者，尤其是俄国学者林德（A.D.Linde）的修正和完善后，取得了很大成功。虽然暴胀只发生在宇宙极早期仅10^{-33}秒的极短暂时间中，真空相变产生的大批粒子在暴胀后使宇宙重新加热，从而与标准大爆炸模型平稳接轨。虽然暴胀机制本身尚缺乏很强的理论依据，但由于它能够解释一系列重大疑难，并且它的预言又得到观测证实，因而获得了普遍认可。

上述标准大爆炸模型是从宇宙诞生后10^{-4}秒讲起的，而暴胀模型又向前延伸到10^{-36}秒这一关键时段。再往前直到10^{-44}秒就是所谓大统一时期，这时宇宙物态的温度为10^{28} K，能量为10^{24}电子伏特量级。此时引力已经与其他三种作用力（弱相互作用、强相互作用和电磁力）分离而单独发挥作用，但其余三种力并未分离（强作用力在10^{-36}秒时分离，而弱作用力与电磁力的分离则发生于10^{-10}秒时期）。年龄10^{-44}秒是一个标志性时间点，早于10^{-44}秒的时期称为普朗克时代。由理论研究可知，时间和空间均存在两个特征尺度，分别称为普朗克时间尺度$t_p=\sqrt{\frac{hG}{2\pi c^5}}=5.3908\times10^{-44}$秒和普朗克空间尺度$l_p=\sqrt{\frac{hG}{2\pi c^3}}=1.6161\times10^{-35}$米。比普朗克时空小的时空是不续的（量子化的），此时引力尚未与其他力分离，相对论失效，称为广义相对论奇点。讨论如此小尺度时空的物理学尚未发展起来，因此这一极致的时空只能留待将来进一步探讨。

此外，有些天文学家也提出了多重宇宙的概念，认为我们所在的宇宙并非唯一的，还存在许多与我们宇宙平行的宇宙，而这些分形宇宙的尺度均大于其中粒子视界，生活在其中的智慧生物感觉不到还有其他宇宙。还有些学者提出循环式的宇宙模型，认为宇宙还有前世和后世的轮回形式。不过这些均有很大争议，也很难从观测上检验。因此我们至少可以认为，我们上述所介绍的宇宙模型（暴胀加标准大爆炸模型）是目前可观测宇宙的演化模型。

四　暗物质、暗能量和宇宙加速膨胀

1. 暗物质

早在20世纪30年代，在美国加州理工学院工作的瑞士天文学家茨威基（F. Zwicky）在研究星系团边缘的星系运动时，发现星系的运动速度与星系团内所有星系质量之和所能提供的引力不匹配。按照万有引力定律，星系运动速度必须与引力相平衡，否则星系团将会瓦解。因而茨威基首先提出宇宙中可能存在看不见的暗物质，它们虽然看不见，但可以提供引力作用。后来其他天文学家，特别是女天文学家鲁宾（V. Rubin），研究了许多星系中恒星绕星系中心旋转运动速度随其与星系中心距离变化的测量结果，发现其与按可见物质引力推算的结果不符（图8.10）。根据万有引力定律，恒星绕星系中心的运行速度应随其与星系中心距离增大而下降，就像太阳系中行星的轨道速度随日心距增大而下降那样。然而大量观测事例表明星系边缘的恒星速度几乎没有下降，暗示星系中尤其边缘区域存在暗物质。许多星系的研究结果非常相似，表明星系中存在暗物质的普遍性（图8.11）。在星系研究中通常用两种方法估计星系质量。其一是根据恒星运动情况，按引力作用来估计质量，称为引力质量；另一种是统计恒星数目，根据它们的光度并结合质光关系来估计星系质量，称为光度质量。迄今的研究表明星系的引力质量总是比光度质量大得多。这同样是星系中存在大量暗物质的证据。因此宇宙中存在大量暗物质已被天文学家普遍接受为不争的事实。

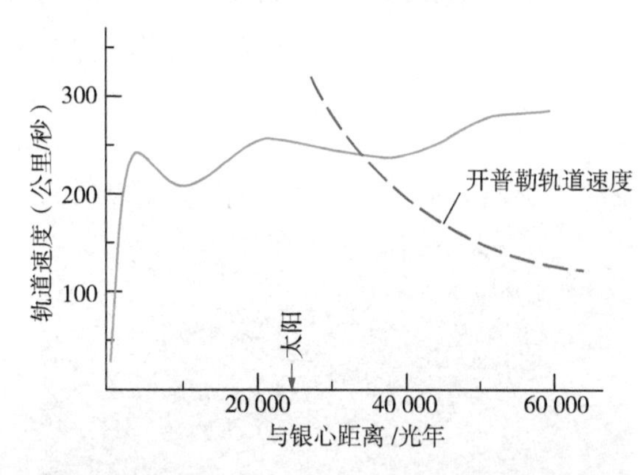

图8.10　银河系中恒星轨道速度（公里/秒）随银心距离（光年）的变化（蓝线），红线为按开普勒定律推算的结果

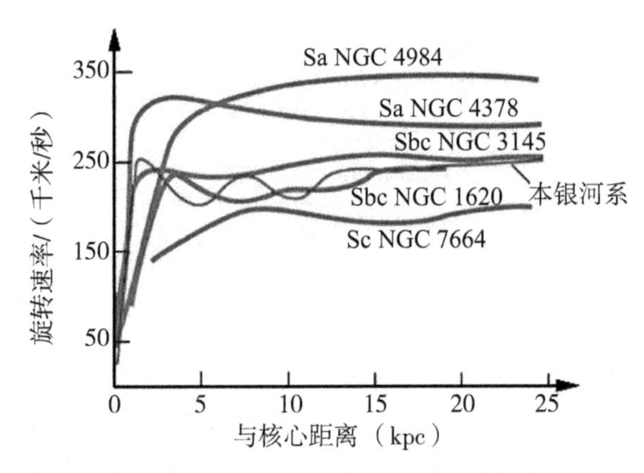

图8.11　一些星系中恒星轨道速度（公里/秒）随其与星系核心距离（千秒差距）的变化

暗物质是什么东西？目前的研究认为暗物质包含两类。一类是重子暗物质，它们与普通亮物质类似，也是由质子、中子等重子和电子组成，只是处在特殊的物理环境中而丧失发光能力，如黑矮星、暗星云和黑洞等。另一类是非重子暗物质，可能由亚原子粒子构成，到底是什么粒子尚在探讨中。但它们应具有如下特征：①没有强作用和电磁作用，只有引力和弱相互作用；②长寿命；③质量应当不小。这类暗物质不与光子发生作用，在任何物理环境条件下都不发光，不吸收也不反射光束，对任何波长都是透明的。目前已知的亚原子粒子中，尚未发现同时具备这些条件的粒子。所以有时只是从理论上称其为“弱作用大质量粒子”(WIMP)。从目前研究结果看来，重子暗物质所占比例不大，暗物质的主体应是非重子暗物质。由“威尔金森微波背景各向异性探测器”（WMAP）探测后得到的结果分析表明，在宇宙总质量中，可直接观测的普通亮物质只占 4.6%，暗物质占 22.8%，其余 72.6% 为下面将要介绍的暗能量。而在 22.8% 的暗物质中，星际气体约占 3.6%，黑洞占 0.04%，中微子占 0.1%，其余全是非重子暗物质（图 8.12）。

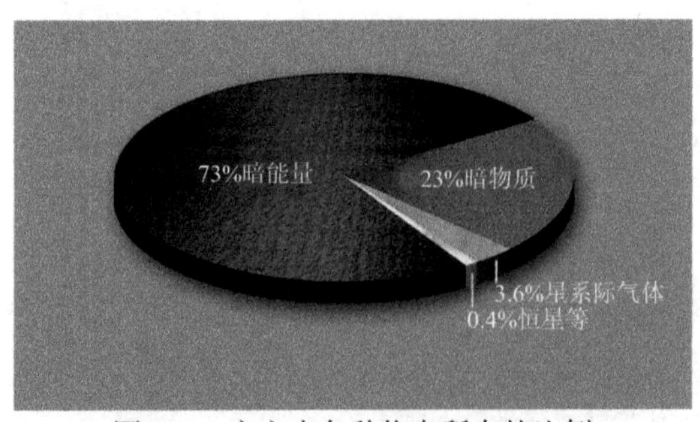

图8.12　宇宙中各种物态所占的比例

暗物质既然是看不见的物质，因此不能用通常的望远镜直接观测，只能采用间接的方法进行探测。如上所述，可以用测量星系团中星系的速度弥散度，估算星系团中暗物质数量，以及测量星系中恒星的速度弥散度来估算星系中的暗物质数量。还可以用 X 光空间望远镜探测星系中高温气体分布，再通过压力平衡原理，推算暗物质的质量。近年来采用一种新的方法，即引力透镜效应，在暗物质的探测中取得很大成就。爱因斯坦早就指出引力场存在引力透镜现象。远方的天体光束经过中间的大质量天体旁边到达地球上的观测者时（即远方天体、中间大质量天体和地球上的观测者三者大致成一直线时），由于受到中间大质量天体（也称为前置天体）时空弯曲的影响，远方天体的光束将会发生偏折，使观测者看到的光束方向偏离原来的光束方向，可见中间大质量天体的作用与光学中透镜的作用相似，故称为引力透镜效应（图 8.13，图 8.14）。与光学透镜相似，引力透镜也会使远方天体成像，并且会增强像的亮度，与前置天体的像一起构成多重像。引力透镜效应也会造成像的扭曲，或改变亮度分布，但从它们的光谱结构和谱线红移数值可以判断那几个多重像属于同一天体。当远方天体、前置天体和观测者准确成一直线时，往往还会形成环形的增强像，称为爱因斯坦环（图 8.15）。从 20 世纪 80 年代以来，已经观测到大量由引力透镜效应造成的远方星系的多重像和爱因斯坦环。典型的如哈勃空间望远镜观测到的“爱因斯坦十字”，它由 5 个星像组成，中央为距离 4 亿光年远的前置星系（即产生引力效应的星系 G2237+0305），周围 4 个像为距离 80 亿光年之遥的暗星系的增强多重像（图 8.16）。哈勃望远镜也观测到许多爱因斯坦环，其中有一个是双环，环中心的前置天体为狮子座星系 SDSSJ0946+1006（距离约 30 亿光年），内环和外环为位于远方的两个暗星系，其距离分别为 60 亿和 110 亿光年（图 8.17）。由这些多重像以及环的结构和分布可以反推出产生引力透镜的前置天体的质量，再与从前置天体亮度推测的光度质量进行比较，就能估算出前置天体中暗物质含量及其分布。例如双鱼座星系团 CL0024+17（距离 50 亿光年）的天区中存在许多形状相同的星系，它们是更遥远星系的多重像，还有一些是遥远星系的轻微扭曲像，这表明星系团 CL0024+17 是一个强大的引力透镜，星系团中存在一个大质量的暗物质环（图 8.18）。由计算机推测出的暗物质环直径约为 500 万光年，在美国航天局公布的该星系团图像中，这个暗物质环呈现为蓝色的环带。还有一个借助哈勃望远镜光学观测，钱德拉 X 光望远镜观测以及引力透镜效应协同推测的暗物质例子（图 8.19），就是位于船底座的星系团 IE0657–56（也称子弹星系团，距离 34 亿光年），由哈勃和钱德拉的观测图片判断其为两个星系团正在碰撞，其中红色区为 X 光观测的高温气体，白色和黄色的星系为哈勃望远镜和口径为 6.5 米的地基“麦哲伦”望远镜提供，而蓝色区域是由该星系团产生的引力效应反推得到的暗物质分布。由这幅综合图可见两个星系团碰撞造成了亮物质和暗物质均对称分离。

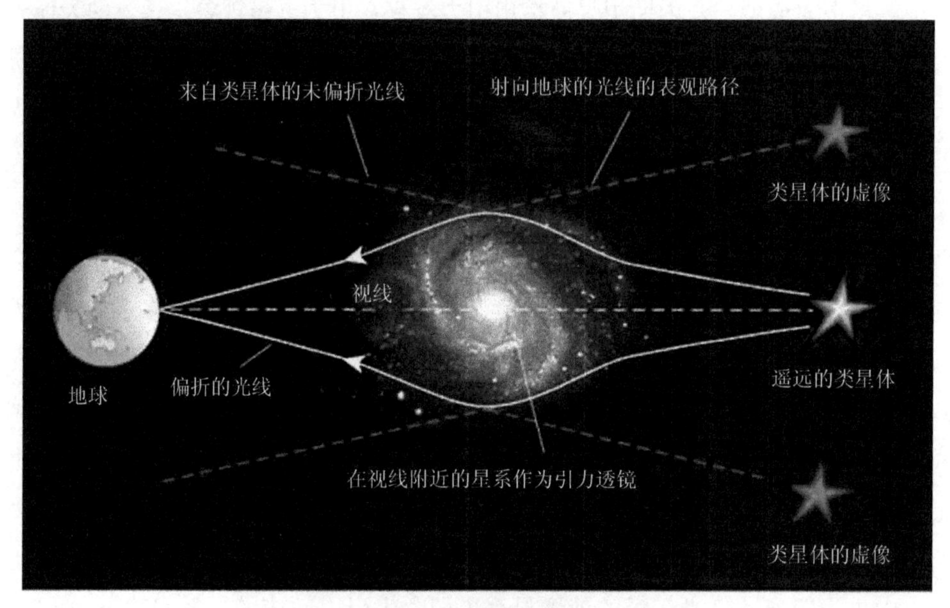

图8.13　引力透镜原理

图8.14　Abell 1689星系团强大的引力透镜效应产生许多光弧，它们是远方天体的扭曲像

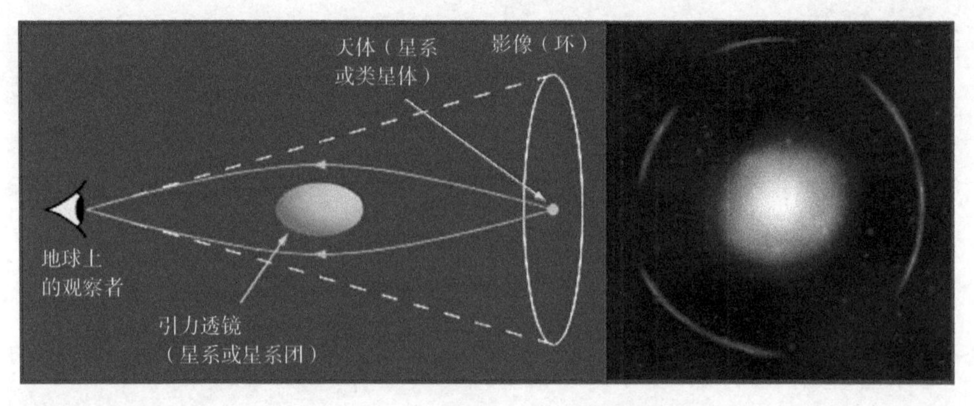

图8.15　“爱因斯坦环”产生的原因

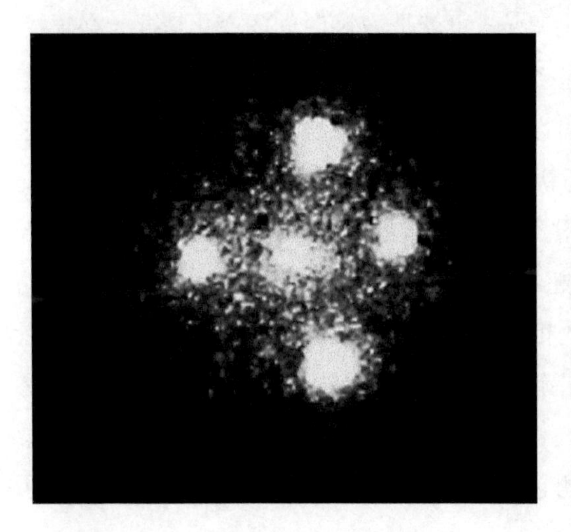

图8.16　引力透镜产生的“爱因斯坦十字”

图8.17　引力透镜产生的“爱因斯坦环”

图8.18　星系团CL0024+17中的暗物质环

图8.19　星系团 IE0657- 56中的暗物质正在分裂

2. 暗能量和宇宙加速膨胀

发现暗物质之后，人们又发现按发光物质和暗物质之和推算的宇宙物质密度仍然远小于临介密度，这与从“威尔金森微波各向异性探测器”（WMAP）测量得到的宇宙为平坦所暗示的宇宙密度接近临介密度的结果不符。这表明宇宙中除了发光物质和暗物质之外，还应存在其他东西。

另一方面，我们知道，表示星系退行速度与距离关系的哈勃定律 $V=HD$ 中的常数 H 是随时间变化的。人们以哈勃年龄 $T=\frac{D}{V}=\frac{1}{H}$ 作为宇宙年龄，实际上是假定宇宙以目前观测的速度作等速膨胀达到视界所需的时间，这并不是宇宙真正的年龄。为了研究宇宙膨胀速度的变化情况，也就是 H 随时间的变化情况，必须找到一个独立于哈勃定律之外的确定星系距离的方法。天文学家认为 Ia 型超新星最适合于作为超远距离的标准烛光，可以利用它们来确定超远天体的距离。我们在第六章中已经讲过，目前认为 Ia 型超新星是双星中的白矮星不断吸积伴星的物质，最终使星体质量超过钱德拉塞卡极限（1.4 太阳质量），导致星体塌缩，发生核聚变反应爆发的结果。由于所有 Ia 型超新星都是在几乎相同的质量条件下发生的，它们的发光度（即绝对星等）应大致相同。同时 Ia 型超新星又是极强的光源，绝对星等在 –20 等左右，发生在遥远星系中的 Ia 型超新星也能被观测到。更难得的是 Ia 型超新星光谱中某些谱线强度与极大光度密切相关，这样，即使观测时并非光度极大时刻，也能从谱线强度推测它们的视星等，再结合绝对星等推算它们的距离。

美国加州伯克利国家实验室以珀尔玛特（S.Perlmutter）为首的超新星宇宙学研究组和澳大利亚大学由施密特（B.P.Schmidt）和里斯（A.G.Riess）领导的高红移超新星搜索团队，从 20 世纪 90 年代开始，通过对 50 多个 Ia 型超新星的观测分析，得出了一致的结论：即这些超新星的亮度比预期的更暗，表明它们位于比哈勃定律预期的更远距离处，从而显示宇宙是在加速膨胀。这一出乎意料的结果震惊了国际天文界。根据广义相对论，宇宙大尺度结构的作用力只有引力，宇宙膨胀的速度必定会不断减速，不可能加速。现在观测到的居然是加速膨胀，这就意味着宇宙中存在抗拒万有引力的斥力，也就是存在一种能产生斥力的新物态。回想起爱因斯坦早期的宇宙模型中，为了迎合当时认为宇宙是静止的观点，曾在宇宙动力学方程中加上了一个常数项（称为宇宙学常数），后来得知星系退行表明宇宙是在膨胀后，他又取消了这个常数。现在人们意识到，为了表现宇宙的加速膨胀，还得加上这个常数。加上这个常数的物理意义就是承认宇宙间存在一种斥力，它来自真空能量密度，现已称它为真空介质的暗能量。根据广义相对论，物质的质量和压强均可产生万有引力。物质（包括暗物质）和压强，产生的引力为正值，它将导致宇宙膨胀减速。现在观测到了宇宙在加速膨胀，表明存在一种新的物态，它的压强为负值，因而产生的引力也是负值，也就是斥力。这种能够产生负压强的物态就是暗能量。这就是宇宙学常数的物理意义。珀尔玛特、施密特和里斯也因发现宇宙加速膨胀而获得 2011 年诺贝尔物理学奖。

根据爱因斯坦的质能转换公式 $E=mc^2$（其中的 E 和 m 分别为能量和质量，c 为光速），广义的物质也包括能量。有了暗能量之后，宇宙物质就可以划分为普通物质（重子物质）、暗物质和暗能量。若以 ρ 和 ρ_c 分别表示宇宙物质密度和临介密度，ρ_B、ρ_{DM} 和 ρ_Λ 分别表示重子物质、暗物质和暗能量的密度，则以临介密度为单位的宇宙物质、重子物质、暗物质和暗能量的密度就是 $\Omega=\frac{\rho}{\rho_c}$、$\Omega_B=\frac{\rho_B}{\rho_C}$、$\Omega_{DM}=\frac{\rho_{DM}}{\rho_C}$ 和 $\Omega_\Lambda=\frac{\rho_\Lambda}{\rho_C}$，以及 $\Omega=\Omega_B+\Omega_{DM}+\Omega_\Lambda$。暴胀模型预言 $\Omega=1$，对应于平坦宇宙（宇宙空间曲率为零），并且已大致被“威尔金森微波各向异性探测器”（WMAP）的观测所证实。理论研究表明引力与斥力的比值随空间尺度增大而迅速减弱，例如在地球表面的地心引力与斥力之比或地球轨道上的太阳引力与斥力之比均为引力大于斥力几十个量级，但在更大尺度的宇宙空间，上述比值迅速下降。目前从 WMAP 的探测结果估计，宇宙中各种物态的百分比为普通可见的重子物质只占 4.6%，暗物质占 22.8%，暗能量占 72.6%（图 8.12）。但在宇宙年龄为 38 万年时的情况则是原子占 12%，光子 15%，中微子 10%，暗物质 63%，暗能量可忽略不计。由于暗能量密度不随时间变化，早期宇宙空间很小，暗能量不多，但随着宇宙的膨胀，暗能量的总量急剧增大。

至此，关于宇宙演化的路线图已经比较清晰（图 8.9，图 8.20）。下面引述两段我国著名天体物理学家陆埮院士在“解开宇宙之谜的十大里程碑（下）”（见《中国国家天文》，2009 年，第 3 期，21 页）中精辟的阐述作为本章的结语：

“宇宙诞生不久，便经历了一个暴胀期，在短短的约 10^{-33} 秒时间内，宇宙尺度增大了几十个量级，使宇宙几何性质成为平直；到了宇宙年龄约 3 分钟时，经历宇宙原初核合成时代，极有效地形成了大量氦 4 和一些轻核素；到了宇宙年龄约 38 万年时，宇宙物质从等离子体状态转化为中性原子气体，光子不与中性粒子碰撞而在宇宙中自由“游荡”，成为今天观测到的微波背景辐射；随后中性原子气体通过引力的金斯不稳定性逐渐成团，在没有形成发光的恒星以前，宇宙基本上不发光，进入黑暗时期；约在宇宙 4 亿岁时，形成第一代恒星，出现第一缕曙光，恒星的光使星际介质再一次电离；接着是更漫长的星系、恒星、行星形成和发展的时代，周期表中的各种元素，就是在宇宙最初 3 分钟合成的少数几个轻核素的基础上，在恒星过程中逐步形成，生物也随之在各自适应的行星条件下逐渐形成、繁衍、发展、进化；随着宇宙膨胀体积增大而形成大量暗能量，宇宙更进入加速膨胀时期，直到今天成长为年龄约为 137 亿岁的宇宙，或许正是一个豆蔻年华的宇宙，或许也是一个成熟稳重的宇宙，这是一幅多么富有诗意的画卷！

要知道，地球在宇宙中实实在在只是一个极普通的行星。生活在地球上的人，居然能够对宇宙了解到了如此深入的程度，实在是个奇迹！爱因斯坦说过：宇宙中最不可理解的是，宇宙居然是可以了解的！”

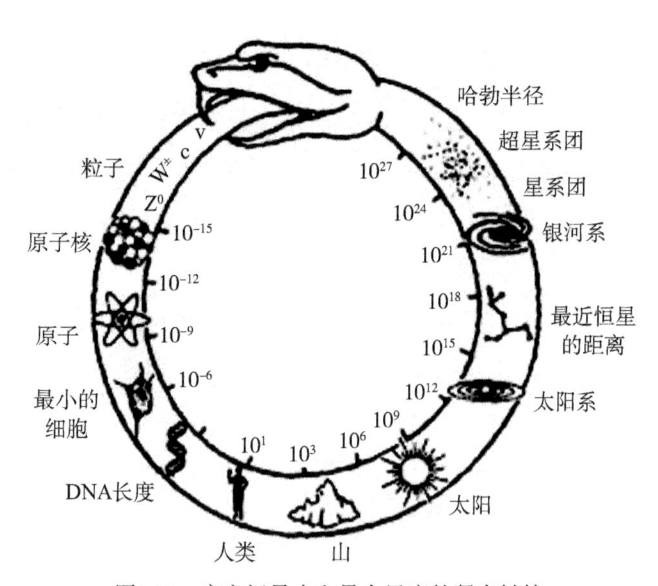

图8.20　宇宙间最小和最大尺度的紧密链接

第九章　外星人在哪里？

除了地球，宇宙其他地方是否也有生命？还有像地球上人类这样的智慧生命，即外星人和地外文明吗？他们在哪里？他们的样子如何？……对于这些永恒的疑问，尽管有哲学（生命和人类的神创论或自然演化）、文学（各种科幻小说）甚至艺术（外星人画像和造型）方面的解答，我们则是完全从科学的领域进行探讨。

一　UFO不是外星人

社会上普遍存在的一个认识误区，就是把UFO等同于外星人（图9.1至图9.4）。常常有人问我："你说到底有没有UFO？"我一听就知道，他想问的问题实际上是"你说到底有没有外星人？"很多人承认，他们认为"到底有没有UFO"和"到底有没有外星人"是同一个问题。我只好耐心地向他们解释UFO与外星人是两种概念，是两码事。UFO的全名是Unidentified Flying Object，简称UFO，意指未能辨认的飞行物，或不明飞行物。有人把UFO译作"幽浮"，读音和内涵兼备，颇有新意。天空中有无数飞行物，绝大多数都能被辨认为何物，但总有少数一时不能辨认，这是事实，也很正常，因此没有必要否定UFO的存在。近年来又出现了USO，即海洋中的不明物体。庞大的海洋中也总会有一些暂时无法辨认的东西，这不奇怪，也是客观事实。另一方面，外星人则指地球以外的其他星球上的智慧生命，与UFO不是同一

图9.1　不明飞行物（UFO）

概念，二者不能等同。以下将会看到，天文学家根据研究，认为宇宙中与我们太阳类似的恒星周围，有可能存在与我们地球环境相似的行星，从而孕育出智慧生命。天文学家已经开始进行认真的地外文明搜索。不过根据科学推理，由于宇宙的浩瀚，估计存在智慧生命的星球间的距离过于庞大，人类实际上难以与外星人沟通。

图9.2　设想的飞碟

图9.3　艺术家心目中的外星人

图9.4　本书作者与台湾台北天文馆的“外星人”合影

把 UFO 等同于外星人的错误认识，在很大程度上起因于媒体，包括一些权威媒体的误导。这里仅举数例为证。

（1）2008 年 10 月 21 日《参考消息》以“英最新解密档案细述多起 UFO 事件”为题（图 9.5），转载了英国《每日电讯报》10 月 2 0 日的文章（作者卡罗琳·甘默尔）。谈到英国国家档案馆公布的 UFO 事件中，有一起是“一名萨默赛特人在 1989 年看见了一个飞碟降落在费尔特姆一条旁道上，还分明看到两名身穿黑衣的外星人出现。一名外星人在检查发动机，另一名外星人用流利的英语说：‘抓住那个人，要不他会告诉别人’”。外星人穿黑衣，还会讲流利的英语，看来这二位外星人是英国移民，真是荒谬！英国《每日电讯报》颇有名气，英国国家档案馆也是权威机关，解密公布这样荒唐的档案不知会误导多少读者，令他们把 UFO 等同于外星人。

英最新解密档案细述多起 UFO 事件

【英国《每日电讯报》10月20日文章】题：不明飞行物(UFO)、外星人绑架事件和蒂娜·特纳全都出现在了“第三类接触”秘密档案中(作者 卡罗琳·甘默尔)

客机与不明飞行物差点相撞、外星人绑架事件和蒂娜·特纳演唱会上的激光特效，这些全都出现在了英国国防部最新公布的“第三类接触”中。

这19份档案记载了1986年至1992年期间民众所见到的大量奇怪物体和空中交通管制图上让人无法解释的雷达图像。

其中一份记录显示，意大利航空公司一架飞机在伦敦希思罗机场着陆时，差点与一个不明飞行物相撞。据飞行员描述，这个不明飞行物“很像一枚导弹，呈浅棕、浅黄褐两色，总长约3米，但一点喷火都没有”。

机长阿希尔·扎盖蒂当时觉得肯定会撞上，于是冲副驾驶大喊“当心！当心”。不过，副驾驶当时也发现了这个物体。

空中交通管制雷达监测到了相应的图像，英国国防部将图像拿去调查。

在国家档案局公布的这些档案中，军方承认解释不了1991年4月出现的这个物体，并已排除该物为美国或英国导弹的可能。

军方下了这样一个结论：“在没有明显证据证明这一物体为何物的情况下，我们打算将其视作等同于其它任一不明飞行物的物体。”

这些档案还记载了1991年夏天另两起飞机与不明飞行物差点相撞的事件。当时，一架正驶往盖特威克机场的飞机报告说“一个无翼自动推进器”从该飞机左侧经过，另一架从盖特威克起飞的飞机则发现了一个“菱形小物体”从座舱旁飞速掠过。

最新解密的这些档案还详细记载了一名美国空军飞行员在1957年受命击落东英吉利上空的一个不明飞行物，后被警告不准再谈论此事。

这些资料还包括几份有关外星人绑架和奇怪物体的报告。

其中记载了一名萨默赛特人在1989年看见了一个飞碟降落在费尔特姆一条旁道上，还分明看到两名身穿黑衣的外星人出现。

一名外星人在检查发动机，另一名外星人用流利的英语说：“抓住那个人，要不他会告诉别人。”

另外一名来自布赖顿的人发现了一个闪闪发光的不明飞行物，形状像是一个“压扁了的橄榄球”，在他家房子上空盘旋了一段时间。

这名布赖顿人可以看到里面有两个身着米黄色制服的人，但当里面的人发现他后，便关掉灯迅速逃往大海方向。

图9.5　英国《每日电讯报》报道的UFO事件

（2）2009 年 3 月 24 日《参考消息》又以“英国国防部档案爆光 UFO 新秘密”为题（图 9.6），转载英国《观察家报》3 月 22 日文章（作者马克·汤森），谈到“一名妇女声称有个外星人试图在一条乡村道路上勾引她。这名住在诺福克郡的妇女称，一名男子走近她，说自己来自一个与地球类似的星球。负责调查 UFO

2009 年 3 月 24 日

英国防部档案曝光 UFO 新秘密

【英国《观察家报》3 月 22 日文章】题：国防部档案揭示不明飞行物 UFO 的新秘密(作者　马克·汤森)

就密切接触而言，一名妇女声称有个外星人曾试图在一条乡村路上勾引她，这听起来不真实。不过，22 日公布的档案显示，人们认为此事的严重程度已经大到足以让英国国防部展开调查。

这位住在诺福克郡的妇女称，一名男子走近她，说自己来自另一个与地球类似的星球。负责调查 UFO 报告的国防部 D155 情报局询问了这名妇女。

她对调查人员说，在 10 分钟的交谈中，那名男子说，麦田怪圈是由他那个星球的人创造的，还解释了人类与他们那儿的人接触的重要性。

政府的“X 档案”没有透露这名妇女的身份。调查人员称，她在事后“焦躁不安”。在事件当中，这名妇女“听到身后有很大的嗡嗡声，然后转身看到一个巨大的发光球体缓慢升起，直至消失”。

D155(政府直到最近才承认该部门的存在)研究了这名妇女的报告。一名情报官员称，这是“我们最离奇的 UFO 报告之一”。

在其他事件中，英国伦敦希思罗机场的两名资深空中交通管制员说，他们在 1992 年 12 月 17 日早晨从机场指挥塔台看到一个黑色、倒置、飞去来器形状的 UFO。而在此前一周，在劳斯和林肯郡，有无数目击者报告说，看到一个巨大的三角形飞行器上的三束光。

22 日公布的国防部档案还揭示了英国最恶劣的 UFO 事件之一，即空军飞行员威廉·沙夫纳上校之死。研究阴谋论的人认为，他死于在北海上空与外星人的战斗。

1970 年 9 月 8 日晚，沙夫纳驾驶“闪电”战斗机从英国皇家空军(RAF)位于林肯郡宾布鲁克的机场起飞，在低空训练中，飞机坠入大海。人们从未找到沙夫纳的遗体，在据称沙夫纳被命令紧急起飞去拦截 UFO 后，这成了重要的一点。

国防部档案包含一份此前未公布的 RAF 调查局对于此次坠机事故的原始报告的摘要。文件未涉及 UFO，做出的结论是驾驶员死于不幸的事故。

设菲尔德哈勒姆大学新闻学讲师戴维·克拉克说：“公开这些材料使我们所有人都能够对 UFO 之谜做出有根据的判断。”

这些档案曝光的另一主题是“极光”间谍飞机。档案包含一组几乎无人知晓的彩色照片。在这些显然是在苏格兰高地拍摄的照片上似乎有一个巨大的菱形 UFO，几架军用飞机尾随其后。

在 20 世纪 80 年代，有大量的传闻是关于一种代号“极光”、据说速度能达到高超音速的间谍飞机。虽然美国政府否认其存在，但是所谓的目击报告经常成为 UFO 杂志的头条。D155 的档案证实，官员们也认为，有可能是什么人在英国领空驾驶某种先进的飞行器。

有关该飞行器的最引人入胜的一件事发生在 1990 年 8 月 4 日晚 9 时，地点在苏格兰皮特洛赫里附近的偏远村落卡尔文。据国防部公布的简短细节说，目击者看到一个菱形 UFO 在空中盘旋了 10 分钟，然后高速上升，消失。在事件中，目击者看到数架“鹞”式垂直起降战斗机低空飞过。在彩色照片上既能看到 UFO，也能看到至少一架战斗机。

前国防部官员尼克·波普把这些照片描述为“国防部档案中最引人入胜的事件之一”。

图9.6　英国《观察家报》报道的UFO事件

报告的国防部 D155 情报局询问了这名妇女。她对调查人员说，在 10 分钟的交谈中，那名男子说，麦田怪圈是由他们那儿的人创造的*，还解释了人类与他们那儿的人接触的重要性”（图 9.7）。无独有偶，又是一位会讲英语的外星人，居然还会勾引这位英国妇女（看来这位外星人形象与地球人差不多，因而能分辨出这位外星人是男人）。稍有思考能力的人看了这种报道都能看出这是一场骗局。然而，因为是英国《观察家报》的报道和英国国防部 D155 情报局的档案，而且言之凿凿地说出 UFO 就是外星人，其误导威力不容忽视。

（3）我国国内的情况也是如此。2004 年 8 月 16 日，一位实习记者在国内的《中国电视报》第 44 版以整版篇幅报道了黑龙江省五常县凤凰山林场职工孟照国的讲述（图 9.8）。1994 年初孟照国看到凤凰山山坡上有一个 UFO。后来于 1994 年 7 月 16 日夜里，一位外星人到他家中，穿墙而入，对他说“跟我出去吧”，然后带他乘飞碟去看彗星与木星相撞。尽管文中没有明言这位外星人操何种语言，但估计这位林场职工只能听懂汉语，看来这位外星人是中国移民了！媒体刊载这样的文章，即使报道的角度再客观，也难免对没有充足时间和精力调查和辨别的公众造成“UFO 就是外星人”的误导。何况此文拿不出过硬的证据，却在标题中直

---

* 2011 年 8 月 2 日的《参考消息》报道，科学家指出，由磁电管（微波炉中有此装置）产生的微波可使庄稼倒下形成麦田怪圈。

书“外星人来客”的字样。这种发行量和影响力都非常巨大的报刊也刊登、转载这类文章，造成的影响就更加严重了。

图9.7　疑为外星人作品的麦田怪圈

（4）2008 年冬，笔者曾在北京市中关村第一小学对面的一家青少年书店见到吉林摄影出版社出版的一本青少年读物，书名是《外星人和 UFO》，第一章标题是“外星人遗迹”，另一章标题为“古代科技之谜”。其主要内容就是把地球上的一些遗迹和迄今尚不能完满解释的古代工程与 UFO 相联系，暗示是外星人造访地球所留（图 9.9）。这种拿不出过硬证据的暗示，不知又会使多少青少年把 UFO 误认为外星人。

44 中国电视报

京城周刊·探索发现

凤凰山外星来客之谜

图9.8　《中国电视报》刊登的“凤凰山外星来客之谜”全文

还有一个情况，即报刊用飞碟取代 UFO，实际上是进一步误导大众。据说最早关于 UFO 的报告是 1871 年 1 月美国德克萨斯州有一位名叫约翰·马丁的农民看到了一个圆形物体在空中飞行。记者报道时用飞碟（Flying Sauces）来形容这个 UFO。但以后的大量关于 UFO 的报告中，尽管仍有不少形容为圆形、碟形、球形、椭圆形、圆锥形和雪茄形等比较对称和平滑的状态，不过仍有大量千姿百态的不规则 UFO。影响比较大的是 1947 年

图9.9　疑为外星人遗迹的英国巨石阵

关于“阿诺德事件”的报道。1947 年 6 月 24 日爱达荷州的企业家肯尼斯·阿诺德驾机出游，途径华盛顿州的雷尼尔山附近时，看见前方有 9 个白色飞行物排成一串，其状态如“贴着水面抛出的碟子”飞速前进。记者的报道自然称其为飞碟。此次事件曾被广泛传播，飞碟几乎完全取代了 UFO。然而 1950 年 4 月 7 日哥伦比亚广播公司的记者爱德华·莫罗曾对阿诺德重新做了采访。阿诺德声明“……大多数报纸误解了我，并且错误地引用了我的话”。因此莫罗的结论是“这是一个历史性的错误引用，阿诺德先生最初的描述被人遗忘了，‘飞碟’已成为家喻户晓的词汇”。很显然把 UFO 称为飞碟既简单又生动，难怪此后的媒体在报道中大多以飞碟取代 UFO。问题是若用 UFO，还是包括一些自然界的现象，如火流星、发光云朵、发光昆虫群体等；若用飞蝶，只能令人想到是外星人制造的飞行器，才会具备某种匀称的几何形状。因此用飞碟取代 UFO，实际上对于把 UFO 误导为外星人起到了推波助澜的作用。

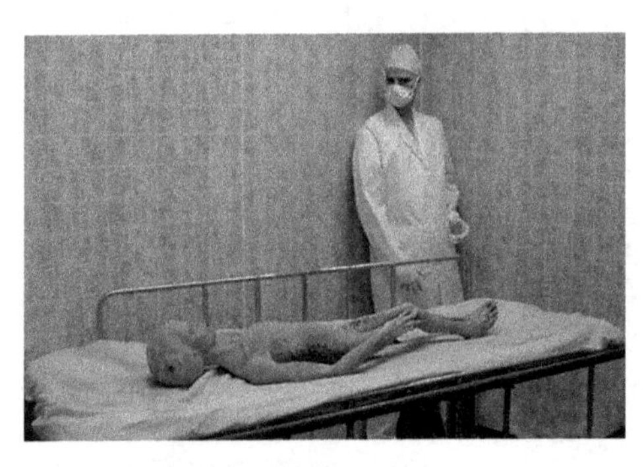

图9.10　影片“罗斯威尔UFO事件”中的解剖外星人

把 UFO 与外星人相联系的另一著名事件即 1995 年在美国播放的记录影片“解剖外星人”，也称“罗斯威尔 UFO 事件”。1995 年 8 月 28 日美国某电视台播放了一部 90 分钟的黑白无声影片“解剖外星人”，然后其他电视台争相转播，并称影片所记录的是 1947 年发生在美国罗斯威尔地区的一次 UFO 事件（图 9.10）。

美国空军在 UFO 坠毁现场获取了一具外星人的尸体，并在影片中展示了躺在手术台上的外星人赤裸的尸体。外星人身高在 1 至 1.3 米之间，双臂较长，光头和大眼睛，但耳朵、鼻子和嘴较小，无性器官。接着就是身着防辐射服的医生对其进行解剖，切开腹部后竟然没有器官组织，切开的脑袋居然是胶状物体。影片最后是所有在场人的保密宣誓。在有关各方的追问调查后，1998 年初炮制骗局的彼特曼和瓦斯特终于坦白交待，影片中的外星人是瓦斯特的儿子乔装的，但作了特技处理。他们故意把影片弄出一些条纹，以便显出是 1947 年拍摄的老片子。2006 年，参与此事的英国电视特技人员约翰·哈姆菲雷斯也坦白了真相，说该影片并非 1947 年在罗斯威尔的沙漠中拍摄的，真正的拍摄时间和地点是 1995 年在北伦敦卡姆登地区的一座公寓内，完全是一场大骗局。

20 世纪第二次世界大战结束后，以美国为首的西方资本主义阵营和以苏联为首的东方社会主义阵营处在军事对峙的冷战状态。美国空军为了防止对方借用 UFO 假象进行间谍活动，成立了一个调查所有 UFO 事件的工作组，1951 年把此项任务命名为“蓝皮书计划”，其主要工作就是对每一起 UFO 事件进行彻底调查。直到 1968 年，总共调查了 12618 例 UFO 报告，其中 11917 例（占 94.4%）都能给予合理的解释。它们起因于自然现象，如流星、彗星、极光、发光云朵和发光昆虫群体，或人造物体如飞机、火箭、飞艇、气球、孔明灯等。但毕竟还有 5% 左右一时无法解释，不过可以排除它们来自地球大气之外。换句话说，不可能是外星人的飞船，因而认为没有继续执行的必要，从而正式终止了长达 22 年的“蓝皮书计划”。

还有一件可以有力诘难“UFO 是外星人”观点的事情，就是美国有家《国民询问》的报纸和英国一家企业分别悬赏 100 万美元和 100 万英镑，用以奖励能够确凿无疑地证明 UFO 是外星人的飞行器的照片或实物，哪怕是外星人飞行器的碎片或外星人的部分尸骨。然而只有少数人提供了据说是 UFO 留下的金属块，均被鉴定为不过是陨石或是地球上能生产的铝或锰与钢的合金。迄今这两项巨额奖金尚无人领取。

笔者并不否认 UFO 的存在，对 UFO 研究也不持否定态度。世界上暂时不能辨认的事物多的是，岂止 UFO。经常被提到的有英国的巨石阵和麦田怪圈、危险的百慕大三角地带，甚至埃及金字塔等。凭什么把地球上一时无法辨认或解释的现象都认为是外星人所为？世界各国都有 UFO 组织，他们举行各种交流活动，还有自己的出版物。听说我国也有“中国 UFO 研究会”，在全国有几十个分会。对 UFO 的研究能够澄清一些事件，可能还会促进某些领域的科学探索，只是不要轻率地把 UFO 与外星人挂钩。尽管把 UFO 误导为外星人也不见得对社会有多大的损害，但毕竟是不科学的。

二　太阳系外行星搜索

1. 天文学家相信存在外星人

目前公认地球上能够孕育出生命的最重要条件包括：①适当的温度。温度太高或太低，有机体就会被烧死或冻死；②液态水。它是构成有机体和输送养分，从而维持生命的必要物质。地球上已发现在最极端环境下还能存活的生命（例如高温和高压的海底地热区、冰川中、强酸或强碱地带甚至核反应堆的凝结库中），无一例外与水有关；③大气。它可以防止水的蒸发，地球若无大气，海洋的水很快就会蒸发干涸。大气的另一重要作用是防护来自太空的有害辐射和小天体对生命的损害；④具有几十亿年的稳定环境。持久的稳定状态才能使生命诞生并发展到智慧生命。地球的年龄约为 45 亿年，大约 35 亿年前才出现生命，而发展到直立行走的人类并具有目前的高度智慧，不过是最近几百万年的事。考虑到这些条件，天文学家根据对宇宙的观测和研究结果，认为地球的条件尽管优越和独特，但决非独一无二，相信宇宙中不会仅有地球存在智慧生命。

有代表性的如著名的美国天文学家弗朗克·德雷克（Frank Drake），他提出了估计银河系中可能与地球人类通信的外星文明数量的公式，$N=R\times f_p\times n_e\times f_l\times f_i\times f_e\times L$，其中 N 代表某一时刻银河系中可能与地球通信的地外文明数目，R 是银河系中恒星的形成速率，f_p 为恒星有行星环绕的概率，n_e 为有行星的恒星拥有的可能支持生命的行星平均数，f_l 为行星孕育生命的概率，f_i 为生命演化为智慧生命的概率，L 为文明社会的预期存在时间。不过这些参数都很难确定。

为简单计，我们可以按如下方式来估计太阳所在的银河系中可能存在智慧生命的星球数量：已知银河系大约有 2000 亿颗恒星；假定其中百分之一与太阳相似，即处在主序星阶段的中期，有非常稳定和适当功率的辐射；其中又有百分之一具有与地球类似的行星，即与母恒星的距离适中，从而有适当温度，有液态水和大气；其中有十分之一已孕育出生命；其中又有四分之一发展出与我们人类相当的智慧生命。这样就可算出我们的银河中大约有 50 万个具有智慧生命的星球。而宇宙中已探测到的与我们银河系相当的河外星系大约有 1000 多亿个，那宇宙中该有多少智慧生命啊！

著名的英国物理学家，身患神经元病而瘫痪的史蒂芬·霍金就相信存在地外生命，包括外星人，他认为外太空生物可能有 4 种类型：①如木星和土星等类的气态行星，可能有浮游生物（如水母），吸收闪电的能量维持生命；②类地行星，可能有两足的食草动物，也会有如蜥蜴类的爬行动物；③如木卫二等液态星球，在冰层底下深海温水区中，可能有如章魚等会发光的生物；④极寒冷的星球（低于 -150℃），有多足生物，全身长满厚毛，以抵挡风和严寒。

有人可能会说，你这里所提的生命条件都是以地球上的碳基水族生命为样板的，而外星生命和外星人可能完全是另外的形式，对地外生命应该有更宽大的允许范围，实际上这种情况是不能排除的。例如 2010 年美国曾宣布，实验表明地球微生物可以借对大多数生命具有毒性的砷来生长和繁殖，即在其细胞中用砷取代磷的作用，从而对地球生命所必需的六大基本元素为碳、氢、氧、氮、磷和硫的传统观念提出了挑战。甚至有人认为外星生命和外星人可能是电磁型或由等离子体构成的。不过，如果外星生命和外星人真是这样离谱，那岂不正好加强存在外星生命和外星人的论点吗？

2. 太阳系外行星系统探测

上面对银河系中可能存在的智慧生命星球数量的估计，当然只是一种假设。是否能够用更具说服力的以实际观测结果为依据进行估计呢？关键问题就是太阳系以外的其他恒星是否真的也存在行星系统，尤其存在与地球环境相似的类地行星？其概率有多大？即普遍性如何？要从观测上回答这些问题实际上是非常困难的。在 20 世纪 80 年代以前几乎是不可能的。原因很简单：恒星发光，行星不发光，行星只反射它们所环绕的母恒星的光辐射，显得暗弱，被淹没在母恒星强烈的光芒背景中，从地面用望远镜不可能直接观测到。尽管如此，天文学家还是挖空心思，想尽各种办法来进行探测，并在 20 世纪 90 年代取得了突破。目前搜索太阳系外（简称系外）行星的主要方法有两种，即“视向速度法”和“光度变化法”（也称“凌日法”或“凌星法”）。前者测量母恒星（指行星所环绕的恒星）因行星引力而产生的微小运动速度在观测者视向的投影分量；后者测量母恒星光度因行星遮挡而产生的微小变化。其原理与金星凌日（金星从太阳与地球之间通过从而遮挡太阳）

导致太阳亮度下降 10 万分之 7.6 的道理相类似，故称为凌日法。可见二者都是用间接方法证明行星的存在。其他偶尔使用的方法还有用干涉仪精确测量母恒星位置变化和采用引力透镜原理的微引力测量法，也都是间接方法。目前还难以对系外行星直接进行成像观测。只能对少数环绕较暗的母恒星运动的巨大行星才能进行成像观测。例如 2004 年 4 月欧洲南方天文台用口径 8.2 米的望远镜，在红外波段配合自适应光学装置，拍摄到半人马座的褐矮星 2M1207 的一个巨大行星 2M1207b 的照片（图 9.11）。该行星直径为木星的 1.5 倍，质量为木星的 4 倍，距母恒星 55 天文单位。早期的系外行星探测主要采用视向速度法，即测量母恒星因行星引力造成的视向速度随行星运动而产生的变化，表现为母恒星光谱中谱线波长的微小位移及其变化。1995 年用视向速度法首次观测到系外行星，即从飞马座 51 号星的视向速度的周期性变化（图 9.12），证明了存在环绕它运动的行星，其绕转周期为 4.2 天。截至 2009 年 3 月已发现的 340 多颗系外行星中，约 90% 为采用视向速度法测得。迄今已发现的 500 多颗系外行星中，属于

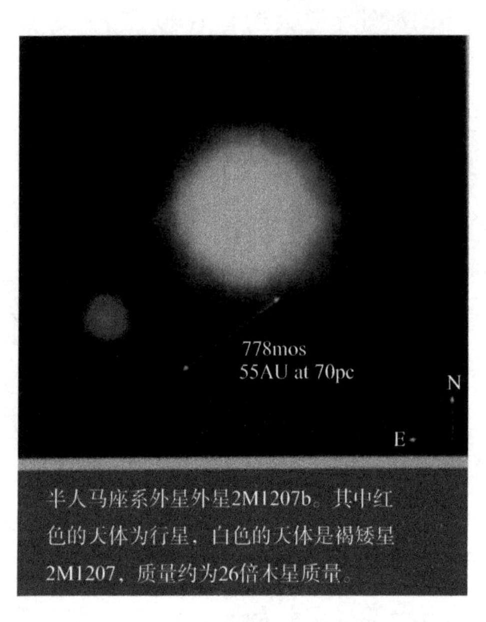

图9.11　系外行星2M1207b及其母恒星2M1207

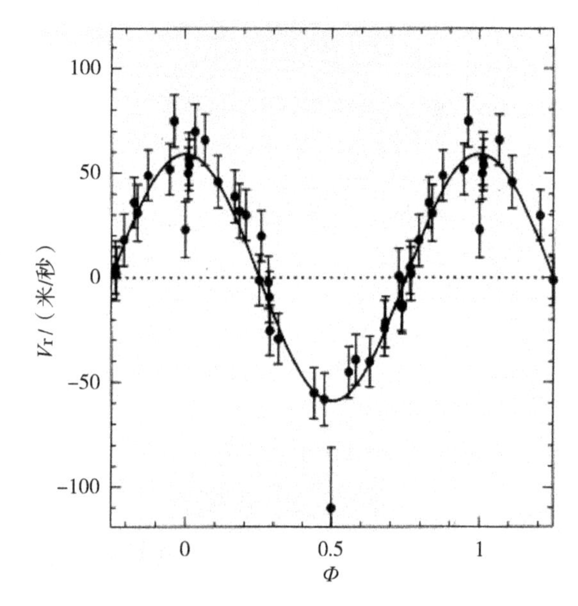

图9.12　飞马座51号星视向速度变化证实其存在绕行的行星

用视向速度法发现的仍然占绝大多数。一些行星属于同一母恒星，例如Gliese581周围的几个行星，构成了行星系统。

很显然，利用行星对母恒星的引力效应来探测行星的视向速度法只能发现大质量的行星，即对像木星那样和比木星更大的行星敏感，因此找到的大多是质量和直径为木星几倍甚至几十倍的巨型行星。直至2009年，所发现的质量小于10倍地球的系外行星不超过10个，最小的质量约为4倍地球。这些较小行星的其他条件如物态和温度等表明它们非常不利于生命存在。不过发现了这么多的系外行星至少表明在太阳系以外的其他恒星中，存在行星和行星系统并非罕见现象。要想探测到可能存在生命的行星，尤其是类地行星，只能另想办法。

3. 系外类地行星的探测

由于视向速度测量法对发现类地行星不敏感，天文学家转而采用测量母恒星光度变化的凌星法来发现系外类地行星，尽管难度仍然很大（图9.13）。打个比方，若有外星人从其他恒星观测我们的太阳系，他将看到地球对太阳的挡光量只有0.008%，用观测太阳亮度变化的方法来发现地球，大约需要测量一只蚊子飞过汽车前灯造成的亮度变化。从地球表面用凌星法探测系外类地行星与此相似。由于地球大气的干扰作用，要观测如此微小的亮度变化将会非常困难。因此近年来多致力于利用航天器在太空中进行此类探测。2006年12月27日欧洲发射了由法国空间局主导、欧洲空间局参与和耗资2.2亿美元的环绕地球运行的系外行星探测器“科罗号”（COROT），就是采用凌日测量法进行探索（图9.14）。科罗曾发现直径仅为地球2倍的类地行星Exo7b，岩石结构密度与类地行星相当，不过它离母行星较近，温度超过1000℃，估计生命难以维持。它距地球320光年，绕母恒星的公转周期只有20小时。2011年5月法国国家科学研究中心宣布首次发现了一颗原先并未看好的系外宜居行星Gliese581d，它是由欧洲南方天文台（ESO）在智利的大望远镜用视向速度方法发现的。所谓“宜居”就是指该行星的环境能够发展生命，包括智慧生命，主要是温度适中，并有液态水。Gliese581d的母恒星Gliese581是一颗红矮星，距地球仅20光年，是地球的近邻。Gliese581d的大小为地球2倍左右，质量约为地球的7倍。它由岩石组成，位于宜居带（指适于生命存活的环境条件范围）的边缘，水为液态，拥有浓厚的二氧化碳大气层，其温暖程度足以形成海洋、云团和降雨。它从母恒星接收的辐射大约相当于地球接收太阳辐射的1/3，它的二氧化碳大气层可储存热量。母恒星发射的红光可透过大气层，通过温室效应暖化行星表面，这样的行星发展出生命的可能性极大。这些情况表明，宇宙中其他地方的确存在适宜生命发展的行星。2011 年 8 月欧洲天文学家又宣布用同样的设备和方法又在南半球的船帆座发现了一颗类地行星 HD85512b，它距我们 36 光年，质量约为地球 3.5 倍，位于宜居带边缘。但尚不能确定其主体为固态或气态，也可能有水。

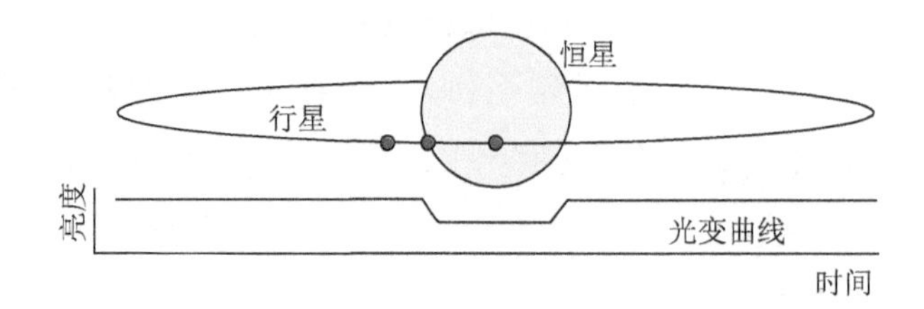

图9.13　行星遮挡母恒星引起的光度变化

图9.14　系外行星探测器“科罗号”（COROT）

美国于 2009 年 3 月 7 日发射的耗资 6 亿美元的系外行星探测器“开普勒”（Kepler），是以探测系外类地行星为主要目标的雄心勃勃的科学探测项目（图 9.15）。开普勒上荷载的空间望远镜为旋密特系统，主镜口径 1.4 米，施密特改正镜口径 0.95 米，其光力是科罗的 3.5 倍。与环绕地球运行的科罗不同，开普勒与地球一样绕太阳运行，定位在地球的后方，其绕日的轨道半径为 1.01319 AU（天文单位），绕日周期为372.5天，因此4年以后它将滞后地球0.5 AU。开普勒也是采用测量母恒星微弱光度变化的凌星法探测行星。在望远镜的焦平面上放置的探测器由42块像素为2200×1024的CCD组成，其总像素达到9500万，具有非常高的空间分辨率和感光灵敏度，可以测量10万分之2（即0.002%）的亮度变化。它将可以发现只有二分之一地球，亦即火星大小的类地行星。若从其他恒星观察太阳系，将可看到地球对太阳遮挡引起太阳的亮度变化约为10万分之8.4。开普勒计划工作4至6年，设计为固定指向天鹅座与天琴座之间一块宽度为10度（20个满月宽度）的近方形天区（105平方度）。这个天区的主要特点是，它在银河面北边稍远处，受太阳和太阳系天体（包括主要行星带和柯依伯带中天体）的干扰不大，天区本身无太亮的恒星干扰，其中有暗至14等的恒星约22.3万颗，开普勒探测其中的10多万颗，探测的空间深度在586.8至2999.2光年之间（图9.16）。

图9.15　“开普勒”系外行星探测器

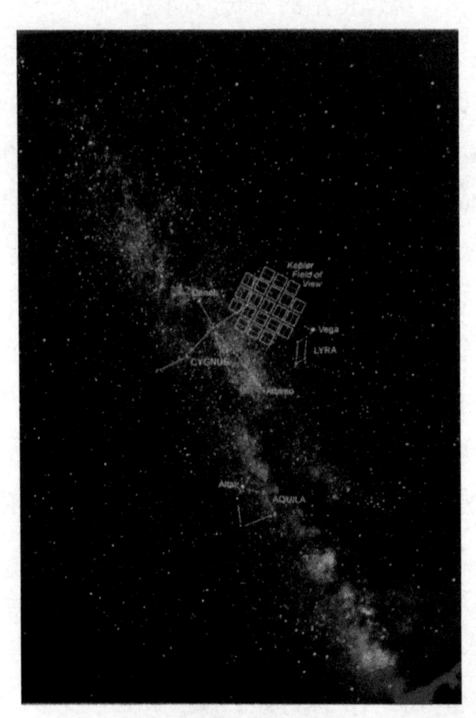

图9.16　“开普勒”观测的天区位置

2011年2月19日，开普勒项目首席科学家威廉·博鲁茨基在美国科学促进会年会上宣布：根据开普勒对所探测天区中恒星的“人口普查”，结果表明，头4个月的观测已经发现了1235个候选行星（估计80%最终能够肯定），其中54颗可能存在生命。

并且 408 个（即约 1/3）属于多行星的恒星，可见像太阳系这样的多行星恒星并不罕见。估计 1/2 恒星拥有行星，大约 1/200 恒星拥有适合生命存在和发展的行星。考虑到：①开普勒难以观测到离母恒星太远的行星，打个比方，当开普勒距太阳系 1000 光年时观测太阳系，它只能看到金星，看到地球的概率仅为 1/8；②开普勒目前观测的天区只有夜空的 1/400。因此按保守估计，我们银河系中至少有 500 亿颗行星，其中 5 亿颗适于孕育生命。

2011 年 3 月，开普勒项目组成员、美国航天局属下的喷气推进实验室（JPL）的天文学家约瑟夫·卡坦扎里蒂根据开普勒头 4 个月观测的数据，对系外类地行星存在的概率发表了如下意见：总的估计，我们银河系中存在 20 亿颗类地行星，天空中大约每 37 至 70 颗类日恒星中就有一颗正在孕育着“外星地球”，换句话说，在所有类日恒星中约有 1.4% 至 2.7% 拥有类地行星，其直经为地球的 0.8 至 2.0 倍，且位于其母恒星的宜居带中。在开普勒迄今发现的 1200 多颗系外潜在行星中，包含 68 个可能与地球大小类似的行星。美国航天局（NASA）于 2011 年 12 月宣布开普勒的观测结果中，首个可确认为可能存在生命的宜居行星是 Kepler22b，它距我们约 600 光年，质量是地球的 2.4 倍，绕母恒星的公转周期为 290 天，表面温度约为华氏 72 度，水可以是液态，但不能确定行星主体是固态、液态或气态。

2011 年 1 月，开普勒团队的另一成员、天文学家纳塔莉·巴塔拉在美国天文学会冬季举行的一次会议上宣称：开普勒发现了一颗迄今最小的类地行星 Kepler-10b，其大小是地球的 1.4 倍，质量是地球的 4.6 倍，距地球 560 光年，温度达到 1370℃。它由岩石构成，密度在铁与铜之间，没有大气，但可能有铁和硅酸盐构成的“彗尾”。由于引力很强（大约是地球的二倍），不可能有山脉，但可能有峡谷和熔融物质形成的河流。它与母恒星的距离只有水星与太阳距离的 1/20，轨道公转周期为 20 小时 10 分。这颗行星上不可能有生命，但它的意义是我们找到了太阳系以外的行星中，存在气态巨型行星与可能存在生命的类地行星之间的“过渡型行星”。

太阳系外行星，尤其是类地行星的探测计划还在不断扩大之中。2013 年将要发射的新一代空间望远镜詹姆斯·韦伯空间望远镜（JWST），主镜口径 6.5 米，是口径为 2.4 米的哈勃空间望远镜的“接班人”，以及将于 2020 年发射的类地行星探测器（TPF）和欧洲将于未来 10 年发射的“柏拉图”系外行星推测器，均可期望会在此领域取得新的进展。这些新装备既有利于探讨如“行星系统的形成”和其他天文研究课题，也必然会使我们更准确地估计地外生命和文明存在的概率。

三　尝试与外星人沟通

天文学家相信存在外星人并非只停留在理论探讨，而是早就付之行动，实施认真的实际探测。除了进行上述广泛的太阳系外行星，特别是类地行星的搜索外，很自然地，首先对地球的邻居——太阳系内的天体，利用航天器对它们进行仔细的近距离或登陆探测，看看是否存在生命。人类已经向太阳系中的水星、金星、火星、木星和土星发射了几十个航天器，进行近距离或登陆探测，其中对被认为最有可能存在生命的火星发射的航天器最多。根据迄今的探测结果，目前认为除了不排除火星曾有过生命外，其余上述行星未发现生命痕迹，更无智慧生命。至于离太阳最远的天王星和海王星，由于温度太低而且其主体为气态，估计不可能存在生命。不过根据航天器“伽利略”号对木星的探测和“卡西尼”号对土星的探测结果，目前认为，木星的卫星木卫二和木卫三，以及土星的卫星土卫六和土卫二的环境有可能孕育生命（参阅第四章第二节），须作进一步的深入探测和研究。

对于太阳系以外可能存在的外星人，目前还采用三种方法试图与他们沟通，即接收外星人的信号，向外星人发播信号和进行实物交流，分述如下。

1. 接收外星人的无线电信号

1959年美国康乃尔大学的两位物理学家朱塞佩·科科尼（Giuseppi Cocconi）和菲利普·莫利森（Philip·Morrison）在《自然》（Nature）杂志上发表了一篇文章，论证了利用微波段无线电信号进行星球间通信的可能性。1960年射电天文学家费朗克·德雷克首先提出用大型射电望远镜接收来自地外文明的无线电信号的奥兹玛计划（Ozma Project），奥兹玛是神话传说中居住在远方的一位公主。利用射电天文方法搜索地外文明也称SETI（Search for Extraterrestrial Intelligence的简称），国际天文联合会（IAU）属下的各种专题委员会中有一个SETI委员会，专门负责地外文明搜索的策划和协调工作，SETI的前提是认为存在外星人，而且他们已发展到像地球人类那样能够掌握无线电通信技术，同时具有与其他外星人联系的欲望，从而发布无线电信号。奥兹玛计划初期利用当时美国最大的直径为26米的射电望远镜（位于西弗吉尼西州的格林班克，工作波长为21厘米），于1960年4至8月间对两个距地球较近的类太阳恒星，即波江座ε星（距地球10.7光年）和鲸鱼座τ星（距地球11.9光年）进行累计约200小时的监听，但未获结果。1972

至 1975 年间实施的奥兹玛计划第二期又监测了太阳周围 650 多颗星球，仍未获得有意义的结果。这种“无结果”的结果其实不难理解。原因就是在浩瀚宇宙的亿万恒星中，存在已掌握无线电通信技术并用于星际交流的智慧族群毕竟是少数，我们监测的星球不过几万个，考虑到外星人所在的位置（方向和距离）、他们发射信号的技术水平（功率和方向性）、发射的时间，尤其是选用的频率等因素后，估计能够接收到他们信号的概率实际上是微乎其微。

无线电波的频率范围极为宽广，到底选用哪些频率（波段）来进行星际通信（包括接收和发射），天文学家曾做过仔细的探讨。目前认为，为了避开银河系的背景噪声和地球大气中的各种无线电噪声，星际通信频率应选至 1 GHz 至几十 GHz 之间的窗口，而在这个窗口中有两个特殊频率，即由氢原子激发态产生的 1.42 GHz (21 厘米波长) 和由羟基（OH）产生的 1.65 GHz（波长 18 厘米）。许多专家认为 SETI 采用的频率应选在这两个频率之间。因为氢和羟基均为水的组成部分，因此 1.42 GHz 至 1.65 GHz 的小窗口也被称“水洞”（图 9.17）。问题是外星人也会这么想吗？实际上是不确定的。因此 SETI 的频率选择很伤脑筋。但若要包括非常宽的频率范围，技术上的难度可想而知。许多学者认为应当采用在宽广频率范围内进行扫描的方法。另一方面，射电望远镜的口径和接收机的灵敏度，当然只能就人类现有的技术水平尽力而为。然而把望远镜指向何方？是对一个个星球逐一接收，或是接收一大片天空？这又涉及望远镜（无线）的空间分辨率问题，与接收信号的灵敏度存在矛盾。从 1980 年开始，SETI 的研究者已设计了一套软件系统，利用世界上几台大型射电望远镜和计算机的闲余时间，自动搜索和接收外星人的信号，传送到 SETI 委员会的数据中心进行处理。这套系统居然于 1998 年接收到 1972 年发射的已到达宇宙深处的“先锋 10 号”的微弱信号，足见这套探测系统的有效性。

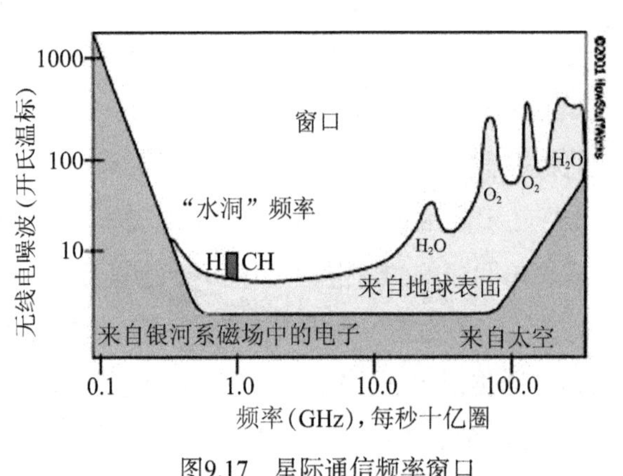

图9.17　星际通信频率窗口

美国政府起初对美国航天局（NASA）的 SETI 项目曾给予财政支持。然而在一些国会议员认为“寻找外星人完全是浪费财力、人力和时间”的干扰下，美国政府停止了资助。不过一些具有远大眼光的有识企业家决定伸出援手，于1992年开始实施寻找外层空间智慧生命的“凤凰计划”（Projest Phoenix）。它使用包括澳大利亚帕克斯64米射电望远镜（南半球最大射电望远镜）和美国国立射电天文台位于西弗吉尼亚格林班克的100米射电望远镜（已建成的世界最大的可动式射电望远镜），监测频率范围为1000 MHz至3000 MHz，其中分为10万个频道。不同于SETI对全天空巡视，凤凰计划实际上是对200光年以内的所选定的约1000个类太阳型恒星进行靶向监测。迄今实施的最有针对性的接收外星人信号和探测计划中，还有将在美国加利弗尼亚州北部建造由42个射电望远镜组成的艾伦望远镜阵（ATA），未来将把望远镜扩展到350个。ATA的频率覆盖从1000 MHz至10000 MHz，是凤凰计划的3倍，频道数目为1亿个。与接收灵敏度有关的系统温度低达35 K。由于ATA在天空中有许多个灵敏像点，因而可同时观测许多个目标天体，从而使搜索扩大到几百万恒星。

2001年SETI研究所还宣称，他们还将与有关天文台合作接收外星人的激光信号。其想法就是或许外星人已具备非常先进的科技水平，他们或许会想到利用激光与其他智慧生命联系。

目前一些国家还在建造威力更为强大的射电望远镜。例如我国正在贵州平塘县利用当地的喀斯特地貌特征，建造口径为500米的固定式射电望远镜，该项目称为FAST，即500米口径球面望远镜（Five-hundredmeter Aperture Spherical Telescop的英文缩写），估计投资6.3亿元。由包括中国在内的20多个国家合作建造的世界最大的射电望远镜阵列SKA（Square Kilometer Array），由3000个单独的抛物面天线组成，其接受面积达一平方公里，相当于30个200米口径的射电望远镜，SKA的灵敏度将是现有最大的射电望远镜的几千倍，据说可以接收到50光年以内外星人的手机网络信号。SKA计划投资10多亿英磅，目前已有两个安装候选地址，一为澳大利亚西部的米卡萨拉（Meekatharra）附近，另一为南非的卡那旺 (Carnarvon) 附近，正在进一步评估。这些设备建成之后，除了进行传统的各种射电天文课题研究外，肯定会有一部分时间投入外星智慧生命的搜索工作。

2. 向外星人发送信号

接收外星人信号毕竟是一种被动行为，于是人们很容易想到可以采取更为主动地与外星人沟通的尝试，就是向外星人发送信号，即所谓METI（Message to

Extraterrestrial Intelligence)。首次实施 METI 是 1974 年 11 月 16 日由著名天文学家德雷克和萨根(Carl Sagan)创议，利用位于波多利谷阿列西博天文台世界最大的 300 米射电望远镜(图 9.18)，向距地球 2.4 万光年的银河系内球状星团 M13(图 9.19，估计含有 30 多万颗恒星)发送了 1676 个二进位信号，持续 3 分钟，采用波长为 12.6 厘米(2380 MHz)。其发射功率为 83 千焦，相当于该波长处太阳辐射的 1000 万倍。换句话说，在这个时间段外星人将会看到地球是太阳系中最亮的星球。1676 比特的信息中主要是介绍太阳系和地球上生命的情况，包括太阳系的第三颗行星——地球上有 40 亿居民，人类的形象和平均身高(176.4 厘米)，构成生命的主要元素氢、碳、氮、氧、磷等的原子序数，DNA 的双螺旋结构，人类的碱基数目，最后是阿列西博射电望远镜抛物面形状、口径和工作波长。有趣的是若把由 1 和 0 组成的 1676 个单元按每行 23 个单元竖排成 73 行，然后把其中之一(例如 1)涂黑，其产生的图像大致体现了上述内容(图 9.20)。不过这些信息还需 2.4 万年后才能到达 M13，希望那时 M13 星团中有些星球的外星人能够接收到并读懂这份星际电报。

图9.18　首次METI试验的阿列西博304米射电望远镜

图9.19　首次METI试验的目标天体M13球状星团

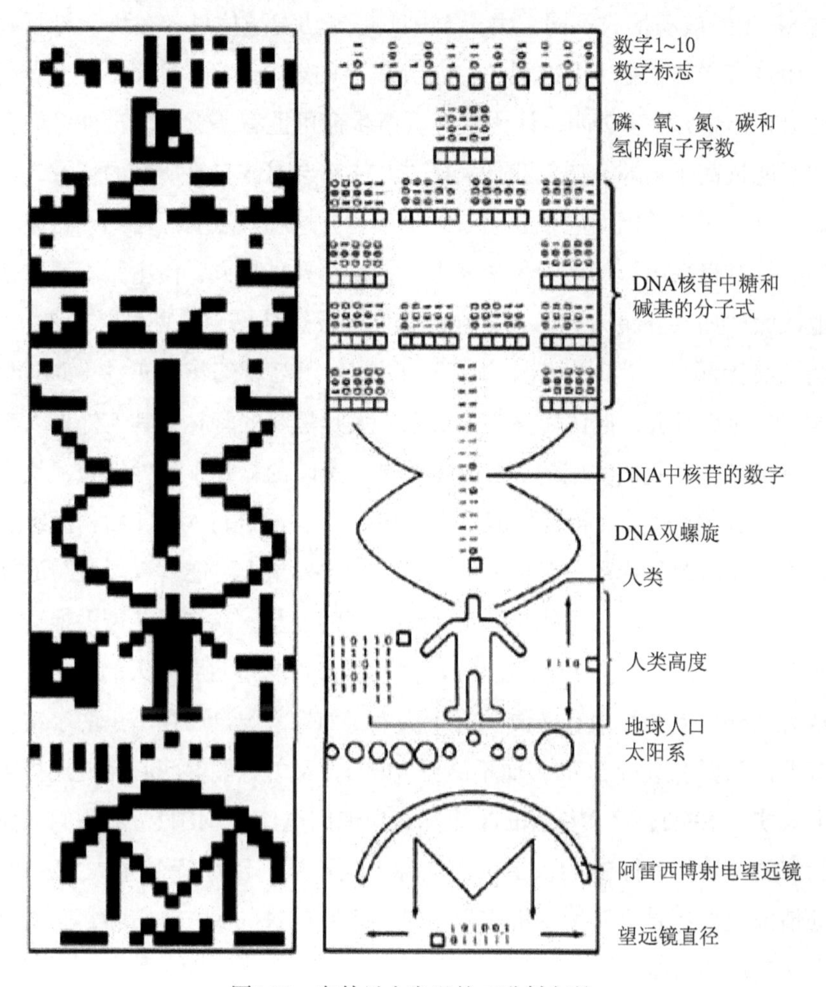

图9.20　向外星人发送的二进制电码

此后由萨特塞夫等人主导，利用乌克兰位于埃夫帕多利亚（Evpatoria）的RT–70巨型射电望远镜又进行了三次规模更大的信息发送。1999年7月1日发射的目标天体为天鹅座HD190363、天箭座HD190464、天箭座HD178428和天鹅座HD186408，信息量为370967比特，功率为8640千焦，持续960分钟；2001年9月4日发射的目标天体为大熊座HD9512、长蛇座HD76151、双子座HD50692、室女座HD126053和天龙座HD193664，信息量648220比特，功率2220千焦，持续366分钟；2003年7月6日发射的目标天体为仙后座Hip4872、猎户座HD245409、巨蟹座HD75732、仙女座HD10307和大熊座HD95128，信息量500472比特，功率8100千焦，持续900分钟。

与 SETI 的被动接收不同，由于 METI 是主动发送信息，在科学界引起很大争议。1994 年首次实施 METI 后，1995 年著名的射电天文学家诺贝尔奖获得者赖尔（Martin Ryle）发表声明，认为地外智慧生命可能有恶意和攻击性，而且其科技水平可能远高于地球人类，我们实施 METI 将会暴露自己所在的位置，与其交往可能是自寻灭亡，因而主张要颁布国际禁令。这种观点居然得到一些学者的支持。例如具有很高声望的英国科学家霍金相信存在外星人，但主张不要与他们接触，他认为"如果外星人有朝一日拜访我们，我想结果会像克里斯托弗·哥伦布首次登陆美洲那样，当时美洲土著人遭了秧"。著名科幻作家布林（David Brin）也是 METI 的反对者，他认为整个宇宙像一大片黑暗的森林，其他外星人都在警惕地保持沉默，而我们实施的 METI 无疑是在黑暗的森林中到处呼喊，是一种自杀行为。不过 METI 的支持者可能更多。1994 年首次进行 METI 后，后续三次实施 METI 的推动者萨特塞夫就是一例。他与持"外星人可能具有恶意"的观点完全唱反调，认为"外星人可能具有善意和更高的智慧，或许还能帮助地球人克服自身的问题，如从核战争、生化战争、环境污染和恶化等自我毁灭的危机中脱险"，从而认为与外星人交往很有必要。他还认为，如果人类自己在暗黑的宇宙丛林中保持沉默，只愿意进行 SETI，而不施行 METI，又怎么能够问心无愧地指望其他外星人既实施 SETI，又实施 METI 呢？如果他们也禁止 METI，那我们如何能接收到他们的信号？进行 SETI 又有何意义呢？这就是著名的"萨特塞夫 SETI 悖论"。今后的情况大概还是会延续一批科学家进行不断改进的 METI 实验，而总会有一些人出来反对的局面。

3. 向外星人传送实物

为了与外星人沟通，除了接收和发送信号之外，天文学家还想到了向外星人传送实物。美国航天局分别于 1972 年 3 月 2 日和 1973 年 4 月 5 日发射的探测木星、土星和海王星的"先驱者 10 号"和"先驱者 11 号"飞船上，均携带了一张"地球名片"（图 9.21）。这二艘飞船的重量只有 259 公斤，以核能为动力。铝质镀金的地球名片大小为 13.5 × 7.5 平方厘米，厚 1.27 毫米，由两位热心于寻觅外星人的著名天文学家德雷克和萨根共同设计，萨根夫人绘制。名片中的图象包括：左上角为宇宙中最丰富的元素氢的分子结构，它由两个原子组成，每个原子有一个原子核（质子）和一个绕它运行的电子；中部右例为地球人类的男人和女人形态，他们的背景为先驱者飞船示意，可作为二人身高的参照物；中部左侧为太阳系在空间的位置，以太阳周围 14 颗脉冲星的方向和距离作为定位坐标，设想外星人已具备观测脉冲星的技术；最下方一排为太阳系结构示意，太阳在最左边，向右依次为水星、金星、地球、火星、木星、土星、天王星、海王星和冥王星（当时冥王星尚未降级为矮行星），有一条曲线从地球向右，然后在木星和土星之间向上，是先驱者的飞行轨道，表示飞船从地球出发，绕到木星与土星之间，借用它们的引力助推飞出太阳系。这二张名片的寿命估计为几亿至数十亿年。这两艘飞船早已在 20 世纪 80 年代完成对外太阳系行星的探测任务后飞出太阳系，奔向茫茫的宇宙深处，期望它们将在遥远的未来到达外星人那里。

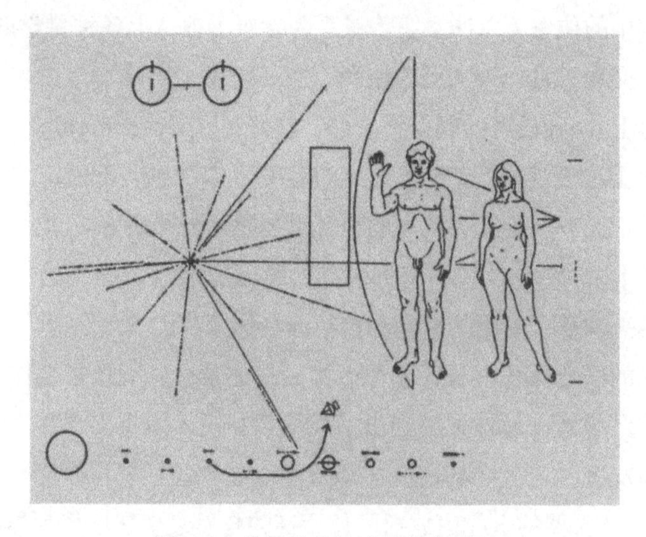

图9.21　给外星人的“地球名片”

向外星人“送礼”的另一行动，即美国分别于 1977 年 8 月 20 日和 9 月 5 日发射的外太阳系行星探测飞船“旅行者 1 号”和“旅行者 2 号”，各携带了一张给外星人的唱片，有人称之为“地球之音”（图 9.22）。“旅行者 1 号”探测木星和土星之后飞出太阳系，“旅行者 2 号”则是探测木星、土星、天王星和海王星之后，从另一方向飞出太阳系。这二艘飞船的的大小和式样相同，重量均为 820 公斤。二艘飞船

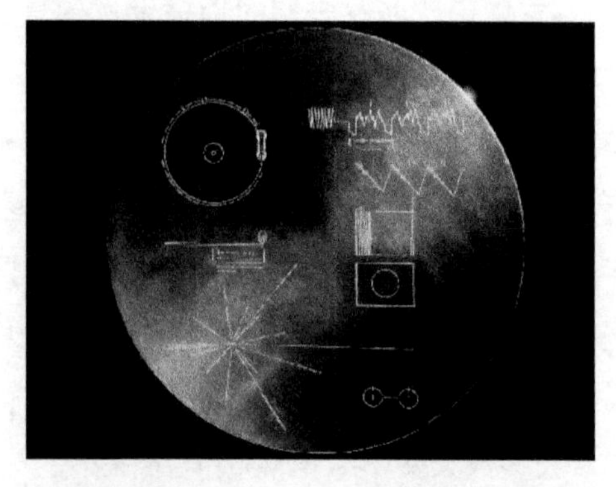

图9.22　给外星人的“地球之音”唱片

上各装有一台唱机，有瓷质唱头和钻石唱针，以及一张直径为 30.5 厘米的铜质镀金音像唱片。唱机上有用二进制语言表述的唱机使用说明。这台唱机的寿命估计超过 10 亿年，唱片可播放二小时。“地球之音”唱片上刻录的内容包括：

（1）当时的美国总统吉米·卡特于 1977 年 6 月 16 日在白宫签署的“致外星人的声明”，其中谈到这艘飞船由美国制造，共 2.4 亿美国人与其他国家合计共 40 亿人口构成地球上的文明世界，我们希望在解决自身的困难之后，置身于银河系的文明世界共同体当中。

（2）总共 116 幅编码图片，介绍了太阳系的主要成员以及地球的基本情况，太阳系在宇宙中的位置（以仙女座等星系为参照），地球上各种科学的内容和成果，如各种生物、交通工具、天文望远镜和宇宙飞船等。

（3）世界上 60 种语言的问候语，如“你好！”“Good morning！”等等。

（4）地球上的 35 种自然界和人为的音响，如刮风、下雨、雷鸣、流水、一些动物鸣叫声、火车、轮船和汽车的声音以及婴儿啼哭声等。

（5）世界名曲 27 首，其中有贝多芬的第五交响乐、巴赫的“布兰登堡协奏曲第二号”第一乐章、中国的京剧和古筝演奏的“高山流水”等。

（6）当时的联合国秘书长瓦尔德海姆的口述录音，大意是他作为地球人的代表向外星人表示敬意，地球人类走出了太阳系并进入了宇宙，其主要意图就是为了寻求和平和友谊。

“旅行者”航天器的电能由放射同位素钚的自然衰变热电发生器提供，采用直流电系统，飞船升空时电能储备为 470 瓦，到了 2001 年，二艘船分别只剩下 315 瓦和 319 瓦。2011 年 4 月，这二艘飞船与太阳的距离已分别超过 140 AU 和 113 AU，它们仍然能够定期向地球发送信息，报告自身的情况，这些信息是延迟 12 小时才能到达地球的。根据对放射性元素钚的半衰期估计，这二艘飞船的电能供应只能维持到 2025 年左右，此后它们不可能再向地球发送信息。大约 4 万年后，“旅行者 1 号”将会到达鹿豹座 AC+793888 星附近，距该星仅 1.6 光年。大约 29.6 万年后，“旅行者 2 号”将会从全天最亮的恒星——天狼星附近穿越，距天狼星 4.3 光年。这二只“宇宙漂流瓶”最终会在银河内漫游，它们会在何时被何处的外星人捕获，实在是难以知晓。

大多数天文学家虽然相信存在外星人，但对能否与他们沟通的确有疑问。按照上面第二节中的估计，即使我们银河系中有着几十万颗具有智慧生命的星球，但它们分布在直径为10万光年、中央厚度约1万光年的盘状银河系空间中，其密度也非常稀疏。据估计两个智慧生命星球之间的平均距离大约是600光年。换句话说，即使是以光速运动的宇宙飞船到邻居那里拜访一次，来回也得1000多年。目前地球上人类创造的飞船速度只有每秒几十公里。外星人或许技术更为先进，能够制造出速度达到十分之一光速的飞船，即每秒3万公里，那来回一次也得1万多年。他们有这样长的寿命吗？他们的飞船能携带1万多年的给养吗？他们能耐得住1万多年旅途的寂寞吗？实在是难以想像。地球上的人类正在为载人探测火星而伤透脑筋。美国已经展出了载人登火星的飞船模型。俄罗斯则启动了登火星模拟试验“火星-500”（参阅第四章第二节）。按照目前估计，奔向火星的单程时间约需6至9个月，但是为了等待火星运行到有利于返回地球的位置，从地球去火星来回一次约需3年时间。抛开给养不说，航天员如何度过如此漫长的孤独旅程？万一生病如何处理？……一系列问题都需要解决。这些正是俄罗斯“火星-500”模拟试验的意图所在。需要上万年来回一次的地球人与外星之间的互访能够实现吗？这就是大多数天文学家认为我们与外星人难以沟通的理由，他们从而相信迄今为止并未有外星人造访过地球，UFO不可能是外星人。

对于那些把UFO认定为外星人事件的公众，包括很多媒体人来说，宇宙如此广阔和星球如此稀疏，可能令他们难以置信，对于宇宙航行所需的超级高科技内涵也知道不多，所以无法理解这种沟通几乎是不可能的。难怪他们会把地球上出现的一时无法解释的现象（首当其冲的就是UFO）与外星人挂钩，但这是没有科学根据的。

第十章　探索宇宙的利器

一　天体的辐射和天文望远镜分类

天体离我们非常遥远，除了太阳系天体可以通过航天器进行近距离或登陆探测外，对于太阳系以外的恒星和星系，天文学家只能通过接收它们的辐射来进行分析和研究，主要是用物理学的方法对观测资料进行综合分析和理论推断，来获取关于它们的物理构造、化学组成、运动状态以及演化等知识。换句话说，天体辐射中包含着非常丰富的天体信息，天文学家正是通过各种望远镜来接收尽可能多的天体辐射，再用物理学的方法进行破译，从而获得它们的各种特征。因此天文学是一门以观测为依据，对其进行理论分析和推断，从而得出结论的学科，这一点与其他科学是相似的。

广义的天体辐射包括电磁波和粒子流（各种带电粒子和中微子等）。不过天体发射的电磁波能量通常远高于粒子流能量，以及绝大部分探测器是针对电磁波辐射，因此一般谈及天体辐射主要是指它们的电磁波辐射。电磁波按波长增大顺序可分为如下不同波段：γ 射线、硬 X 光、软 X 光、远紫外光（EUV）、紫外光（UV）可见光、红外光（IR）和射电波段。如所熟知，电磁波具有波动和粒子二重性，各波段的波长及其对应的光子能量 $E=h\upsilon$（其中 υ 为频率，h 为普朗克常数）列于表 10.1 中。射电波段依波长增大顺序又可分为毫米波段（mm）、厘米波段（cm）、分米波段（dm）和米波段（m）。在通信领域则分为微波（1 毫米至 10 米）、短波（10 米至 100 米）、中波（100 米至 1000 米）、长波（1 千米至 1 万米）和超长波（大于 10 公里）。在天文学领域，往往也把波长为 0.1mm 至 1mm 的亚毫米波段归入射电波段，不归入红外波段。然而由于地球大气的吸收，能够进入地球大气而到达地面的电磁波只限于可见光和红外波段中的一些透明窗口，以及射电波段。红外波段的透明度主要取决于大气中水汽的含量。天体电磁波中的 γ 射线、X 光和紫外光只能在地球大气之上的高空进行观测。

表10.1　电磁辐射波谱

波段	波长范围	光子能量范围
γ射线	λ<2.5 pm	E>500 keV
硬X光	0.0025 nm≤λ<0.1 nm	12.4 keV<E≤500 keV
软X光	0.1nm≤ λ<10 nm	0.124 keV<E≤12.4 keV
远紫外（EUV）	10 nm≤ λ<150 nm	8.24 eV<E≤124≤ eV
紫外（UV）	150 nm≤ λ<300 nm	4.13 eV<E≤8.24 eV
可见光	300 nm≤ λ<750 nm	1.65 eV<E≤4.13 eV
红外光（IR）	0.75 μm≤ λ1000 μm	0.00124 eV<E≤1. 65 eV
射电	λ≥1mm	E≤0.0012 eV

注：pm为皮米，nm为纳米，μm为微米，eV为电子伏特，keV为千电子伏特。通信中的无线电波在天文学领域称为射电波，以示区别。

不同天体或同一天体的不同区域或不同的物理过程，其发射的电磁波谱有所不同。例如，太阳的低层大气——光球温度只有大约 6000 K（K 表示开氏温度，天文学中未指明温标时通常均指开氏温度），因此主要的辐射功率集中在可见光区和红外光区，其极大值位于黄绿光区。光球上方的色球层的温度为 10^4～10^5 量级，辐射功率集中在紫外波段，以及射电波中的毫米和厘米波段。而在色球之上的日冕层中，温度高达百万度量级，其辐射主要集中在 X 光波段，以及射电波中的分米波和米波区。而当太阳发生耀斑（剧烈的太阳爆发现象）时，就会从太阳耀斑区几乎同时发射出强烈的 X 光、紫外光和射电波，有时还有 γ 射线，以及各种粒子流（主要是质子和电子）。另一方面，在更为遥远的恒星和星系领域，情况也是如此。一般恒星和与它们温度相当的天体的辐射，主要集中在可见光和红外光波段，但其极大功率随温度增大而从光谱的红端向紫端迁移。许多涉及高能物理过程的天象，如黑洞吸引邻近恒星周围的大气，就会形成 X 光发射源，从而提供了发现黑洞的方法。而观测到的一些 X 光爆发源的物理性质则在探讨之中。天体的 γ 射线发射往往与某些超高能的物理过程相联系，例如起源于活动星系核中的超级黑洞，以及两颗中子星的碰撞。许多 γ 射线源的辐射机制也尚待探明，其中可能隐藏着对认识宇宙至关重要的奥秘。红外波段在探索宇宙奥秘中也占有非常重要的地位。例如在恒星形成早期和演化到晚期，以及一些星云，由于温度不高，主要辐射集中在红外波段。红外辐射还有一个主要特征，即能够透过宇宙尘埃，因而利用这个波段能够探测到被宇宙尘埃遮盖的非常遥远和寒冷的天体。至于射电波段，那更是可以说占据着与光学波段并列的半边天地位。20 世纪 60 年代天文学中的四大发现，即脉冲星、类星体、星际分子和宇宙微波背景辐射，主要是射电天文观测的贡献。由上可见，对于探测宇宙奥秘来说，天体辐射的电磁波段中，所有波段都非常重要，一个也不能少。仅仅通过地面能够接收到的可见光和部分红外光，以及射电波段进行“坐地观天”，看到的宇宙是不完整的，只有设法进行全波段的观测，并对其进行综合分析和理论推断之后，才能揭示出完整的宇宙图象。美国学者贾可尼（R·Giacconi）就因开拓了X光波段的天文观测研究，为天文学作出重大贡献而获得2002年的诺贝尔物理学奖。

所谓天文望远镜，就是用于接收和记录天体的某种辐射，并具有某些特殊功能的科学仪器。这些功能如能对天体进行白光或单色光照相，得到它们的光谱或磁场数据，自动绘出天体的光度变化或视向速度变化曲线，甚至二维分布图等。千资百态的天体发射的电磁波谱各不相同，它们辐射的强度也千差万别。另一方面，接收不同波段和不同强度辐射所涉及的技术又有很大不同，因此天文望远镜的类型也就非常之多。不过大体上可以分为安装在地面的地基望远镜和利用航天技术发射到高空进行观测的空间望远镜（或天基望远镜）二大类。而地基望远镜中又可分为光学望远镜和射电望远镜两种。前者用于观测天体的可见光和红外波段的辐射，后者则用于观测天体射电辐射，有各种波段的地基射电望远镜。空间望远镜由于摆脱了地球大气的吸收，可以对任何波段的天体辐射进行观测。不过由于不同波段所涉及的技术差别很大，因此在天基的空间望远镜中，又分为γ射线、X光、紫外光、可见光、红外光以及射电空间望远镜。

据说最原始的望远镜是荷兰眼镜匠利帕席发明的，由一块凸透镜和一块凹透镜构成。伽利略听说后于1609年也造了一具口径4.4厘米的望远镜，并把它指向天空，用于观测天体，立竿见影地发现了一系列天文现象，包括看到了月亮上的环形山、金星的盈亏、太阳黑子、木星的四个卫星，以及把一片银河分解为众多恒星。因此我们至少可以说天文望远镜是伽利略发明的，是他开启了用望远镜观测和研究天体的先河，促进了天文学以及相关学科如数学和物理学的发展。2009年正好是天文望远镜发明和用天文望远镜开始观测天体400周年。在这一漫长的历程中，经过各种改造和新技术的引进，包括用反射镜取代透镜、照相术、光谱仪、光电光度计、速度测量仪、磁场测量仪、数码像感器、光纤技术、紫外和红外技术、主动光学和自适应光学等，使我们拥有了不同功能和威力巨大的天文望远镜家族，它们是人类探测宇宙的强大武器。

二　太阳望远镜

在众多的天文望远镜中，有一类专门用于观测太阳的望远镜，包括其附属的后端设备，统称为太阳望远镜。早期的天文望远镜是通用型的，它们既可以观测行星和恒星，也可以用加光阑或黑玻璃减光的方法来观测月亮和太阳。随后的发展才是人们针对不同的天体特征（点光源或面光源，强光源或弱光源），逐步研制出不同类型的望远镜。太阳是离地球最近的恒星，它的巨大亮度以及可以对角直径为 32 角分的太阳表面进行区域分解这两个特点或者说有利条件，导致了太阳望远镜非常多样化。目前太阳研究者已能利用十分精巧的专门设备，对太阳大气中的不同层次和不同区域中的各种现象，进行各种物理参数和几何参数的测量。现有关于太阳的全部知识都是以这些观测得到的结果为基础，进行综合分析和理论推断之后获得的。以下将介绍太阳望远镜的发展概况。

1. 太阳白光照相仪、太阳光谱仪和单色光照相仪

伽利略用他的望远镜观测的第一批天体中就有太阳，他看到貌似洁白无瑕的日面上往往会出现成群的黑子，并且注意到同一群黑子在日面上的位置每天向西移动大约 13 度的日心张角，他正确地解释为这表明太阳在自转。因此可以把伽利略的望远镜看作最早期的太阳望远镜。随着照相术的发明，把这种最简单的望远镜配上照相机，就是在望远镜主镜（物镜）的焦点处用照相机（去掉照相机镜头，只用暗箱和底片）取代目镜对太阳进行照相，就成了太阳照相仪。太阳照相仪接收的是太阳的白光辐射（即整个可见光波段的辐射），因此称为白光照相。太阳的可见光辐射几乎全部是由太阳的最低层大气——光球层发射的，因此太阳照相拍摄到的就是光球的形象。这种照片中可以看到太阳黑子和光斑等光球中的活动现象。高分辨的太阳白光照片中可以看到太阳表面的米粒组织。

太阳白光辐射很强，因此太阳照相仪主镜口径无需很大，一般为直径 10 厘米至 30 厘米的透镜。然而由于地球大气湍流的干扰，要拍摄到显示太阳表面米粒组织和黑子精细结构的白光照片并不容易，要采取很多措施。首先要找到大气扰动较小的观测地点和提高望远镜离地面的高度，以降低地面附近空气对流的影响。20 世纪 70 年代以后引进了各种新技术，包括用电荷耦合器件（CCD）作为像感器取代照相底片，从而增大灵敏度和可在屏幕上实时显示太阳像，以及作进一步的计算机图像处理。采用自适应光学系统补偿波面扭曲（其原理将在下一节“地基光学望远镜”中谈到），以及可自动选择在大气扰动较轻时进行拍摄的实时像选择器和相关跟踪器，可改善拍摄质量。近年来应用较多的图像还原技术，则是在观测之后，在实验室中用电子学方法对被大气湍流扭曲的图像信息进行非实时处理，可以获得空间分辨率优于 1″，从而显示非常清晰的米粒组织和黑子精细结构。

在另一方向上，德国人夫琅禾费（Fraunhofer）于 1814 年首先用分光镜指向太阳，看到了太阳光谱，发现了由红、橙、黄、绿、青、蓝、紫构成的太阳连续谱中，还有 567 条暗黑的谱线，并且命名了其中一些最强的谱线。现在已把这种带着暗黑谱线（吸收线）的太阳连续谱称为夫琅禾费光谱，其中的吸收线称为夫琅禾费线，夫琅禾费对强吸收线的命名也一直沿用至今（图 10.1）。这些谱线中包含产生这些谱线的太阳大气物理构造的重要信息。通过对这些谱线波长和轮廓（指谱线中辐射强度随波长的变化）的精确测定，并与理论推测的结果进行比较，可以获得关于太阳大气化学组成，以及温度、密度、压力、电离度、运动速度、磁场和电场等物理参数（图 10.2）。因此太阳光谱的观测和研究是探测太阳奥秘的重要手段。太阳研究者一般认为，近代太阳物理研究应以夫琅禾费首次观测太阳光谱为标志。

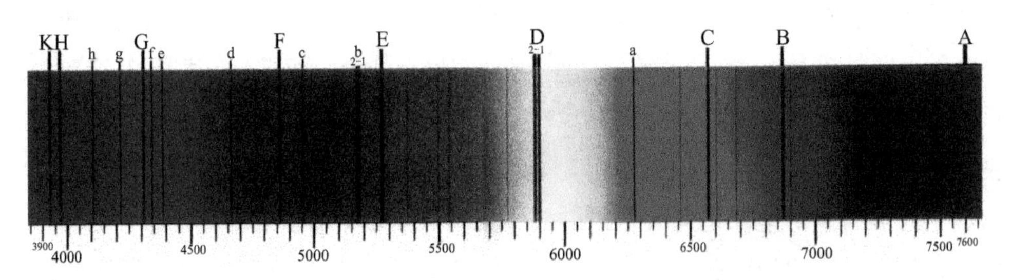

图10.1 太阳连续光谱和其中的吸收谱线（合称太阳夫琅禾费光谱）

如果把分光镜（用于目视）或光谱仪（用于照相）的入射狭缝直接对准太阳，得到的是整个太阳圆面上各点辐射叠加的平均太阳光谱。由于狭缝窄小，接收的辐射很少，经过色散后在光谱仪焦面上的光谱很弱，难于进一步处理。因此太阳光谱观测都是在光谱仪前面安装大口径的望远镜，它的作用就是产生一种或几种不同大小、稳定并具有足够亮度的白光太阳像，提供给后端的光谱仪进行光谱观测。光谱仪的分光色散元件通常采用大面积光栅，得到的光谱色散度达到每

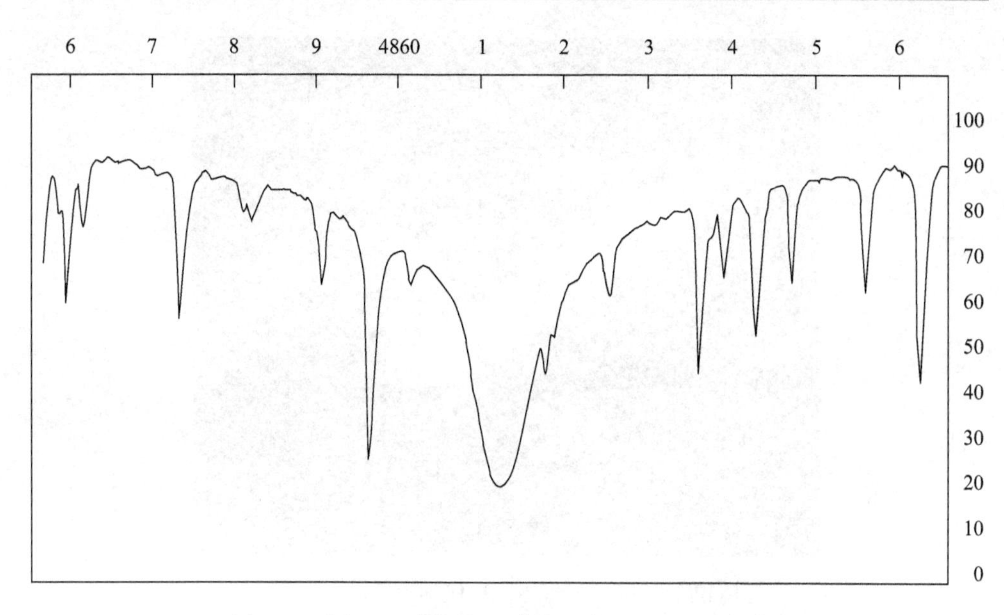

图10.2　太阳上元素氢的H_{β}谱线（波长486.1纳米）轮廓

埃几毫米，就是光谱中波长差别为 1 埃（0.1 纳米）时在光谱仪焦平面上显示的光谱宽度为几毫米，这是暗弱的恒星光谱无法实现的。作为前端的大型望远镜口径一般在 50 厘米至 100 厘米，有效焦距在 50 米至 100 米之间，产生的太阳像直径达到 40 厘米至 90 厘米。望远镜的光路结构也非常多样化，导致形成各种不同的装置和建筑形式。目前已有水平式定天镜、垂直式定天镜、定日镜式、追日镜式、赤道仪式和经纬仪式等装置。其中垂直式定天镜和追日镜式装置中，定天镜和追日镜放置在离地面几十米的高度，形成塔式建筑，通常称为太阳塔。这种形式的光路中光线与地面垂直，地面附近对流对光束波前的扭曲较小，成像质量较好。定日镜也放在离地面几十米的高度，光路与地面倾斜，成为斜塔。目前世界最大的美国基特峰（Kitt Peak）天文台口径 208 厘米的太阳望远镜就是斜塔型（图 10.3）。为了进一步消除对流对成像的损害，一些太阳塔把光路系统封闭并抽成真空，成为真空太阳塔。这些措施极大地改善了太阳像和光谱质量，但造价也相当可观。近代太阳研究的先驱者海尔（Hale）于 1907 年就在美国洛杉矶附近的威尔逊山天文台建成 18 米高的太阳塔，1912 年又建成 45 米高的太阳塔，在太阳的观测和研究中发挥了重要作用。安装在美国新墨西哥州萨克拉门托峰（Sacramento Peak）天文台（海拔 2800 米）上 67 米高的真空太阳塔质量优异，发现过一系列重要的太阳大气精细结构和活动现象（图 10.4）。

图10.3　美国基特峰天文口径2米的太阳望远镜

作为太阳望远镜后端设备的光谱仪的研制也不断取得进展。从早期的棱镜光谱仪改换成了可得到更高色散度和光谱分辨率的光栅光谱仪，以及后来出现了可同时获得多个波段的多波段光谱仪、可同时获得全波段光谱的阶梯光栅光谱仪、可拍摄日面二维区域的二维光谱仪，以及可得到极高波长分辨率和波长绝对值的傅里叶变换光谱仪等。不过在光谱仪应用上的首次突破当推 1889 年海尔利用光谱仪研制出太阳单色光照相仪。海尔提出若在光谱仪焦面上某一波长处放置一个出射狭缝，并在拍摄过程中使光谱仪入射狭缝相对太阳像扫描的同时，也使出射狭缝相对于底片同步扫描。那么这样在底片上拍摄到的就不是光谱，而是以出射狭缝所选取波长观测到的太阳单色像。如果选取的波长是太阳色球发射的谱线，例如色球在可见光区最强的 H_{α} 线（波长 656.28 纳米），那么这个单色像就是太阳色球层的形象。海尔用这种方法拍摄了太阳色球层的照片，看到了色球层中的日珥、谱斑和耀斑等色球活动现象。

用太阳单色光照相仪获取太阳单色像有两个缺陷。其一是用扫描拍到的单色像是由不同时刻取得的许多日面长条区单色像并合成的，亦即对日面各窄长区域是不同时刻取得的，而且拍摄整个日面单色像需几分钟甚至更长时间。换句话说，其时间分辨率较低。另一是拍摄过程中由于扫描机械运动不均匀、不同步和机械振动等，得到的单色像质量不高。法国天文学家李奥（Lyot）于 1950 年研制成功的色球望远镜，彻底地克服了这些缺陷。所谓色球望远镜，实际上就是在普通望远镜的光路中，加上李奥于1933年研制成功的偏振干涉滤光器（也称双折射滤光器，或李奥滤光器）。这种滤光器透过波长非常窄（通常小于0.05纳米），可以设计成透过波长位于色球发射线的波长，例如H_α谱线。于是在这样窄的波段中，透过望远镜的太阳辐射主要来自色球，光球辐射的贡献可以忽略，看到的就是色球层，故称为色球望远镜。这个道理与收音机调频到某电台发射的频率后，只收听该台广播的道理一样。色球望远镜无需光谱仪就能得到太阳色球单色像，其空间分辨率和时间分辨率大为提高，非常有利于观测不断变化的活动现象，成了监视太阳活动和研究太阳活动规律性，以及进行太阳活动预报的有力工具，因此几乎是各太阳天文台的基本观测设备。

图10.4　美国萨克峰天文台的真空太阳塔

2. 日冕仪、太阳速度场和磁场测量仪器

李奥于1931年研制成功的日冕仪，在太阳望远镜发展史上也是值得一提的成就。日冕是太阳最外层大气，其亮度只有光球亮度的百万分之一，远小于地面天空亮度，因此平时是看不见的。但在日全食时，当明亮的光球被月球遮挡之后，全食带地区的天空亮度可以下降到比日冕更暗，这时才可看见日冕。不过在非日全食期间，地面上有些高山地区大气稀薄而干净，天空亮度可降到与日冕相当，这时借助日冕仪可观测离太阳边缘大约0.3太阳半径以内的日冕。因此日冕仪总是安装在海拔2000米以上的高山上。日冕仪构造与一般望远镜不同之处是主透镜的焦面上有一块挡光屏，可以遮挡掉由主透镜形成的太阳光球像，留下的日冕像则由另一透镜聚焦到最后的焦面上。日冕仪的关键技术是仪器本身的散射光可以忽略，因此在光学和机械设计上主要考虑是消除仪器本身的散射光。日冕仪除了可作白光日冕观测外，还可以与各种滤光器结合作单色光日冕观测，也可以与光谱仪结合，进行日冕光谱观测。由于日冕仪观测仅限于离太阳边缘不远的内冕区域，因此并不能完全代替日全食时的日冕观测。日全食期间，往往可以观测到几个太阳半径的日冕范围。

在太阳物理研究中有时需要测定某些现象的运动速度，例如太阳活动区中暗条（日珥在日面上的投影）的运动速度。暗条在垂直于观测者视向上的运动速度可以用不同时刻暗条在日面上投影位置的变化进行测算，在平行于观测者视向上的速度分量则是通过测量光谱中的谱线波长的多普勒位移 $\Delta\lambda$后，由公式 $v=c\dfrac{\Delta\lambda}{\lambda}$ 计算获得，其中 λ 为谱线波长，c 为光速，$\Delta\lambda$ 为波长变化，v 为运动速度在观测者视向的分量，也称视向速度。根据这一原理研制了一系列测量太阳表面物质运动视向速度的仪器。20 世纪 50 年代一些天文台开始在太阳光谱仪的焦面前附加可补偿波长位移的转动玻片，可以测量光谱仪入射狭缝所处的日面长条区域的视向速度场。20 世纪 60 年代开始有人采用在某条谱线红翼和紫翼各拍摄一张单色像底片后，把其中之一从负片转换为正片后再与另一负片叠加印出照片。可以证明，这样得到的照片经光度定标后，实际上就是速度场分布图。不过最精确的速度场测量是 20 世纪 70 年代开始采用的共振散射测量法。其原理是利用附加磁场中钠或钾蒸气原子因塞曼分裂形成的两条子线作为吸收窗口，检测因多普勒位移造成的吸收不平衡引起的光度变化。这种方法测量的速度场精度可达每秒几厘米，目前已被用于太阳表面震荡的观测研究。

在太阳观测的所有项目中，最复杂和最困难的就是太阳磁场测量。早在 1908 年海尔就发现太阳黑子光谱线的塞曼分裂现象，证实了黑子有很强的磁场。他在光谱仪入射狭缝的前方放置由偏振片和阻波片组合的分析器之后，测量出分裂子线的裂距 $\Delta\lambda$，从而计算出黑子磁场的大小和极性。不过用这种方法只能测量强度在几百高斯以上的强磁场。许多天文台后来进行了类似的观测，但在方法上并无明显改进。直到 20 世纪 50 年代初期，美国加州理工学院的天文学家巴布柯克（Babcock）研制成能够测量微弱磁场的光电磁像仪，标志着太阳磁场测量技术取得了重大突破。光电磁像仪利用了塞曼分裂子线的偏振特性，由原先直接测量分裂子线的裂距转换为测量因分裂而造成的光度起伏，使磁场测量的灵敏度提高了两个数量级，发现了太阳南极和北极地区存在强度为几高斯而极性相反磁场的重要现象，为太阳活动起源和规律性的理论探讨提供了关键依据。光电磁像仪是由光谱仪附加偏振分析器、光电倍增管和记录设备构成的，起初只能测量磁场的视向分量（称为纵向磁场），而且只能对太阳表面进行逐点观测，然后再并合成这一区域的磁场分布。后来通过改变偏振分析器的构成，又可测量垂直于视向的横向磁场分量，从而成为向量磁像仪。再后来又利用光纤技术把区域扫描由逐点扫描改进为逐线扫描，提高了取得磁场分布图的时间分辨率。但是这种磁图仍然是在观测之后再进行处理完成的，换句话说是非实时的。人们逐渐认识到，只有放弃光谱仪而采用滤光器来产生太阳单色像，以及引进计算机和电视技术，才能实现太阳磁场的实时显示，成为视频磁像仪。视频磁像仪的原理与光电磁像仪相似，但有几点重要差别：一是采用非常窄通带的双折射滤光器产生太阳单色像，并用电压调制电光效应晶体（如磷酸氢钾或磷酸氘钾），使对应于二分裂子线的太阳单色像交替出现和消失；二是不用机械扫描而用电子束扫描（即电视扫描）来获取太阳单色像上各点的信号；三是由电子计算机对接收信号作实时处理，直接转换为向量磁场数值。这种装置由于不用光谱仪，又有独立的前端成像系统，因此有时也称为磁场望远镜。磁场望远镜的磁场测量精度可达几高斯，空间分辨率达1″～2″，时间分辨率为几十秒，成了研究太阳表面磁场，特别是太阳宁静区磁场构造和演化的有力工具。目前只有少数天文台建成此类设备。中国科学院国家天文台怀柔观测站于1987年建成的口径35厘米的太阳磁场望远镜是此类仪器中的优秀代表，能对太阳光球和色球层的向量磁场进行测量，提供实时磁图（图10.5）。利用这台望远镜的观测资料进行分析研究，已经取得大量成果。

图10.5　中国国家天文台怀柔观测站的太阳磁场望远镜

3. 空间太阳望远镜

由于地球大气吸收，波长短于290纳米的太阳紫外光和X光辐射不能到达地面，而地球磁场又使太阳发射的带电粒子流（包括太阳风等离子体和太阳耀斑发射的高能粒子流）也无法到达地面。然而太阳紫外和X光辐射对研究太阳高层大气——色球和日冕极为重要，因为色球主要辐射集中在90～160纳米，而日冕辐射集中在小于90纳米的波段。太阳粒子流中也包含着太阳高层大气和太阳活动现象的重要信息。对这些短波辐射和粒子流的研究只能借助于空间太阳观测。初期的空间太阳观测主要是测量地面无法进行的太阳紫外和X光辐射，探测波长逐步向短波方向扩展。先是进行无分辨率的总辐射测量，然后发展到低分辨率和高分辨率的成像观测。而且由于空间观测不受地球大气干扰，可见光波段空间观测的分辨率也远优于地面观测，因此后来的空间太阳观测中也包括可见光波段。

空间太阳观测开始于第二次世界大战之后。20世纪40～50年代，美国海军研究室（NRL）率先利用探空火箭搭载紫外光谱仪拍摄太阳紫外光谱，同时利用核物理技术，如乳胶光度计、光子计数器和电离室（有各种透射窗口和填充气体），探测各种波段的太阳X光辐射，并于1959年和1960年分别拍摄到太阳Lyα（波长121.6纳米）和X光的太阳单色像。20世纪60年代后，美国和苏联开始利用人造卫星对太阳进行更多样化的大量测量。例如美国海军研究室于1960～1976年间发射的11颗“太阳辐射观测”（Solarad）卫星系列和美国航天局（NASA）于1962～1972年发射的8颗“轨道太阳观测台”（OSO）卫星系列，发现了太阳X光辐射的快速变化，及其与太阳活动现象的关系。这期间美国和苏联也发射了一批进入地球磁层以外的行星际探测器（深空探针），探测太阳风、耀斑发射的高能粒子流和行星际磁场，以及太阳活动引起的地磁效应。美国于1973年发射的载人科学卫星“天空实验室”（Skylab），标志着空间太阳观测进入了新阶段。它搭载了包括白光日冕仪、紫外光谱仪、X光望远镜和Hα照相机在内的9种太阳观测仪器，搭载的航天员中包括太阳物理学家吉布森（Gibson）。“天空实验室”取得了大量观测资料，尤其是日冕物质抛射的资料。1980年发射的美欧合作卫星“太阳极大年使者”（SMM），1981年发射的日本卫星“火鸟”（Hinotori）和1991年发射的日美欧合作卫星“阳光”（Yohkoh）均在太阳活动极大期间，其主要目标是用X光波段观测太阳耀斑，它们的空间分辨率逐次提高。1990年发射的欧洲空间局（ESA）探测卫星“尤利西斯”（Ulysses）的科学目标则是太阳风和行星际磁场。1995年发射的欧美合作卫星“太阳和日球层天文台”（SOHO）携带了12种太阳观测仪器，科学目标是太阳和日球层的大尺度结构，以及太阳震荡和磁场测量。1998年发射的美国卫星“过渡区和日冕探测者”（TRACE）侧重于用紫外和远紫外波段观测太阳大气中的色球 / 日冕过渡区，其空间分辨率高达 0″.1，得到大量显示太阳大尺度磁场结构的非常清晰的单色像。2006 年 9 月发射的日、美、英合作卫星“日出”（Hinode）的观测重点是太阳耀斑区磁场。2006 年 10 月发射的美英合作孪生卫星“日地关系观测台”（STEREO）的两颗卫星，分别位于地球前方和后方（拉格朗日点 L4 和 L5 附近），从而与地面观测一起构成对太阳的多角度观测，主要研究日冕物质抛射对地球的影响。美国航天局于 2010 年 2 月 11 日发射的“太阳动力学天文台”（SDO），旨在探测太阳第 24 活动周的活动对地球环境产生影响的动力学原因，携带了大气成像仪、日震和磁场成像仪，以及远紫外辐射变化测量仪三种仪器，其中三种成像仪的空间分辨率均优于 1″（图 10.6）。空间太阳观测的发展愈益快速，其科学目标和观测技术也愈益多样化。

图10.6　等待发射的“太阳动力学天文台”（SDO）

三　地基天文光学望远镜

1. 望远镜的分辨率和极限星等

太阳系以外的天体都很暗弱，因此观测太阳以外，尤其是太阳系以外天体（恒星和星系）的望远镜的最重要特征就是具有很大的口径，才能接收到这些天体的足够多辐射（光子），否则无法对它们进行观测。人的肉眼无法看见比 6.5 等星更暗的天体，这是由于人的瞳孔直径只有大约 0.6 厘米，从较暗物体发射或反射而进入人眼瞳孔的光子不够，达不到视网膜神经反应的阈值（据测定必需至少每秒有 100 多个光子的流量，其数值随光子波长和不同人而略有差别），而视网膜对光子只有约 0.1 秒的视觉暂留，即无多大累积效应。人们借助望远镜则可极大改善这两个限制，因为望远镜口径可以比瞳孔直径增大成千上万倍，从而相应地增大聚光能力；另一方面，望远镜焦点上的某些接收器可以对光子有积累效应（如照相底片），同样也增大了觉察暗弱天体的能力。太阳系以外的天体都非常暗弱，因此一般来说，观测恒星和星系的望远镜口径都比太阳望远镜大得多。

天文望远镜的威力主要取决于两个参数，其一是聚光能力，它与望远镜口径平方成正比；另一是能够分辨天体细节的能力，即分辨本领，也称分辨率，由公式 $\theta=1.22\frac{\lambda}{D}$（弧度）确定，其中 θ 为可分辨的最小角度（视向张角），λ 为波长，D 为望远镜口径，可见也是 D 愈大，分辨率愈好。因此这两个关键参数均与望远镜口径有关，口径愈大愈好。望远镜聚光本领与口径平方成正比较容易理解，但关于分辨率则需略予解释。

根据平行光（由于天体非常遥远，其辐射光束可视为平行光束）对圆孔的衍射得知，即使入射光为角径无限小的点源，其光束进入望远镜后，由于衍射光的干涉作用，都会在望远镜的焦平面上形成一角径并非无限小的圆斑，称为艾利斑（Airy disk），小圆斑的角半径为 $\theta=1.22\frac{\lambda}{D}$，圆斑周围还有亮度迅速递减的几个同心圆环，圆斑与各亮环之间由暗环隔开（图 10.7）。物理学家瑞利建议一个光学系统的空间分辨率可以定义为：对于两个点光源，若其中一个艾利斑的中心落在另一个艾利斑的边缘（亦即第一个暗环）时，可以认为这两个点光源可以分辨；若一个艾利斑中心落在另一个艾利斑边缘以内，认为二光源不可分辨。所以望远镜的角分辨率（即空间分辨率）定义为 $\theta=1.22\frac{\lambda}{D}$。例如对于可见光，若取平均波长 λ=500 纳米，望远镜口径为 15 厘米时，得 $\theta=0''.84$；当望远镜口径为 150 厘米时，$\theta=0''.084$。不过由于地球大气湍流对光束波前的干扰和扭曲，实际上从地面观测天体，要使分辨率达到 1″ 都很困难，更不要说要达到优于 0″.1 了（图 10.8）。因此按上述公式计算得到的是望远镜的理论分辨率，也称极限分辨率。至于如何克服地球大气的干扰，将在以后讲述。

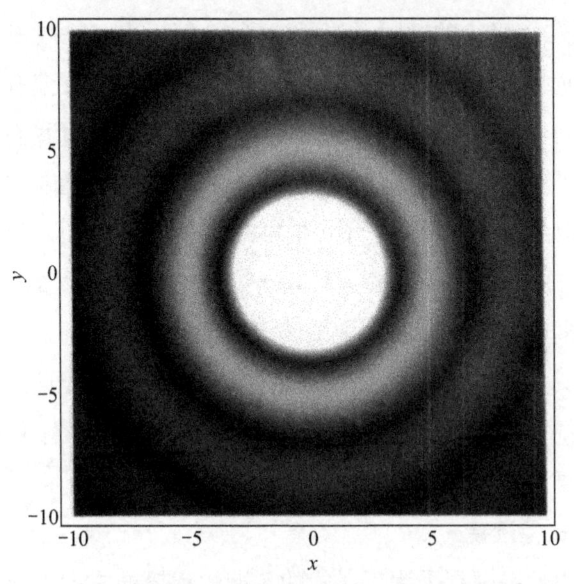

图10.7　点光源平行光圆孔衍射形成的艾利斑和周围的圆环

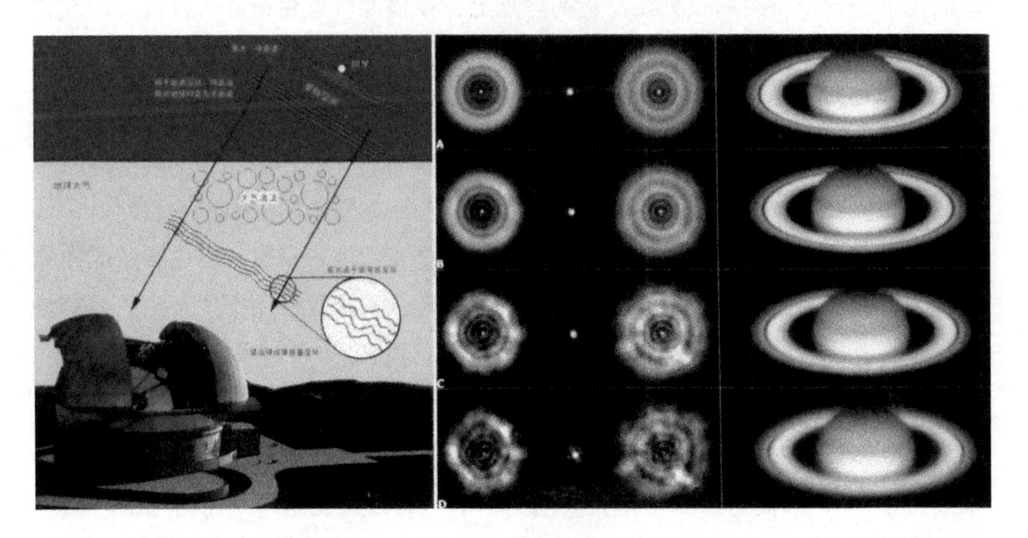

图10.8　大气湍流对成像的影响。（左）为大气湍流对波前的扭曲示意；（中）为衍射环遭破坏，从上至下愈益严重；（右）为土星像质量变化，从上至下愈益变差

望远镜的口径大小既然如此重要，因此对于观测暗弱天体的天文望远镜来说，增大口径成了头等大事。不断增大望远镜的口径，就是不断增大能够观测到的天体的星等。通常把一台望远镜能够观测到的最大星等称为该望远镜的极限星等。一般来说，口径 2 米的地基望远镜的极限星等均超过 20 等；口径 5 米左右的望远镜的极限星等约为 25 等；而摆脱地球大气吸收的空间望远镜如“哈勃空间望

远镜”（其口径为 2.4 米）的极限星等可达到 28 等以上。一般来说星等愈大表示该天体离我们愈远，意味着我们探测到更深的宇宙。由于光速有限，我们观测到的这些天体的辐射都是很早以前发射出来的，因此又意味着我们能够观测到更为早期的宇宙状态。另一方面，只有增大望远镜的口径，才能在望远镜的焦面上收集到暗弱天体发射的足够数量的光子，提供给望远镜的后端设备作进一步的分析，例如用大面积的 CCD 照相机拍摄天体图像，用各种色散度的光谱仪拍摄光谱，用不同灵敏波段的光度计检测不同波段的天体光度变化，利用视向速度仪测定天体的视向速度及其变化等。这些后端处理与上一节的太阳望远镜中所述是大同小异的，其最大不同是这些天体的辐射强度比太阳辐射要弱几个量级，因此其技术要求和困难程度要大得多。

2. 折射式和反射式望远镜

早期的天文望远镜都是采用折射式的，即望远镜的主镜（物镜）为透镜，天体的光束经物镜折射后聚集在物镜的焦点上，在该处放置目镜进行目视，或放置照相机进行天体照相。随着技术的进步，望远镜口径愈做愈大。为了观测面源天体如月亮、行星、星系和星云等，望远镜要有足够的放大率，焦距也相应增大，结果望远镜的镜筒也愈来愈长。1897 年建成的当时世界最大的美国叶凯士天文台折射望远镜口径为 1 米，其镜筒长度达 18.3 米。制作更大的折射望远镜已面临极限。一是透镜对光学玻璃质量要求极高，其中不允许有气泡或杂质，以免影响成像质量，超过一米的透镜制作相当困难；另一是镜筒太长不仅使用不便，更严重的是由于镜筒自身因重力产生的弯曲、以及微风和其他振动等所造成星像抖动和模糊。这样，人们意识到制作更大的望远镜只能转向反射系统。反射式望远镜的主镜为反射镜，其玻璃内部无需十分干净，因为光线依靠玻璃表面反射（早期镀银，后来改为镀铝），因而可以做得很大。同时，由于可以在光路中采用附加的平面镜多次反射光束，镜筒也无需太长。于是反射望远镜的口径不断增大。1918 年在美国威尔逊天文台建成了 2.5 米口径的反射望远镜（图 10.9），1924 年哈勃用这台镜子测定了仙女座大星云的距离，并确认为是一个河外星系。1942 年，当时世界最大的口径为 5 米的反射望远镜在美国加州圣地亚哥附近的帕洛玛山天文台建成，后来称为海尔望远镜，以纪念先驱天文学家海尔（图 10.10）。海尔望远镜是一具庞然大物，主镜本身重 14.5 吨，镜筒重 140 吨，整个望远镜的可动部分重达 530 吨。加工前的主镜毛坯重为 59 吨，浇铸后的冷却时间将近一年，加工磨制更是困难重重，历时数年。机械控制也是很大的挑战。人们已开始意识到5米直径的传统单镜型望远镜大概是走到了头。我国最大的单镜面望远镜是国家天文台在兴隆观测站（海拔960米）上的口径2.16米望远镜（图10.11）。尽管苏联曾于20世纪70年代建造了口径达到6米的望远镜，并于1976年安装在高加索地区帕斯托克霍夫山上苏联科学院特殊天体物理台，但其质量不如人意，并未取得多少成果。海尔望远镜的落成使人们对宇宙的探索推向更为遥远的深处，探测到大量遥远恒星和星系的距离，光度和视向速度等珍贵数据，在恒星和星系天文学领域作出重大贡献。

图10.9　美国威尔逊山天文台的2.5米望远镜

图10.10　美国帕洛玛天文台的5米望远镜

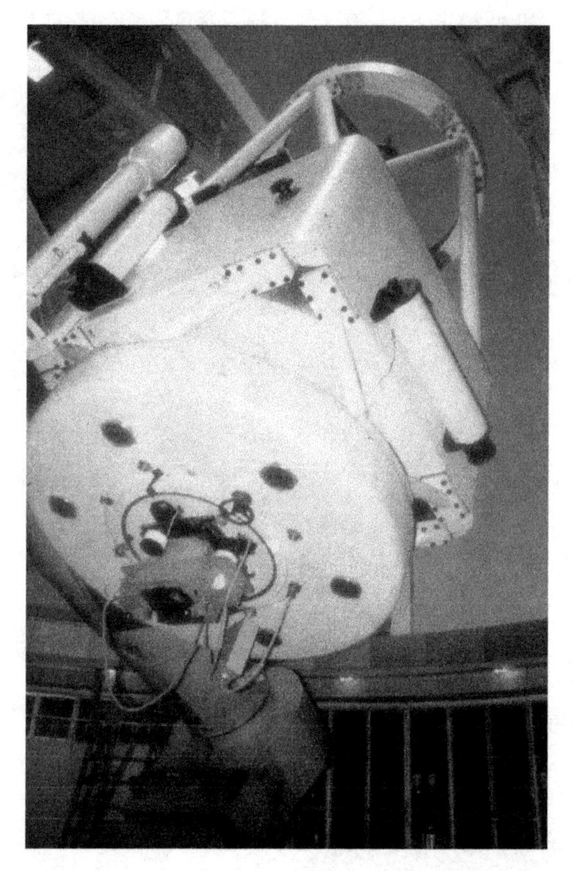

图10.11　我国国家天文台兴隆观测站的2.16米望远镜

3. 多镜面和薄镜面望远镜

天文学本身不断发展，包括射电望远镜在射电波段，以及空间望远镜在比可见光更短的短波领域探测的新发现，要求在可见光和红外波段必须有更大口径的光学望远镜（用于可见光和红外波段）配合，进行更深层的宇宙探测。另一方面，传统的单镜型光学望远镜扩大口径在技术上已有很大困难，不得不设想从其他角度进行突破。一些学者自然想到了是否可以由许多口径和厚度均不太大，从而重量较轻的镜面拼合组成更大的望远镜。这种拼合镜面的望远镜实际上有两种类型。一种是 1979 年在美国阿利桑那州霍普金斯山上建成的多镜面望远镜，简称 MMT（Multi-Mirror Telescpe）。它由 6 个口径 1.8 米的子镜组成，6 个子镜安装在同一镜筒中，6 个子镜组合相当于一台口径为 4.5 米的单镜望远镜（图 10.12 左）。MMT 的 6 个子镜均配置自己的副镜，成为各自独立的光学系统，然后通过一个

图10.12　美国霍普金斯山上的多镜面望远镜（MMT）。左为改造前，右为改造后

共有的反射多棱镜投射到共同的焦点上。由于主镜固定不动，使6条光束共焦是通过计算机控制6个副镜和多棱镜来实现的。MMT的设想获得了成功，曾观测到大质量天体产生的引力透镜现象。拼合镜的另一种类型就是1991年安装在夏威夷岛上莫纳基亚山顶（海拔4267米）的凯克Ⅰ望远镜，由企业凯克（W.M.Keck）供资建造（图10.13）。它的主镜由36块六边形子镜拼接构成，每块反射子镜的对角线长度为1.8米，厚度8.7厘米，全部子镜合成等效于口径10米单镜望远镜。由于36块反射子镜共同构造成同一个圆椎曲面（一般为抛物面），因此是真正意义上的拼接镜面望远镜（segmented mirror telescope）。拼接镜面的所有子镜共同构成同一圆锥曲面，因此所有子镜有共同焦点，就是该圆锥曲面的焦点。这一点与上述MMT有所区别。要实现所有子镜均成为同一圆锥曲面中的一部分，就必须使各子镜可以调节。问题是由于望远镜自身的重力变形、热胀冷缩以及微风和

图10.13　夏威夷岛上的凯克Ⅰ和凯克Ⅱ望远镜

振动等干扰是不断变化的，因此这种调节必须随时进行，使其能保证各子镜时时刻刻处在正确的位置和状态。这就必须有一套精确的自动检测和自动调节系统来完成，这套自动检测和调节的系统称为主动光学（active optics）。在这种系统中，对小反射子镜的自动检测和调节的频率大约是每秒 1 至 10 次，远低于下面将要讲到的旨在补偿大气湍流对光束波前扭曲的自适应光学（adaptive optics）中采用的调节频率（通常是每秒 100 至 1000 次）（图 10.14）。至于上述 MMT 中对于 6 个子镜的副镜和多棱反射镜的调节，虽然也是由计算机自动检测和进行调节的，但是由于调节是对副镜进行，而非对 6 个子镜本身进行，因此也有人认为不算主动光学。由于主动光学技术的引进，望远镜的主镜可以拼接，而且可以做得很薄，因为可以在薄主镜背面装置许多触点，通过主动光学，让这些触点伸缩，使主镜保持所需的形状。既然主镜不必很厚，重量就可以大为减轻，口径就可以做到超过原先认为的 5 米极限，其加工磨制并无太大困难。因此后来也建造了一些口径超过 5 米的薄型单镜望远镜。不过由上述可见，对于像 MMT 或拼接式的巨型望远镜，若不采用主动光学技术，望远镜将会处于严重变形状态，完全无法工作。

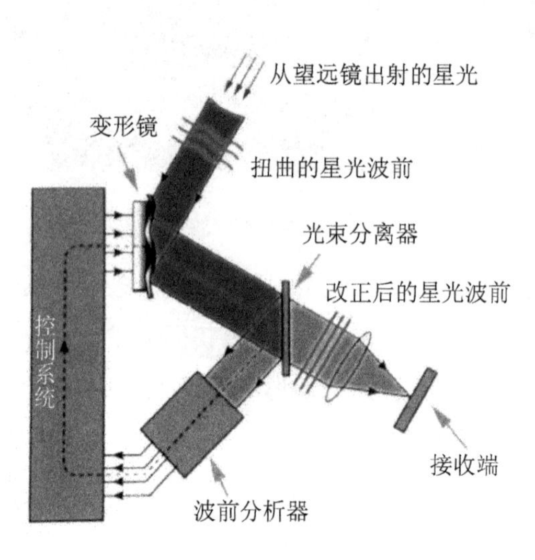

图10.14　自适应光学原理

尽管通过主动光学可以使望远镜自身的光学系统保持理想状态，然而来自遥远天体辐射的光束到达望远镜之前，在地球大气中还会经受大气湍流的干扰而使光束波前变形，导致望远镜焦面上的星像变得模糊。正是大气湍流对光束波前的扰动，使我们看到了星星闪烁现象。改正大气湍流对波前扭曲导致像质变差的方法，从原理上说与通过主动光学装置改正由重力弯曲、热胀冷缩、风力和振动导致望远镜机械变形造成星像质量变差的方法相似。其最大区别即前者的扰动源自大气中的湍流，其变化频率比后者高两个量级。因此必须在光路中引进一个能够承担对波前变形进行更为迅速改正的变形镜。变形镜的背面有许多促动器，这些促动器通过拉伸控制变形镜的镜面形状，来补偿因大气湍流造成的光束波前扭曲。当然，控制促动器的控制信号是由检测波前被扭曲的结果获得的。这样一套能够以很高频率（约每秒 100～1000 次）自动补偿大气扭曲的装置就称为自适应光学（adaptive optics）（图 10.14）。

一般大型望远镜为了满足对焦距或视场等的特殊要求，除了主镜之外，通常还有副镜。例如，为了使焦距增大，往往采用卡塞格林系统，这时主镜为抛物面，副镜（卡塞格林镜）为凸双曲面，当主镜的焦点与双曲面的焦点重合时，来自主镜的光束由副镜反射后，将会聚集在双曲面的另一焦点处，从而使望远镜焦距增大。另一种常用的格列哥利系统，其主镜也是抛物面，副镜（格列哥利镜）则是凹椭球面，当主镜的抛物面焦点与椭球面的焦点重合时，由主镜反射到副镜上的光束再经副镜反射后将会聚焦到椭球面的另一焦点上，也会使焦距增大。圆锥曲面的这些性质是解析几何中可以证明的定理。而旨在扩大有效视场的施密特系统中，副镜则是具有特殊形状的施密特改正镜（可以是透镜，也可以是反射镜）。在上述这些光学系统中，通常就采用副镜作为变形镜，通过控制副镜背面的促动器来补偿地球大气对光束波前的扭曲，从而改正像的质量。

与主动光学通过促动器的较慢动作调节主镜，使其保持理想圆锥曲面形状相比，自适应光学通过调节变形副镜快速补偿波前扭曲的方法要复杂些。为了检测所观测的目标天体光束波前被大气扭曲的情况，如果目标天体很暗弱（用巨型望远镜观测研究的目标天体通常都是暗弱天体），不能把目标天体的光束分离出一部分用于进行检测，就得在目标天体附近制造出一颗人造星。目前是从地面发射波长为 589.2 纳米的激光，照射到高空约 90 公里的大气层，激发其中的钠原子发出辐射，制造出人造星。它与目标天体在同一视场中，因而可以认为它的光束将穿越与目标天体相同的大气路径，从而受到同样的大气干扰和波前扭曲。这颗人造星必须有足够的亮度（亮于 14 等），因而可以用于检测波前扭曲情况，并获得用于调节变形镜促动器的信号，对变形镜进行自动调节。这种人造星称为“激光引导星”。如果目标天体的视场中正好有一颗足够亮的自然星作为“自然引导星”，当然就无需人造星了。但这种情况极为罕见。由上可见，由于采用了拼接和薄型镜面，再加上主动光学和自适应光学的配合，终于突破了 5 米左右厚型单镜望远镜的极限。20 世纪 90 年代以后，一些国家和国际组织接二连三地建造了许多口径在 8 米以上的巨型望远镜。

4. 巨型望远镜

20 世纪 90 年代之后建造的著名巨型望远镜简介如下。

（1）继 1991 年美国在夏威夷岛上建造等效口径达 10 米的拼接型望远镜凯克 I 获得成功后，又于 1996 年在距凯克 I 50 米处建成了大小和构造与凯克 I 相同的凯克 II。把这两台性能相同的望远镜建在一起的主要目的是为了方便进行干涉观测，就是把两台望远镜用电缆连接到共同焦点处，再通过调节电缆长度来改变两台望远镜光缆之间的光程差，使其产生干涉。物理学上可以证明这样的设置可以增大望远镜的空间分辨率（图 10.15）。凯克 I 和凯克 II 合成后的等效口径为 13.7 米，但其分辨率则相当于一台口径为 90 米的望远镜。凯克 I 和凯克 II 均配备钠激光引导星的自适应光学装置。

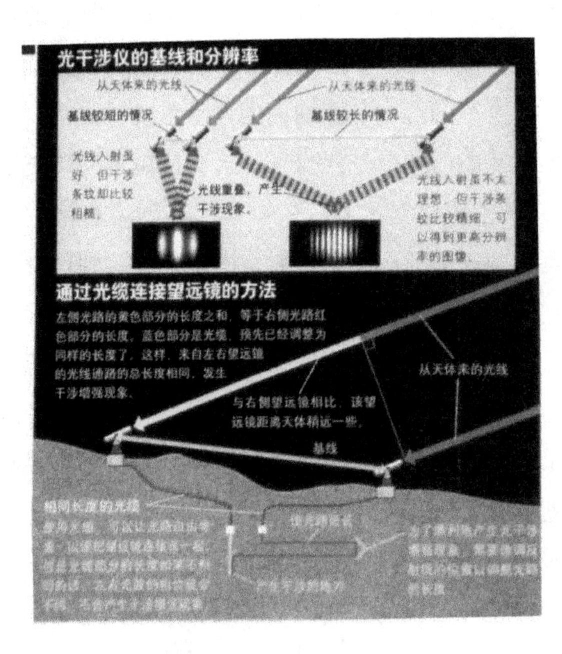

图10.15　光干涉原理

（2）上面提到的多镜面望远镜 MMT 于 2000 年改为用一口径为 6.5 米的单面薄反射镜取代原来的 6 块子镜，但望远镜名称仍用 MMT（图 10.12 右）。2002 年在副镜上装配了自适应光学系统。

（3）欧洲南方天文台（ESO）于 1998 年至 2000 年间在智利的赛洛帕拉纳尔（Cerro Paranal，海拔 2635 米）山上相继建成了 4 台口径均为 8.2 米的甚大望远镜（VLT），它们的薄型主镜均配备主动光学。相邻望远镜之间距离为 50 米，每台望远镜可进行单独观测，也可以用光缆连接形成干涉观测（称 VLTI）。4 台望远镜联合的等效口径为 16 米。2002 年 V LT 曾观测到太阳系外行星 2M1207b。

（4）美国、英国、加拿大、智利、巴西和阿根廷合作建造了两台主镜口径均为 8.1 米、厚度为 20 厘米的薄型双子座（Gemini）望远镜，分别安装在北半球的夏威夷岛莫纳基亚山上（海拔 4213 米）和位于南半球的智利赛洛帕邢（Cerro Pachon）

山上（海拔 2722 米），并分别称为北双子（Gemini North）和南双子（Gemini South）（图 10.16）。两台望远镜均配备主动光学系统。北双子于 2000 年建成，南双子 2001 年落成。

图10.16　夏威夷岛上的北双子望远镜

（5）日本国立天文台（NAOJ）于 1999 年在夏威夷的莫纳基亚山上（海拔 4139 米）建成了口径为 8.2 米的昂星团望远镜（Sabaru），主镜为薄型单镜面，厚度 20 厘米，望远镜配置了主动光学和自适应光学。

（6）美国、意大利和德国合作于 2005 年至 2008 年间建造了大双筒望远镜（Large Binocular Telescope，LBT）。它由两个口径为 8.4 米的望远镜组成，安装在同一机架上，两个望远镜的中心距离为 14.4 米，安装在美国阿利桑那州的格拉哈姆山上（海拔 3170 米）。两个望远镜可以合成为一个共同焦点，等效于一台口径为 11.8 米的光力，而分辨率则与口径为 22.8 米的望远镜相当。

（7）美国几所大学合作于 1997 年建成的霍比—艾伯利望远镜（Hobby Ebery Telescope，HET），主镜由 91 块对角直径为 1 米、厚为 52 厘米的六角形子镜拼接构成 11.1 × 9.8 平方米的球面，等效口径为 9.2 米。望远镜安装在美国德克萨斯州的麦克唐纳天文台（海拔 2022 米）。望远镜只能观测全天约 70% 天区，但造价低廉。

（8）南非大望远镜（South African Large Telescope，SALT），由美国、德国、英国、波兰和新西兰合作于 2005 年建造于南非天文台（SAO），海拔 1798 米。望远镜结构与 HET 相似，即南半球的 HET。

（9）加那利大望远镜（Great Canary Telescop，GCT；或 Gran Telescopio Canarias，GTC）。由美国、西班牙和墨西哥合作于 2007 年建造在加那利群岛中拉帕尔马（La Palma）岛上（海拔 2426 米）。主镜由 36 块六角形子镜组成，厚度为 8.5 厘米，等效口径达 10.4 米，配备主动光学和自适应光学装置，是目前已建成的地基光学望远镜中最大的。

（10）麦哲伦望远镜（Magellan Telescope）。由美国卡内基研究所和几所大学合作建造，于 2000 年和 2002 年相继安装在智利拉斯康帕纳斯（Las Companas）天文台的两具口径均为 6.5 米的望远镜。两具望远镜相距 60 米，可以进行干涉观测。望远镜主镜由主动光学控制。

值得一提的是我国于 2008 年在国家天文台兴隆观测站（海拔 960 米）建成的“大天区面积多目标光纤光谱望远镜”（Large Sky Area Multi-Object Fiber Spectroscopic Telescope，LAMOST，现已命名为郭守敬望远镜，以纪念我国元代天文学家郭守敬）(图 10.17)。虽然有效口径只有 4 米，但其某些特点已领先于国际上同类望远镜。这台望远镜的主镜和副镜均为拼接镜面，主镜口径为 6.67 × 6.03 平方米，是由 37 块六角形子镜拼接的反射球面镜，子镜对角线长 1.1 米；副镜为反射施密特改正镜，口径为 5.72 × 4.40 平方米，由 24 块六角形子镜拼接，副镜的主要功能是改正主镜的球差(图 10.18)。望远镜的等效口径在 3.6 至 4.9 米之间，取决于指向天区位置。望远镜焦距为 20 米，视场达到 5 度。主镜和副镜均由主动光学控制。望远镜的焦平面上配置 4000 条光纤，连接到 16 台光谱仪上，每台光谱仪有 250 条光纤，产生了 4000 个天体光谱，再由 32 台 CCD 照相机记录。因此这台望远镜可以在同一时刻观测到 4000 个目标天体的光谱（取得光谱的极限星等为 20.5 等），特别适合于河外星系巡天、类星体观测证认和大样本遥远天体

图10.17　我国国家天文台兴隆观测站上的郭守敬望远镜（LAMOST）

观测和统计研究。实际上一台望远镜的总效率与望远镜口径和视场乘积成正比，按此计算郭守敬望远镜的效率是欧洲南方天文台的 VLT 的两倍半。郭守敬望远镜的极限星等为 20.5 等，比国际上规模宏大的斯隆巡天计划高 2 个星等，从而也将使前者的可观测天体数量比后者高一个数量级。

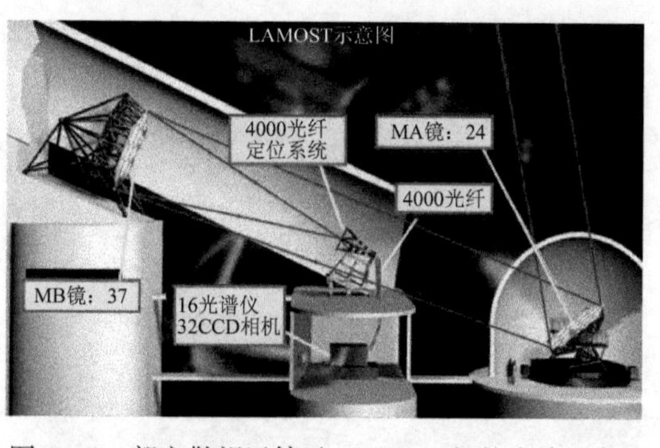

图10.18　郭守敬望远镜（LAMOST）的光路示意图

5. 未来的地基超大型光学望远镜

（1）大麦哲伦望远镜（Giant Magellan Telescope，GMT），由美国和澳大利亚合作建造。主镜由 7 块圆型薄镜组成，等效口径为 22 米，其聚光能力为现有麦哲伦望远镜的 11 倍。副镜也由 7 块子镜构成，配置自适应光学。该望远镜拟安装在智利的拉斯康帕纳斯山上，海拔 2516 米，计划于 2016 年建成。

（2）口径 30 米的望远镜（Thirty Meter Telescope，TMT），由美国和加拿大合作建造（图 10.19）。直径为 30 米的主镜由 492 块直径为 1.45 米的子镜拼接，由计算机控制使其保持抛物面形状。副镜为凹椭球面，与主镜配合构成格列哥利光学系统。TMT 主要工作在红外波段，旨在观测宇宙深处的天体。其分辨率将是哈勃空间望远镜的 10 倍。TMT 计划于 2017 年安装在夏威夷海拔 4213 米的莫纳基亚山上。

图10.19　口径30米的巨型望远镜效果图

（3）北欧的 50 米望远镜（Euro 50），由英国、爱尔兰、西班牙、瑞典和芬兰合作建造，计划安装在加那利群岛。口径为 50 米的主镜由 618 块对角径为 2 米的六边形子镜拼接，副镜为 4 米直径的凹椭球面，构成格列哥利系统。计划 2014 年落成。

（4）欧洲超大望远镜（Europe Extremely Large Telescope，E-ELT），由欧洲南方天文台（ESO）所属的国家合作建造（图 10.20）。主镜口径为 42 米，由 984 块对角径为 1.45 米的六边形子镜拼接，副镜包括 2 块 6 米镜和一块 4.2 米镜，配备主动光学和自适应光学，计划 2018 年安装于智利海拔 3060 米的阿马索内山上。

图10.20　欧洲南方天文台（ESO）的42米望远镜效果图

（5）百米口径超大望远镜（Over Whelmingly Large Telescope，OWL，即“猫头鹰”），由欧洲空间局（ESA）所属国家合作建造。主镜口径 100 米，由 3048 块大小为 1.6 米的子镜拼接，口径为 25.6 米的副镜由 216 块 1.6 米子镜拼接，配置主动光学和自适应光学。估计望远镜总重量达到 1.48 万吨。计划安装在智利的赛洛帕拉纳尔山上，目前尚无建成时间表。

我国科学家也在探讨建造超大型望远镜的方案，包括建造更大口径的郭守敬型望远镜，以及在西藏高山地区寻找天文气候优异从而适合安装超大型天文望远镜的地址。

四　射电天文望远镜

射电天文研究比光学天文晚得多，主要原因是接收天体射电波的无线电技术在进入 20 世纪之后才开始发展。1932 年美国贝尔电话实验室的工程师央斯基，利用研究大气中云电干扰信号的无线电天线和接收机，偶然发现来自银河中心（人马座方向）的宇宙射电波，这是人类首次探测到来自天体的射电波。1937 年美国的无线电爱好者雷伯自制了一台口径为 9.6 米的抛物面天线（焦距 6.1 米）和接收机，进行天体探测，工作波长原先为 1.87 米，后改为 60 厘米。1941 年在巡天观测中发现了天鹅座、仙后座和人马座三个射电源。另一方面，英国在第二次世界大战期间发现太阳对雷达信号的干扰，有时是非常严重的爆发性干扰，以及流星尾迹反射雷达信号的现象，意识到雷达可用于研究太阳系内天体。第二次世界大战结束之后，英国、澳大利亚、加拿大和荷兰等国把雷达改装为射电望远镜，工作波段即原有雷达所用的分米和厘米波段。1946 年加拿大国家研究院（NRC）从 10.7 厘米波段的太阳射电观测结果中发现与太阳黑子相对数同步的 11 年周期变化。英国、澳大利亚和荷兰也开展太阳和其他天体的射电观测研究。

射电望远镜的基本结构与光学望远镜有些相似。射电望远镜中的天线相当于光学望远镜中的物镜（主镜），用于接收天体的射电辐射，当然是愈大愈好。放置在天线焦点处的馈源和接收机用于提取和放大信号，然后用某种记录设备进行记录。与光学望远镜一样，射电望远镜的威力取决于两个参数，即灵敏度（相当于光学望远镜的聚光力）和空间分辨率，两者均与天线口径有关，口径愈大愈好。早期由雷达改装的射电望远镜口径都不大，一般在 10 米左右，工作波长为分米波和厘米波，灵敏度和分辨率也不高。为了研究来自天体的微弱射电辐射，当务之急是要增大天线的口径。增大口径在技术上的困难有两个，其一是天线表面的加工精度必须达到 20 分之一波长，因此工作波长愈短，难度愈大；另一是天线口径增大后，需要克服自身重量造成的变形和风力增大引起的变形，尤其对于可跟踪天体的可动型天线，难度更大。

1. 单天线射电望远镜

1958 年英国焦德雷班克射电天文台建成口径达到 76 米的可动型射电望远镜（称洛弗尔望远镜），天线重达 1500 吨，望远镜总重量达 3200 吨，可以在直径为 107.5 米的圆形轨道上绕转，天线倾角可调，从而可以在两个自由度上指向目标天体。工作波长早期为分米波，后来扩展到厘米波（图 10.21）。

澳大利亚也于 1961 年建成了南半球最大的射电望远镜，口径为 64 米，安装在帕克斯（Parkes），也称帕克斯射电望远镜，观测波长为分米和厘米波段（图 10.22）。望远镜由计算机控制跟踪天体。该望远远镜曾发现大量脉冲星和银河系磁场，绘制出南半球射电天图，在射电天文中作出重要贡献。

图10.21　英国76米口径的洛弗尔射电望远镜

图10.22　澳大利亚口径为64米的帕克斯射电望远镜

德国于1972年建成口径为100米的可跟踪射电望远镜，安装在波恩附近的埃费尔斯贝格山谷（图10.23）。该望远镜天线由2372块金属板构成，每块长3米，宽1.2米，排列成17个同心圆环，望远镜总重量3200吨。根据精确测定的每块面板变形的数据调整面板姿态，使整个天线保持抛物面形状，也就是首次在射电望远镜中采用了主动光学技术。望远镜工作波长从3毫米至90厘米，共分为22个波段，每个波段有独立的馈源和接收机。在抛物面焦点处放置不了这么多设备，于是在主焦点后面再放置一口径6.5米的凹椭球面，构成格列哥利系统。椭球面的焦点与抛物面焦点重合，于是电波将被反射到椭球面上的另一焦点，在此处放置部分馈源和接收机。这个望远镜的灵敏度和分辨率极高，曾观测到许多遥远的射电源，包括射电星系、星系核、毫米波段的脉冲星和分子谱线源等。

图10.23　德国100米口径的射电望远镜

美国也曾于1972年建成口径为91.5米的固定型射电望远镜，但在1988年11月突然倒塌。1990年开始筹建直径为100米的巨型可跟踪射电望远镜，并于2000年建成，安装在西弗吉尼亚州的格林班克（Green Bank，也称绿岸）。口径100米的天线由2004块金属板构成，其形状相当于一个口径为208米的抛物面中截取一块110×100平方米的面积，而焦点则处在此截面的边缘上方，从而使装置在焦点处的馈源和接收机以及支架等，不会遮挡主镜以及造成反射和衍射等不利影响（图10.24）。为了补偿天线因重力、风力和温度变化产生的变形，2004块金属板通过由激光测距系统检测到的变形信号借助马达进行控制，使整个天线保持理想的抛物面形状，即天线为主动反射表面。这台望远镜总设计师为美籍华人学者金宜中。该望远镜曾在银河系中心的寒冷区域中观测到二碳糖分子$C_2H_4O_2$，它是构成生命遗传密码DNA和RNA核酸糖的前身。发现这类可能在生命诞生之前就存在的化学反应形成物，具有重要意义，因为这表明在太阳系的边缘寒冷区域的物体中（如彗星）也有可能存在生命起源的种子，因而不排除地球生命起源于彗星扫过地球或与地球相撞的观点。

图10.24　美国口径100米的射电望远镜

目前已建成的最大射电望远镜是口径为 305 米的固定型望远镜，主镜为球面反射镜，位于美国的自治领地波多黎各的阿列西博（图 10.25）。这台望远镜建于 20 世纪 60 年代，利用了该地的喀斯特地貌建造，隶属康奈尔大学，原先是为研究地球电离层筹建，后来以天体物理观测为主。天线最初为金属网结构，工作波长在短波方向达到 50 厘米，70 年代后改成金属板，可工作到 5 厘米，90 年代后改进到 3 厘米。泰勒（J. H. Taylor）和胡尔斯（R. A. Hulse）曾于 1974 年利用这台望远镜首次观测发现脉冲双星 PSR1913+16，由观测到的双星轨道不断缩小，证实了爱因斯坦广义相对论关于存在引力波辐射的预言，为此获得 1993 年诺贝尔物理学奖。我国正在贵州平塘县利用当地的喀斯特地貌特征，建造口径达 500 米的固定型射电望远镜（Five-hundred-meter Aperture Spherical Telescope，FAST）。

主镜口径 500 米，由 1800 个 15 米直径的六边形球面单元构成，通过主动光学技术改正球差，即形成瞬时抛物面（图 10.26）。FAST 的有效口径为 300 米，即与阿列西博镜相当，但观测天区包括天顶角 50 度内的区域，阿列西博的天顶角范围只有 20 度。FAST 工作波长为 70 MHz 至 3 GMHz（4 米至 10 厘米波长），灵敏度是德国 100 米镜的 10 倍，综合性能约为阿列西博镜的 10 倍。FAST 建成后将用于探测脉冲星、宇宙中性氢巡天、以及地外生命搜索和探讨宇宙起源等问题。FAST 计划建成时间大约在 2016 年左右。

图10.25　阿列西博的304米射电望远镜

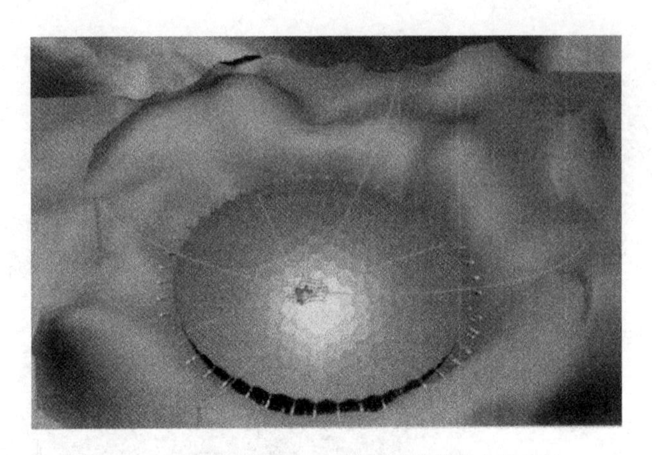

图10.26　我国在建的500米射电望远镜（FAST）

上述基本上都是工作在较长波长（米波、分米波和厘米波）的射电望远镜。但星际分子发射的谱线大多集中在 1 至 10 毫米的毫米波和 0.1 至 1 毫米的亚毫米波段，而星际分子的研究对于恒星形成和晚期演化、银河系结构甚至地外生命研究均很重要，从而形成了重要的分支学科——分子天文学。由于波长很短，对于镜面加工精度达到20分之一波长的要求，在技术上存在特殊困难，因此口径不可能太大，造成收集电波能量不足，导致对接收机噪声和灵敏度的更高要求。另一方面，由于这个波段仍然存在大气吸收（主要是大气中水汽的吸收），仅为波段中的某些窗口透明。而水汽含量随海拔高度增加而减小，因此毫米波和亚毫米波望远镜均安装在2000米以上的高山地区。

位于日本野边山的45米口径毫米波望远镜的工作波长为1至10毫米，镜面由600块金属板拼成，每块面板由主动控制系统调节，使整个望远镜面成为抛物面形状，在主焦点附近放置一口径为4米的凸双曲面，主焦点与双曲面的一个焦点重合，构成卡塞格林成像系统。最终的焦点位于双曲面的另一焦点处，在此处放置接收设备。最大的亚毫米波望远镜是美国于1987年建成的口径15米的望远镜，安装在夏威夷岛上海拔4000多米的莫纳基亚山顶，称为詹姆斯·克拉克·马克斯威望远镜（James Clerk Maxwell Telescope，JCMT），用以纪念物理学家马克斯威（图10.27）。JCMT由27块加工精度优于50微米的金属面板拼成，每块面板可调节，望远镜重量达70吨。为防止温度变化造成的镜面变形，天线放置在温度可调的圆顶中，观测时打开圆顶门，但有对亚毫米波透明的保护层，以避免风的影响。

图10.27　夏威夷岛上的15米口径亚毫米波射电望远镜（JCMT）

2. 射电干涉仪和综合孔径望远镜

单天线射电望远镜的致命缺陷是空间分辨率太低。单天线射电望远镜的分辨率是指天线的功率方向图上主瓣的宽度，它由衍射公式$\theta=1.22\dfrac{\lambda}{D}$确定，当$\lambda$=1 米时，即使天线口径 D 达到 100 米，仅得$\theta=34'$，仍大于太阳的角直径 32′，即只能对太阳作无分辨的全日面测量，而 100 米口径的射电望远镜已属巨型，技术上已相当困难。因此要提高射电望远镜的分辨率只能另想办法。射电天文学家想到了利用电磁波干涉原理建造的射电干涉仪，首先是可以在一个方向上提高分辨率的一维干涉。若在东西方向上放置两个射电望远镜 A 和 B（图 10.28），于是与垂向夹角为 θ 的天体射电波到达 A 和 B 的路程长度将略有不同，它们的光程差$\Delta=D\sin\theta$，其中 D 为 AB 的距离。再把 A 和 B 接收到的射电信号通过相同长度的电缆进行相加。若程差Δ正好是半波长的偶数倍，相加后的信号将增强；若Δ为半波长的奇数倍，相加信号相互抵消而变弱。天体的周期运动将导致θ从而Δ不断变化，结果使接收到的信号产生强弱相间的变化，即干涉图样，相当于 A 和 B 合成的天线方向瓣。可以证明这些方向瓣的宽度公式也是$\theta=1.22\dfrac{\lambda}{D}$，不过此处的 D 为 A 与 B 的距离，称为基线。由此可见，若增大 A 和 B 的距离 D，可以在 AB 方向上增大空间分辨率。不过若 A 和 B 的距离太长，通过电缆连接将会因衰减和相位误差而影响观测精度，必须采用微波接力的方法进行信号相加。

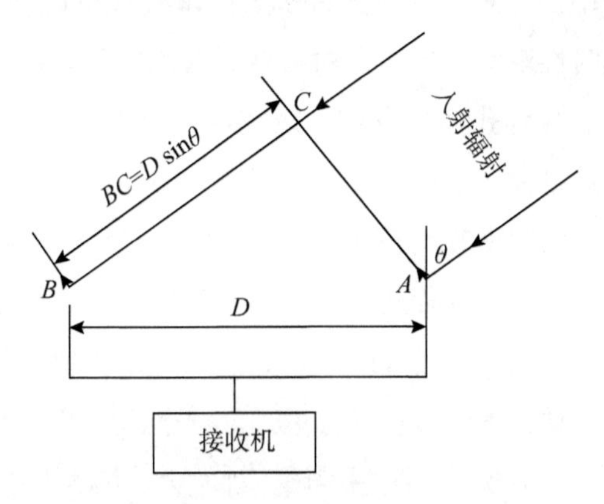

图10.28　射电双天线干涉仪原理

双天线干涉仪只在双天线连线方向上具有高分辨率。那么如果把其中一个天线绕另一个转动，不就能够得到所有方向上具有高分辨率吗？不过这时不同方向上的观测时间不在同一时刻，但这并不影响对稳定结构的天体的观测结果进行拼合。另一方面，不仅两个天线的连线方向可以变化，它们之间的距离也可以变化。英国射电天文学家赖尔（M. Ryle）提出并论证了用双天线在一些有代表性的方向和不同距离的观测结果合成，等效于一个大口径（相当于双天线最大间距）单一天线观测效果的论点，这就是综合孔径射望远镜的基本原理。当然，对于庞大的数据的合成必须通过计算机进行傅里叶变换实现。最简单的综合孔径望远镜只用两个天线，并通过地球自转实现对天体的高分辨观测，因为从天体看来，地球自转实际上相当于两个天线相互绕转，也可以理解为其中一个对另一个绕转，由于对称性，只需要 12 小时即可取代绕转一周。不过 12 小时也仍然是一个较长的时间。为了进一步缩短观测时间，即增大观测的时间分辨率，实际上综合孔径望远镜中当然是通过放置许多天线来实现有代表性的不同方向和不同距离的阵式进行同时性观测。或者通过有些天线固定，有些天线变动位置来构成不同的阵式排列。由于综合孔径射电望远镜使观测分辨率提高到甚至超过光学望远镜的分辨率，极大地推动了射电天文学的发展，赖尔为此获得了 1974 年诺贝尔物理学奖。

赖尔所在的英国剑桥大学于 20 世纪 60 年代首先建造了一县由两个 18 米天线组成的综合孔径望远镜，等效口径为 1.6 公里，空间分辨率为 4′.5。70 年代又建成了由 8 面口径为 13 米的抛物面天线构成的综合孔径望远镜，其中 4 面固定，另 4 面可动，等效口径 5 公里，分辨率达到 1″，已能观测到射电源的精细结构，并用于射电巡天观测。随后美国、加拿大、澳大利亚、日本、印度、苏联和我国也建成了针对不同观测对象的各种工作波段的综合孔径射电望远镜，有代表性的有如下设备。

（1）美国于 20 世纪 80 年代在新墨西哥州建成了巨大的甚大阵（Very Large Array，简称 VLA）。它由 27 面口径 25 米的可移动抛物面按 Y 型排列构成，最长基线为 36 公里，工作波长达到 0.7 厘米，空间分辨率为 0″.05，可以获得非常清晰的天体图像，用于包括太阳在内的各种天体观测。

（2）荷兰于 20 世纪 70 年代建成了威斯特博克综合孔径射电望远镜（WSRT）。它由 14 面 25 米抛物面组成，东西方向排列的基线长 2.7 公里，其中 10 面固定，4 面可动，观测波长为 1.2 米至 3.4 厘米。

（3）澳大利亚于 20 世纪 80 年代建成的综合孔径望远镜称为澳大利亚望远镜致密阵（ATCT）。它由 6 面 22 米天线按东西向排列，其中一面固定，5 面可动，最长基线 6 公里。另一种排列是其中二面天线在南北方向，更有利于获得射电源的二维分布。观测波长从 21 厘米至 3 毫米，是南半球最强大的毫米波综合孔径望远镜。

（4）印度于 20 世纪 90 年代初在德干高原上建成了米波综合孔径望远镜。它由 30 面口径为 45 米的可动网状天线组成，按 Y 型排列，最长基线 25 公里。

（5）中国科学院北京天文台（现国家天文台）于 1985 年在北京密云水库附近建成了由 28 面口径为 9 米的天线组成的米波综合孔径望远镜，东西方向排列，基线长 1160 米，工作频率为 232 兆赫和 327 兆赫，空间分辨率为 4′（232 兆赫时）。因天线数量多，无需移动天线（图 10.29）。该望远镜已于完成米波巡天任务后拆除。

图10.29　我国国家天文台密云观测站的多天线干涉仪

（6）我国国家天文台于 2006 年在新疆乌拉斯台建成了 21 厘米射电阵列，将用于“宇宙第一曙光”的 21 厘米辐射探测。由于宇宙膨胀引起的波长红移，21 厘米辐射的波长已处于 1.5 米至 6 米波段，因此它实际上是一台米波射电望远镜。它由 10287 个单元天线组成，分为 81 组阵列，构成了 3240 个独立的干涉仪天线对，组成一具综合孔径望远镜或多天线干涉仪，可以成像，分辨率为 2′。

（7）针对太阳活动现象的快速变化，往往需要高空间分辨率和高时间分辨率兼备，日本为此目的于 20 世纪 90 年代在野边山建造了射电日像仪。它由 84 面口径为 80 厘米的天线组成，按 T 型排列，视场为整个日面，工作波长为 1.76 和 0.88 厘米，分辨率达到 10′ 和 5′，用于日常的太阳射电分布图的测绘。

（8）美国于 2003 年在夏威夷建造了亚毫米波阵（SMA），它由 8 面口径为 6 米的可移动天线组成，最长基线为 509 米。由于工作在亚毫米波段，天线表面的加工精度要求达到 15 至 20 微米，技术难度很大，这是目前已建成的唯一亚毫米波成像望远镜。

3. 微波联接干涉仪和甚长基线干涉仪

理论上可以增大综合孔径望远镜中的基线长度来进一步提高望远镜的分辨率，然而由于综合孔径中各面天线是用馈电缆相连接的，而馈电缆太长将导致由各种因素（环境变化引起的热胀冷缩等）产生的信号相位变化而使干涉失效，因此必须另找替代办法。其一就是采用微波接力的办法，即把分布在不同地点的不同望远镜观测到的信号用微波接力的方法传输到总部（基元望远镜）进行干涉处理，为此必须在各望远镜与总部之间建立接收和发射信号的微波接力站，经过多次接力可以把基线延伸到几百公里的长度。这类望远镜的典型是英国剑桥大学于 20 世纪 80 年代建成的“多天线微波联接干涉仪网”（MERLIN），它由 7 台望远镜组成，基元望远镜为位于焦德雷班克的口径 76 米的洛威尔望远镜，其基线长度为 200 多公里，工作波长从 2 米至 12.5 毫米，空间分辨率达到 0″.01（波长 12.5 毫米时），在当时是无与伦比的。

采用微波接力需要建立微波接力站，毕竟是费钱又费力的事，因而不可能把基线进一步扩大。射电天文学家于是挖空心思构想出了长基线干涉仪的方法，其原理很简单：如果在远隔万里的不同望远镜在同一时间用同一波长观测同一天体，再把它们获得的信号送到数据处理中心，不就可以进行干涉吗？因此关键就在于必须是准确的同一时间的观测结果，幸运的是近代原子钟的稳定度极高，已能达到 100 万年误差不超过 1 秒的精度，如果超远距离的望远镜均拥有统一校准好的原子钟，并给信号数据流标上时间印证，就能做到在准确的同一时间以同一波长观测同一天体，从而实现等效于甚长基线的信号干涉，即彻底地摆脱连接电缆或微波接力的束缚。这样，地球上任何地基射电望远镜之间，甚至与位于轨道上的天基望远镜之间，都可以组成甚长基线干涉系统，称为甚长基线干涉网（VIBI），目前已在工作的有：

（1）欧洲甚长基线干涉网（EVN）。20 世纪 60 年代由欧洲几个国家开始联网，后来为了增长基线，邀请亚洲、澳洲、美洲和非洲的望远镜加入，总共达到 11 个国家的 18 台望远镜入网，包括我国上海天文台和乌鲁木齐天文台的各一台 25 米望远镜加入（图 10.30，图 10.31）。这些望远镜的接收机和记录设备用统一标准，以利以后统一升级。

图10.30　上海天文台的25米射电望远镜

图10.31 乌鲁木齐天文台的25米射电望远镜

（2）中国的VLBI网。为了配合嫦娥探月工程，我国于2008年建成了VLBI网，包括早已运行的上海天文台和乌鲁木齐天文台的25米望远镜，以及新建的北京密云50米望远镜和昆明凤凰山的40米望远镜，上海为数据处理中心（图10.32）。最长基线为3249公里（上海至乌鲁木齐），在3.2厘米波长处的空间分辨率达到2.″5，在嫦娥探月工程的测轨和控制，以及数据接收中发挥了重要作用，将来也一定会在天文研究中作出贡献。

（3）美国于90年代建成了由10台25米镜子组成的甚长基线干涉阵（VLBA）。10台望远镜分布在美国本土8个州以及夏威夷和维尔京岛。最长基线长度达8500公里，工作波长从90厘米至3.5毫米，在毫米波段的空间分辨率达到亚毫秒级，非常有利于观测射电源中的精细结构。

为了摆脱地球大小的制约，还可以利用航天器荷载射电望远镜来进一步扩大VLBI的基线（图10.33）。日本于1997年2月12日用M5型火箭把一台口径为8米的射电望远镜送上绕地轨道。望远镜天线重为800公斤，发射时为闭合状态，送入轨道后展开，轨道近地点为560公里，远地点为21000公里，周期约6小时。这颗卫星名为HALCA，是“极先进通信和天文实验室”的缩写。这个天基望远

图10.32 我国国家天文台密云观测站的50米射电望远镜

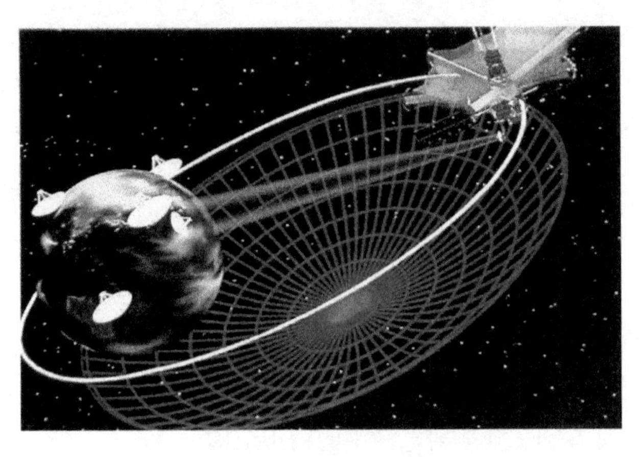

图10.33 空间射电望远镜联网示意

镜与地基望远镜组成的 VLBI 网的基线长度达到地球直径的 2.5 倍，工作波长从 18 厘米至 1.3 厘米，空间分辨率达到几十微角秒。上海天文台和乌鲁木齐天文站的 25 米望远境也参与联网观测。HALCA 只工作到 2003 年。新的空间 VLBI 网也在筹划之中。

五　空间望远镜

由于地球大气的吸收，光学望远镜和射电望远镜只能接收到天体发射的部分电磁波，因此看到的宇宙是片面的，而非完整的宇宙。只有在地球大气上方进行观测，才能看到地面无法实现的全波段宇宙。同时，撇开大气吸收不说，大气湍流对入射波前的扭曲也会严重损害观测分辨率。即使对于可以到达地面的光学和红外波段，用航天器在空间进行观测，也会比地基观测有更高分辨率。用航天器荷载天文望远境在空间对天体进行观测研究已经形成天文学中的一个重要分支——空间天文学，航天器所携带的望远镜则称为空间望远镜。空间望远镜通常按照所观测的波段分为γ射线、X光、紫外、可见光和红外等各种空间望远镜。

在阐述各种空间望远镜之前，有必要对携带天文望远镜的航天器（也称天文卫星）所选择的各种轨道加以介绍。通常有以下几种轨道可供选择。

（1）近地轨道。一般指在地球上方350至400公里的绕地轨道，因离地面较近，运行速度快，轨道周期较短。国际空间站、气象和资源卫星、以及许多间谍卫星均为近地轨道，其优点是对地面的空间分辨率高，并且便于进行维修，例如对哈勃空间望远镜已借用航天飞机进行过多次维修和部件替换。近地轨道的缺点是昼夜交替频繁，与地面难以保持不间断联系，不能及时获得数据，不过用多个地面站或中继卫星接力可以免除这一缺陷。

（2）地球同步轨道。若人造卫星的绕地轨道周期与地球自转周期相同，则人造卫星从某地上空开始绕地球运转，经过一个周期后将回到同一地点上空。不过人造卫星的绕地轨道一般为椭圆，其轨道上各处的速度并不相同，而地球则是匀速自转，因此并非在一个周期中的其他时刻，地面上的任何地点均看到卫星方向不变。

（3）地球静止轨道。上述地球同步轨道中若卫星轨道也是圆形，即椭圆扁心率为零，则在整个周期中，卫星绕地运行将与地球自转准确同步，地面任何地点看到卫星的方向没有变化，即所谓地球静止卫星。电视传播卫星都采用这种轨道，可以免除调节接收天线的方向。地球静止卫星的轨道平面一般与地球赤道平行或成小角度。

（4）极地轨道（或越极轨道）。当卫星轨道平面与地球赤道平面垂直，卫星运行时将会通过地球极区。若卫星的周期为恒星日的非整数倍，卫星将会逐步扫描地面的所有区域；若卫星周期为恒星日的整数倍，卫星将会在每一个周期扫描地面上同一个区域。

（5）太阳同步轨道。在极地轨道中，由于地球为椭球体（赤道方向的物质比极轴方向物质略多），将使卫星受到赤道方向的更大引力，导致卫星轨道平面与地球赤道平面交点位置变化，其变化量取决于卫星的高度和倾角。调节这两个参数可以使卫星轨道面与地球赤道面的交点每天变化一度，与地球在轨道上每天运动约一度一致。这样，若卫星轨道平面开始时与太阳方向垂直，则将始终保持这种轨道面与太阳方向垂直的状态，即称太阳同步轨道。显然，太阳同步卫星非常有利于对太阳的观测研究，以及依赖阳光的太阳能电池的能源供给。若卫星的周期为恒星日的整数倍，则卫星将会在每天的同一时间（太阳时）通过地球的同一地点，有利于观测数据的采集。

（6）拉格朗日点。数学家拉格朗日在研究两个天体系统（所谓二体问题）引力场时，发现存在 5 个特殊的位置，该处的引力与轨道运动的离心力相互抵消，这 5 个位置分别称为拉格朗日点 L1、L2、L3、L4 和 L5（图 10.34）。由于这些拉格朗日点处的合力为零，若有很小的物体（其质量不足以破坏二体引力构成的引力场），例如人造航天器位于这些点上，将会相对不动。以太阳和地球构成的二体引力场为例，L1 位于日地连线上与太阳同侧，距地球约 0.01 AU（天文单位 AU 为日地平均距离），即距地球约 150 万公里处。L2 在日地连结的另一侧，距地球也是 0.01 AU。L3 在日地连线太阳一侧的延长线与地球轨道的交点处。L4 和 L5 位于地球轨道上，分别处在地球前方和后方，它们与太阳构成等边三角形，从太阳看它们与地球的张角均为 60 度。理论上可以证明 L1、L2 和 L3 三点是亚稳定的，位于这些点处的航天器相对稳定，但不牢固，最终会飘向它处。航天器必须依靠自身携带的动力不断进行修正，才能保持在这

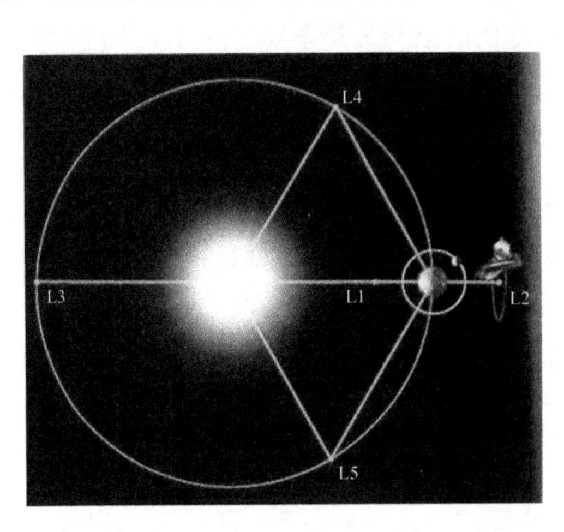

图10.34　拉格朗日点示意图

些地方停留。而L4和L5是稳定的，在那里往往会堆积许多空间垃圾，与地球一起绕太阳运行。与天文有关的许多航天器大多定轨在L1和L2上，其中L1适于对太阳进行监测，例如太阳和日球层天文台（SOHO）。L2因可免受太阳光干扰，因此有许多夜间观测的空间望远镜在此落户，例如威尔金森微波各向异性探测器（WMAP），普朗克空间望远境和赫歇尔空间望远镜，以及计划中的詹姆斯－韦伯空间望远镜。

实际上空间望远镜也并非精确定轨在拉格朗日点上，而是在这些点附近绕行，其轨道半径有些变化，类似于日晕的模糊区域，称为晕轨。航天器若精确位于拉格朗日点上，有时会有麻烦，例如在L1点因与太阳同一方向，从地面与航天器的通信联系会受到太阳的干扰。而精确定位于L2点的航天器则因无太阳照射而造成太阳能电池供电困难。因此与空间望远镜观测有关的拉格朗日点无需理解为无空间范围的精确位置，而是有一定大小的空间区域，其范围可达几十万公里。例如美国航天局（NASA）的日地关系天文台（STEREO）的两个卫星A和B就位于L4和L5附近徘徊。

在可见光和红外波段最著名的空间望远镜当推美国航天局于1990年4月25日发射升空的哈勃空间望远镜（HST），耗资30多亿美元（图10.35）。HST为圆筒形结构，长13.3米，直径4.3米，重达11.6吨。望远镜为卡塞格林系统，主镜口径2.4米，副镜为0.3米的双曲反射面。HST最初携带的仪器包括广角行星照相机、暗弱天体照相机、哥达德高分辨光谱仪和高速光度计。开始工作不久就发现主镜存在严重像差，于是1993年12月利用航天飞机由航天员对其进行校正，使分辨率获得提升。1997年2月又对HST进行了第二次维修和改造，用红外照相机和多目标光谱仪替换原先的暗弱天体照相机，用成像光谱仪取代哥达德高分辨光谱仪，从而把观测延伸到红外波段，分辨率达到0″.1甚至0″.01，极限星等达到28等。1999年和2002年又做了两次维修和升级，包括更换电池和陀螺仪，以及

图10.35　哈勃空间望远镜（HST）

电源控制系统，安装高级巡天照相机，使其能探测到更遥远的深空天体。HST 的视野也比原有的广角行星照相机扩大一倍，清晰度和灵敏度也分别提高一倍和四倍，望远镜的总体性能提高一个量级，使 HST 能够探测到一百多亿年前宇宙初期和星系形成时的状态。2008 年 HST 进行了最后一次维修和升级，增加了新电池和陀螺仪，增加了一台宇宙起源光谱仪和一台宽视场照相机，望远镜功能又有新的提升，工作寿命可延伸到至少 2014 年之后。HST 以其超越性能观测到地基望远镜无法获得的大量天体的精细结构，发现许多新的现象，为理论分析提供丰富和坚实的观测证据，对天文学作出重大贡献。美国将于 2013 年发射比 HST 更大的韦伯空间望远镜（JWST），詹姆斯·韦伯（James Webb）曾任美国航天局局长。JWST 的主镜直径为 6 米，携带的仪器包括一台近红外照相机，一台中红外照相机和光谱仪。可见投资约 45 亿美元的 JWST 主要工作于红外波段，但其威力是 HST 的 100 倍，将探测到比 HST 更为暗弱的天体。JWST 将定轨在拉格朗日点 L2，因距离太远，无维修计划。

继哈勃空间望远镜之后，美国于 1991 年 4 月 7 日发射了“康普顿 γ 射线天文台”（CGRO）。阿瑟·康普顿（Arthur Compton）是著名物理学家，诺贝尔奖获得者。γ 射线起源于宇宙中极高能的物理过程，例如二颗中子星的碰撞和大质量恒星爆炸，并且涉及黑洞、暗物质和暗能量问题的探索。康普顿望远镜重达 17 吨，在空间望远镜中属于超重型。CGRO 携带的仪器包括定向闪烁光谱仪、康普顿成像望远镜和高能 γ 射线望远镜等，观测的 γ 射线波长在 10^{-12} 米量级，与原子核尺度相当，光子能量从 2×10^{4} 至 3×10^{10} 电子伏特。γ 射线可以通过与不同物质的相互作用而转化为可见光，再由光电倍增管记录。CGRO 后来由于故障于 2000 年 6 月 4 日控制坠落，历经 9 年的观测中，发现了几千个 γ 射线源和 γ 射线爆发事件，它们的起源仍在探索中。

2003 年欧洲发射了“国际 γ 射线天体物理实验台”。2004 年美国、英国和意大利合作发射了“雨燕”γ 射线空间探测器。2008 年 6 月美国发射的“γ 射线大面积空间望远镜”（GLAST），其接收 γ 射线的面积是 CGRO 的 5 倍，视场和灵敏度也超过 CGRO，计划工作 10 年，可望获得更为丰富的宇宙 γ 射线源和 γ 射线暴的资料，为这些神秘天象的理论探讨提供观测依据。

许多天体中的物理过程发射强 X 光辐射，例如超新星爆发和黑洞吸积周围气体等，因此宇宙中的 X 光探测不能忽略。在 X 光波段，有两个空间望远镜值得提及。

其一是美国于 1999 年 7 月 23 日发射的“钱德拉 X 光天文台”（CXO），它以美籍印度天体物理学家钱德拉塞卡（Subrahmanyan Chandrasehar）命名。CXO 的重量为 4.8 吨，长 11.8 米，携带有 X 光波段的成像仪和光谱仪，具有非常高的灵敏度、空间分辨率和光谱分辨率。CXO 运行在 1 万至 1.4 万公里的绕地轨道上，以避免受到地球辐射带的干扰，轨道倾角为 28.4 度。另一是欧洲空间局（ESA）于 1999 年 12 月 10 日发射的“牛顿 X 光多镜面望远镜”（XMM），以物理学家牛顿命名。XMM 重量为 3.9 吨，体积为 10.8 米 × 4 米。携带从 1 至 12 纳米（能量范围 0.1 至 12 千电子伏特）的多种成像仪和光谱仪，其灵敏度超过 CXO，但分辨率不如 CXO。XMM 运行在 0.7 至 11.4 万公里的绕地椭圆轨道上，轨道面与地球赤道交角 40 度。CXO 和 XMM 均取得许多重要的观测成果。

低温天体发射的电磁波主要集中在红外波段。例如恒星演化的早期和晚期，恒星周围区域和星际介质，其辐射集中于甚至只在红外波段。红外波段还具有对宇宙尘埃的贯穿能力。因此在宇宙探测中，红外波段至关重要。不过由于红外辐射具有低温特征，对其进行探测具有特殊的难度，因为仪器本身和周围的环境均有不可忽视的红外辐射，构成了多种噪声。为了避免这些噪声干扰，红外望远镜要求采用液态氦冷却在接近绝对零度的环境中。因此直到 1983 年才由美国、英国、荷兰和爱尔兰合作发射了首个“红外天文卫星”（IRAS），发现了大约 500 个红外辐射源，以及银河系核心区的结构。IRAS 仅观测了 10 个月就因制冷剂耗尽而退役。

美国于 1989 年 11 月 18 日发射的“宇宙背景探测器”（COBE）则是工作在红外和射电波段，其科学目标是探测与宇宙起源和演化有关的宇宙微波背景辐射，获得了充满整个宇宙的从 1 微米至 1 厘米波段的辐射强度分布（图 10.36 左上）。1990 年公布的结果与平衡温度为（2.728 ± 0.004）K 的各向同性黑体辐射谱一致。鉴于只有当光子与物质相互作用达到平衡时，其辐射才显示为黑体辐射谱，因此这些辐射只能起源于宇宙早期的产物，因为现今宇宙空间中的物质密度已非常稀薄，不足于光子相互作用而达到平衡辐射。1992 年又发表了经过银河尘埃辐射改正和其他改正后的结果，表明其存在温度幅度约为百万分之五起伏的各向异性分布。可能正是由于这些微小的各向异性起伏，导致了演化成为星系分布等不均匀的宇宙构造。2001 年美国航天局又发射了“威尔金森微波各向异性探测器”（WMAP）（图 10.36 右上），2003 年公布了更为精确的宇宙微波背景各向异性分布图，即所谓宇宙早期的面孔，以及推测的其他宇宙参数，如控制宇宙膨胀的哈

勃常数为 H=70（+2.4～−3.2）公里 / 秒 / 百万秒差距，宇宙年龄为 137（±2）亿年，宇宙是平坦的，以及现今宇宙的构成为：一般的重子物质仅占 4.0%，不参与发射和吸收的暗物质占 22.8%，而导致宇宙加速膨胀的暗能量占 72.6%。

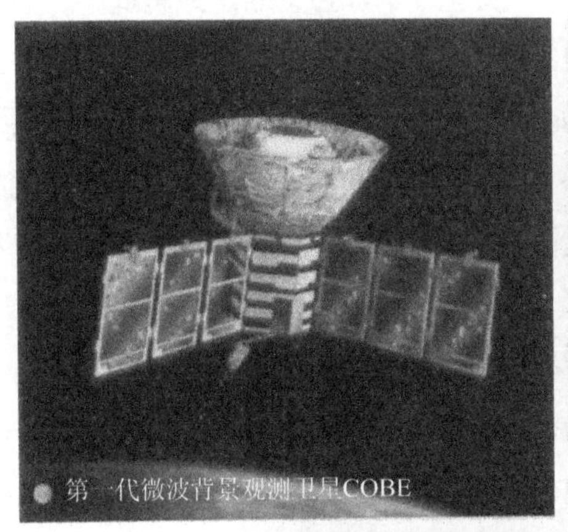
第一代微波背景观测卫星COBE

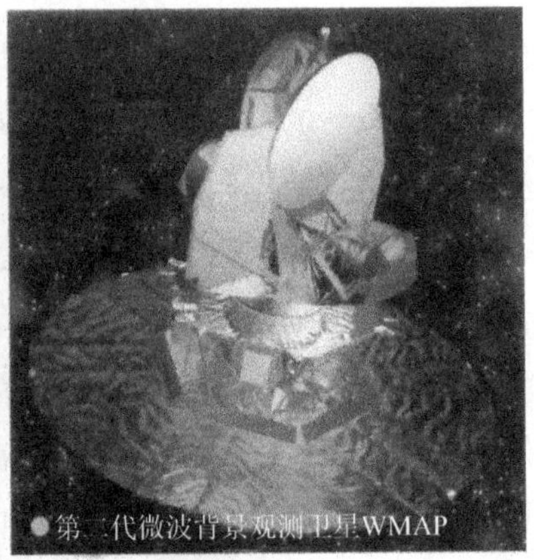
第二代微波背景观测卫星WMAP

第三代微波背景观测卫星“普朗克”

图10.36　探测宇宙背景辐射的三代探测器

2003 年美国发射的“斯必泽空间望远境”，以美国著名天体物理学家斯必泽（Lyman Spitzer）命名。它是美国 20 世纪 90 年代开始实施的四大空间天文台计划（Great Obsevratories Program）中的最后一个（另外三个为 HST、CGRO 和 CXO）。斯必泽重量为 950 公斤，其望远镜口径为 85 厘米，携带的后端设备包括可工作 3 至 180 微米波段的红外照相机、红外光谱仪和多波段光谱仪。这些仪器均处在由液态氦提供的低温环境中，温度仅为绝对零度之上几度。斯必泽在红外波段有很高灵敏度，据说可感测到 4 万公里外电视机遥控器的信号。斯必泽的主要探测目标为具有红外辐射特征的褐矮星、与恒星早期和晚期演化有关的恒星周围盘状物质、红外星系和活动星系核，也可以探测太阳系内的行星和卫星、小行星和彗星等小天体。宇宙早期形成的星系和恒星的辐射，由于宇宙膨胀引起的红移效应，辐射波长已经移到红外波段，因此在红外波段可以探测到宇宙早期形成的非常遥远的暗弱天体。

欧洲空间局计划于 2008 年把“赫歇尔”(Hershell)空间望远镜(图 10.37)和“普朗克”（Planck）空间望远镜（图 10.36 下）同时发射到拉格朗日点 L2 上，赫歇尔望远镜的直径为 3.5 米，采用卡塞格林光学系统，重量为 3.3 吨，工作在红外和亚毫米波段，携带仪器包括红外照相机、光谱仪和光度计，具有很高灵敏度和分辨率，主要探测宇宙早期的星系形成和演化、恒星的诞生和与星际介质的相互作用，以及行星、卫星和彗星大气的化学组成等。

图10.37　赫歇尔空间红外望远镜

参 考 书 目

[1] 中国科学院国家天文台主编. 中国国家天文，2007～2011 年.

[2] 北京天文馆主编. 天文爱好者，2007～2011 年 .

[3] 中国大百科全书总编辑委员会编. 中国大百科全书·天文学，北京：中国大百科全书出版社，1980.

[4] 苏宜编. 天文学新概论. 第四版. 北京：科学出版社，2009.

[5] 李良著. 打开星河. 石家庄：河北少年儿童出版社，1995.

[6] 林元章著. 太阳物理导论. 北京：科学出版社，2000.

附　　录

仰望星空

温家宝

我仰望星空，
它是那样寥廓而深邃；
那无穷的真理，
让我苦苦地求索、追随。

我仰望星空，
它是那样庄严而圣洁；
那凛然的正义，
让我充满热爱、感到敬畏。

我仰望星空，
它是那样自由而宁静；
那博大的胸怀，
让我的心灵栖息、依偎。

我仰望星空，
它是那样壮丽而光辉；
那永恒的炽热，
让我心中燃起希望的烈焰、响起春雷。